1+X证书制度试点培训用书·5G承载网络运维

U0202852

5G
承载网络运维
（中级）

徐爱波　金从元　何　琼◎主编
周　泉　左应波　耿晶晶◎副主编

人民邮电出版社
北　京

图书在版编目（CIP）数据

5G承载网络运维 : 中级 / 徐爱波，金从元，何琼主编. -- 北京 : 人民邮电出版社，2021.10
1+X证书制度试点培训用书. 5G承载网络运维
ISBN 978-7-115-57027-7

Ⅰ. ①5… Ⅱ. ①徐… ②金… ③何… Ⅲ. ①第五代移动通信系统－技术培训－教材 Ⅳ. ①TN929.53

中国版本图书馆CIP数据核字(2021)第151219号

内容提要

本书包含 5G 系统架构的认知、5G 承载网设备安装、5G 承载网中的以太网技术、5G 承载网中的 IP 路由技术、5G 承载网中的隧道技术、5G 承载网测试与验收、5G 承载网维护和 5G 承载网故障处理等内容。本书以"项目—任务"的方式组织基础理论和操作实训的知识点，使读者既能了解 5G 的基本概念，又能掌握 5G 承载网的基本原理、设备安装和开通、业务测试与验收、网络日常维护和故障处理等方面的基础知识与应用技能。

本书可用于"1+X"证书制度试点工作中的 5G 承载网运维职业技能等级证书的教学，也可供 5G 承载网维护人员使用。

◆ 主　　编　徐爱波　金从元　何　琼
　　副主编　周　泉　左应波　耿晶晶
　　责任编辑　李　强
　　责任印制　陈　犇
◆ 人民邮电出版社出版发行　　北京市丰台区成寿寺路 11 号
　　邮编　100164　　电子邮件　315@ptpress.com.cn
　　网址　https://www.ptpress.com.cn
　　涿州市京南印刷厂印刷
◆ 开本：787×1092　1/16
　　印张：18.75　　　　　　　　　2021 年 10 月第 1 版
　　字数：397 千字　　　　　　　 2021 年 10 月河北第 1 次印刷

定价：89.80 元

读者服务热线：(010)81055493　印装质量热线：(010)81055316
反盗版热线：(010)81055315
广告经营许可证：京东市监广登字 20170147 号

编辑委员会

前言
FOREWORD

2015 年，国际电信联盟无线电通信组（ITU-R）正式批准了 3 项有利于推进未来 5G 研究进程的决议，并正式确定了 5G 的官方名称是 "IMT-2020"。作为新一代移动通信技术，5G 支持更高的峰值速率和用户体验速率、更强的移动性、更低的时延、更大的连接密度、更大的流量密度以及更高的能效。同时，ITU-R 定义了 5G 支持的三大业务场景：增强型移动宽带（eMBB）、大连接物联网通信（mMTC）和超高可靠低时延通信（uRLLC）。3GPP 定义无线网和核心网应支持切片功能，以保证多场景下的业务体验。因此，5G 的目标不仅仅是满足个人用户带宽增长的需求，更是将移动通信渗透到各个行业和领域，提供万物互联。

中国从 2017 年开始 5G 试验工作，在 2018 年启动 5G 试点。2019 年 6 月 6 日，工业和信息化部（以下简称 "工信部"）正式向运营商发放 5G 商用牌照。2019 年 10 月 31 日，工信部与中国三大电信运营商举行 5G 商用启动仪式，5G 套餐上线，中国正式进入 5G 商用时代。2020 年，在我国提出的 "新基建" 中，5G 位于首位，是最根本的通信基础设施，可为大数据中心、人工智能和工业互联网等其他基础设施提供重要的网络支撑，是数字经济的重要载体。运营商正如火如荼地进行着 5G 建设。

5G 包含基站、承载网、核心网三大网络实体。通信行业有一句俗语，"5G 建设，承载先行"。2020 年初，中国的三大电信运营商均正式启动 5G 承载网的建设。移动承载网作为无线接入网和核心网之间的桥梁，是 5G 流量在城域范围内的重要传输通道。为解决无线通信业务量增长、5G 无线接入网架构变化、5G 核心网用户面下沉、部分业务要求更低时延和高精度时间同步等问题，5G 承载网必须引入高速率以太网、FlexE（灵活以太网）、SR（分段路由）、HoVPN（分层 VPN）、IPv6、超高精度时间同步和 SDN（软件定义网络）等新技术。新需求、新技术的引入必然带来承载网运维方式的转变，而目前 5G 承载网建设和维护人才紧缺。

2019 年，教育部会同国家发展和改革委员会、财政部、市场监管总局联合印发了《关于在院校实施 "学历证书 + 若干职业技能等级证书" 制度试点方案》，重点围绕服务国家需要、市场需求、学生就业、能力提升，从 10 个左右职业技能领域做起，稳步推进"1+X"证书制度试点工作。试点院校以高等职业学校、中等职业学校（不含技工学校）为主，本科层次职业教育试点学校、应用型本科高校及国家开放大学等积极参与。信息与通信技术就是其中的领域之一。

武汉烽火技术服务有限公司，作为国内知名的 ICT 领域综合服务提供商，隶属于中国信息通信科技集团（简称中信科）旗下烽火通信科技股份有限公司，而烽火通信的传输网、承载网等专业的产品和解决方案，伴随了移动通信技术在中国自 2G 到 5G 近 30 年的发展历程。为解决 5G 承载网运维人才紧缺的问题，武汉烽火技术服务有限公司积极参与 1+X 项目，与武汉软件工程职业学院联合推出《5G 承载网络运维》系列教材，并提供全套的配套教学解决方案。

本书的特色如下。

1. 重实践。内容设计围绕实际维护岗位的具体工作，以任务的方式引导读者学习基础理论和掌握安装、开通、验收、调测、业务配置、日常维护及故障处理等实操技能，符合教育部"1+X"职业认证标准。

2. 易学习。全书通俗易懂，图文并茂，各章均配备了习题和教学视频。本书附带的习题答案可通过扫描右侧二维码获取，教学视频可扫描各章的二维码在线观看。

3. 专业性强。本书由国内主流通信设备厂家的培训专家和高职院校的资深教师联合编写。作者有丰富的现网工作经验和教学经验，而且对运营商的发展历程、网络现状和通信行业人员的学习诉求均非常了解。因此，本书在知识的专业性、设计的逻辑性和内容的实用性方面，均有较高水准。

随着 5G 版本的持续演进，国内运营商的 5G 承载组网方案也将不断优化，我们将随时关注技术动态，进一步补充和修正书中的内容。书中如有不妥之处，敬请读者和专家批评指正。

编写组

2021 年 4 月

目 录

CONTENTS

项目1 5G 系统架构的认知

项目简介

移动通信技术历经数十年发展，每一代技术革新都有自己的时代特点与意义，而 5G 的网络架构、终端和体验也会发生巨大变化，5G 将会重新定义移动通信。本项目将介绍 5G 的相关概念，为学习 5G 承载网的维护奠定基础。

项目目标

- 了解移动通信的发展历史。
- 了解各代移动通信技术及特点。
- 掌握 5G 应用场景及关键能力。
- 理解 5G 接入网、核心网、承载网的架构及组成。

项目导图

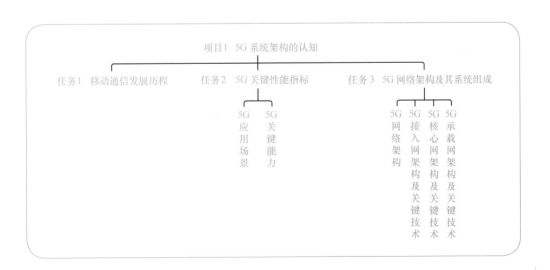

任务 1　移动通信发展历程

【任务前言】

4G 是什么？5G 又是什么？移动通信技术在演进过程中经历了哪些变化？带着这样的问题，我们进入本任务的学习。

【任务描述】

介绍历代移动通信技术的发展历史及特点。

【任务目标】

- 了解移动通信发展历史。
- 了解各代移动通信特点。

 知识储备

在移动通信技术 40 多年的发展历程中，大约每 10 年就要进行一次技术革新（如图 1-1 所示）。从 1G 到 5G 的演进，体现着人类对于科技孜孜不倦的追求，而科技也回馈人类，给人类的生活带来巨大的改变。

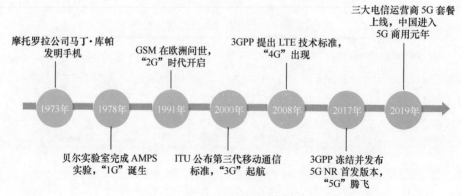

图 1-1　移动通信发展历程

20 世纪 70 年代，摩托罗拉公司的马丁·库帕（Martin Lawrence Cooper）（如图 1-2

所示）研发出世界上第一部移动电话。几年后，贝尔实验室完成了高级移动电话系统（AMPS，Advanced Mobile Phone System）的实验，"1G"诞生。

图1-2　手机的发明者马丁·库帕

第一代移动通信系统（1G），主要采用的是模拟技术与频分多址（FDMA，Frequency Division Multiple Access）技术。FDMA是把总带宽分隔成多个正交的信道，每个用户占用一个信道，在一个信道中同一时刻只能传送一个用户的业务信息。模拟通信技术有许多不足，比如语音质量低、覆盖范围较小、容易受到干扰，以及经常会出现"串话"等问题。串话一般表现为：甲、乙双方在建立通话后某一方突然听到另一个陌生人的声音。

尽管 1G 存在着容量有限、制式太多、互不兼容、保密性差、通话质量不高、不能提供数据业务及不能自动漫游等诸多不足之处，但是在当时仍是最先进的技术，并且 1G 的出现也为后续移动通信技术的改进和发展奠定了坚实的基础。

1990 年，第一版全球移动通信系统（GSM，Global System for Mobile Communications）标准制定完成，第二代移动通信系统（2G）登上历史舞台。相较 1G，2G 最大的不同在于其信令和语音信道都是数字的，这就使得 2G 既可以进行文本传输，又可实现短信业务。2G 的主流制式有两种：一种是欧洲的 GSM，另一种是美国的码分多址（CDMA，Code Division Multiple Access）。

GSM 基于时分多址（TDMA，Time Division Multiple Access）技术，CDMA 技术通话质量好、掉话少、保密性强、辐射低、健康环保，而且在新业务的承载上，CDMA 更加成熟，可以提供更多中高速率的业务。尽管 CDMA 占据各种技术优势，但是起步较晚，GSM 已经在全球占据大部分市场份额。而且如果使用 CDMA，需要向高通公司缴纳巨额的专利授权费，所以虽然同属 2G 标准，CDMA 的影响力和市场规模都无法和 GSM 相提并论。GSM 是事实上的全球主流 2G 标准。

相比于 1G 而言，2G 的制式更加趋于统一，能实现真正意义上的全球漫游。在 2G 的中后期，更是开启了移动通信上网的新模式，加上互联网在全球的迅猛发展，二者相辅相成，为开启移动互联网时代奠定了基础。

第三代移动通信系统（3G）是国际电信联盟（ITU，International Telecommunication

Union）在 2000 年提出的具有全球移动、综合业务、数据传输蜂窝、无线、寻呼、集群等多种功能，并能满足频谱利用率、运行环境、业务能力和质量、网络灵活及无缝覆盖等多项要求的全球移动通信系统，简称 IMT-2000 系统。写入国际标准的 3G 技术一共有 4 种，分别是 WCDMA、CDMA2000、TD-SCDMA 和 WiMAX。

尽管 3G 技术在 2000 年就已经成熟，但是一直不温不火，主要原因在于人们不知道该如何使用它。直到 2008 年，乔布斯发布了 iPhone 3G，有了 3G 网络的支持，iPhone 将传统的通信行业与互联网连接起来，彻底引爆人类不断增长的数据需求。自此，世界进入移动互联网时代。

但是，人类对于速度的追求是无止境的，更渴望"飞一般的感觉"，一旦到了没有 Wi-Fi 而使用 3G 的地方，就总是会有意无意地和 Wi-Fi 进行对比，希望移动网络的速度也能像 Wi-Fi 一样。于是采用正交频分复用（OFDM，Orthogonal Frequency Division Multiplexing）技术的第四代移动通信系统（4G）应运而生。

相比 3G，4G 网络在规范上有了前所未有的统一，全球均采用国际电信标准组织 3GPP（3rd Generation Partnership Project，第三代合作伙伴计划）推出的 LTE/LTE-Advanced 标准。4G 实现了更高的网速，并基本满足了人们所有的互联网需求。相较于 3G，4G 在传输速度和时延方面都有着非常大的提升，人们不仅可以观看高清电影，还可以进行直播互动，各类手游也接踵而至，而互联网行业也在 4G 网络的加持下，蓬勃发展，移动互联网发展达到一个新的高度。4G 已经像"水电"一样成为我们生活中不可缺少的基本资源。微信、微博、视频等手机应用成为生活中很重要的一部分，我们无法想象离开手机的生活。

4G 看似已经渗透到我们生活的方方面面，那我们为什么还需要新建 5G 网络呢？如果说 4G 改变生活，那么 5G 将改变社会。4G 主要实现的是人与人的连接，5G 将实现人与物、物与物的连接，即家庭、办公室、城市中的物体都可实现连接，走向智慧和智能，真正实现万物互联。

早在 2013 年，欧盟就成立了专门研究 5G 的组织——METIS（Mobile and Wireless Communications Enablers for the Twenty-Twenty（2020）Information Society，构建 2020 年信息社会的无线通信关键技术），这也是最早牵头研究 5G 的组织。随后世界各国和地区均持续加快研发 5G 技术的步伐，同时也在同步推进 5G 相关的标准。2017 年底，在 3GPP RAN 第 78 次全体会议上，5G 新空口（NR，New Radio）首发版本正式冻结并发布。在此版本中，提出了 5G 组网的两种方案——非独立组网（NSA，Non-Stand Alone）和独立组网（SA，Stand Alone）。而在 2019 年 10 月 31 日，中国三大电信运营商公布 5G 商用套餐，并于 11 月 1 日正式上线 5G 商用套餐，中国正式进入 5G 商用元年。

纵观 1G 到 5G 的演进历程，1G 到 4G 更多地改变的是人与人之间的沟通，随着移动通信网络技术的不断创新，用户终端不断小型化、便捷化和智能化，业务类型更加丰富化、多样化和全面化。而从 4G 到 5G，除了技术上的进步，更有应用领域场景的全面革新，已经远远超出对个人生活的影响，5G 成为国家基础设施的一个重要的组成部分。5G 是新基建中最根本的通信基础设施，既可为大数据中心、人工智能和工业互联网等其他基础设施提供重要的网络支撑，又可将大数据、云计算等数字科技快速赋能给各行各业，是数字经济的重要载体。

任务习题

1. 移动通信技术更迭中，文字（短信）的传输出现在（　　）。
   A. 1G
   B. 2G
   C. 3G
   D. 4G

2. 由模拟信号向数字信号升级的移动通信技术更迭是（　　）。
   A. 1G 到 2G
   B. 2G 到 3G
   C. 3G 到 4G
   D. 4G 到 5G

3. 一般来讲，下列哪种制式上网速度最快（　　）。
   A. GPRS
   B. EDGE
   C. WCDMA
   D. LTE

任务 2　5G 关键性能指标

【任务前言】

我们知道 5G 的到来将改变社会，实现万物互联，具体如何改变呢？即 5G 时代可实现哪些业务应用场景？另外，这些应用场景的实现又需要 5G 在哪些关键性能指标上有所提升呢？带着这样的问题，我们进入本任务的学习。

【任务描述】

介绍 5G 应用场景及关键能力。

【任务目标】

掌握 5G 应用场景及关键能力。

知识储备

1.2.1　5G 应用场景

最初，METIS 给 5G 定义了很多场景，但是关键的性能指标主要集中于更快、更宽以及更省电，后来 ITU 将这些场景归类为 5G 三大应用场景，如下。

（1）增强型移动宽带（eMBB，enhance Mobile BroadBand）。

（2）大连接物联网通信（mMTC，massive Machine Type Communication）。

（3）超高可靠低时延通信（uRLLC，ultra Reliable & Low Latency Communication）。

这三大场景的特点及其对应的业务示例如表 1-1 所示。

表 1-1　5G 应用场景示例

场景	场景特点	示例
eMBB	高速率、高移动性、大带宽	超高清视频、AR/VR、高速移动通信等
mMTC	低功耗、低成本、广覆盖	数据采集、远程遥控、环境感知、人机交互等
uRLLC	低时延、高可靠性	工业互联网、自动驾驶等

从表1-1中得知,相较4G,mMTC及uRLLC业务充分体现了5G在垂直行业的应用,是5G的"杀手锏"业务。因三大场景业务特点迥然不同,为了在同一张物理网络上保证多场景下的业务体验,网络切片服务应运而生。通过切片技术可将物理资源虚拟成多个逻辑平面,形成如图1-3所示的端到端eMBB业务、uRLLC业务及mMTC业务切片。

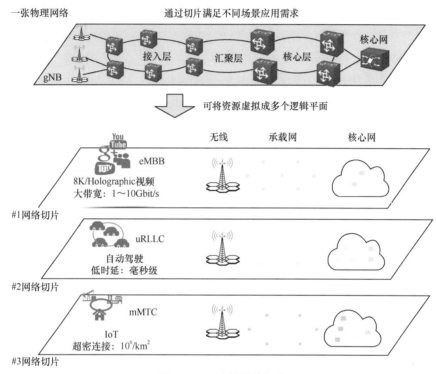

图1-3 5G支持网络切片

总而言之,前几代移动通信技术主要是满足人与人通信的基本需求,而5G更像是人们想要制定的一个万能标准,用来满足所有的通信场景。5G多样化的场景也决定了很难有一项单一的技术能够满足所有需求,这导致了5G技术的复杂性更高,也对5G网络的能力提出了非常高的要求。

1.2.2 5G 关键能力

以4G为参照,ITU为5G确定了八大关键能力指标(如图1-4所示),主要体现了5G的速率更高、连接终端更多、时延更低以及更节能的能力。

	能效	移动性	流量密度	峰值速率	用户体验速率	频谱效率	连接数密度	时延
4G取值	1倍	350km/h	0.1Tbit/s/km²	1Gbit/s	10Mbit/s	1倍	10万/km²	空口10ms
5G取值	100倍	500km/h	10Tbit/s/km²	10/20Gbit/s	0.1~1Gbit/s	3~5倍	100万/km²	空口1ms

图 1-4 5G与4G的关键能力对比

7

❶ 能效

能效指的是能量转换效率，这里的能效是指传输的数据量与消耗的能量（电量）之比，公式如下。

$$能效 = \frac{传输的数据量}{消耗的电量}$$

一般来说，相同配置的基站，单个 5G 基站的耗电量可能是 4G 基站的 2～3 倍，但不能只看能耗，还要看能效，5G 基站的能效明显更高，可提升 100 倍，即假设 4G 基站传送 1GB 数据消耗 1kW·h 电量，那么 5G 基站消耗 1kW·h 电量可传送 100GB 数据。

❷ 移动性

移动性原指移动通信用户从一个区域移动到另一区域，其通信连接亦能随之移动，且通信活动不受影响。此处移动性指的是用户移动时，在业务不受影响的情况下，网络能够支持的最大移动速率。4G 的移动性指标为 350km/h，接近复兴号高铁的运行时速，而 5G 的移动性指标可达到 500km/h。

❸ 峰值速率

峰值速率是指在理想条件下可达到的最大数据速率，可以理解为系统最大承载能力的体现。4G 要求上、下行链路峰值速率分别为 500Mbit/s、1Gbit/s，而 5G 针对 eMBB 场景，要求上行链路峰值速率为 10Gbit/s，下行链路峰值速率为 20Gbit/s，与 4G 相比，提升了 20 倍。

❹ 用户体验速率

与峰值速率概念相近，用户体验速率指一般场景下用户能够达到的平均速率。4G 的用户体验速率为 10Mbit/s，5G 的用户体验速率为 0.1～1Gbit/s，已经接近 4G 的峰值速率，最高提升了 100 倍。

❺ 频谱效率

频谱效率指数字通信系统的链路频谱效率，定义为净比特率（有用信息速率，不包括纠错码）或最大吞吐量除以通信信道或数据链路的带宽，单位为 bit/s·Hz⁻¹，公式如下。

$$频谱效率 = \frac{净比特率（最大吞吐量）}{信道带宽}$$

频谱效率即每秒时间内在每赫兹的频谱上能传多少比特的数据。例如，1kHz 带宽中每秒可以传送 1000bit 的数据，那么其频谱效率为 $1bit/s·Hz^{-1}$。相比较 4G 而言，5G 的频谱效率可以提升 3 倍，部分场景甚至可以提升 5 倍。

❻ 连接数密度

连接数密度指的是单位范围内，网络能接入的最大用户数量。连接数密度与基站数目、基站配置、小区个数以及频段数目都有关系。但是总的来讲，4G 连接数密度能达到 10 万 /km^2，而 5G 连接数密度可以达到 100 万 /km^2，提升了 10 倍。

7 时延

ITU 列出的关键能力中的时延是空口时延，而非端到端时延。空口时延指的是基站与终端之间的传输时延。4G 标准要求时延小于 10ms，而 5G 标准则要求时延小于 1ms，更低的时延会带来更好的用户体验。

8 流量密度

流量密度指单位范围内所有终端的速率之和，公式如下。

$$流量密度=连接数密度×用户体验速率$$

假设 1km^2 内有 100 个用户，每个用户的终端速率为 10Mbit/s，则流量密度为 $100 × 10=1000$Mbit/s·km^{-2}。

总的来说，相比 4G 而言，5G 的各个方面都有极大的提升。但是 5G 的意义不是简单的能力提升，更在于一系列技术的深度融合，5G 将是融合多业务、多技术，聚焦于业务应用和用户体验的新一代通信网络。

任务习题 ▶▶ • • •

1. eMBB、mMTC 和 uRLLC 的中文含义分别是（ ）。
   - A. 增强型移动宽带，超高可靠低时延通信，大连接物联网通信。
   - B. 增强型移动宽带，大连接物联网通信，超高可靠低时延通信。
   - C. 超高可靠低时延通信，大连接物联网通信，增强型移动宽带通信。
   - D. 大连接物联网通信，增强型移动宽带，超高可靠低时延通信。

2. 5G 的连接密度数可以达到（ ）。
   - A. 1万/km^2
   - B. 10万/km^2
   - C. 100万/km^2
   - D. 1000万/km^2

3. 5G 标准要求的空口时延小于（ ）。
   - A. 10ms
   - B. 1ms
   - C. 5ms
   - D. 30ms

4. 5G 标准要求的峰值速率级别是（ ）。
   - A. 10/20Gbit/s
   - B. 1Gbit/s
   - C. 100Mbit/s
   - D. 100Gbit/s

任务 3 5G 网络架构及其系统组成

【任务前言】

5G 时代，对接入网、承载网和核心网的各项功能都进行了重构，架构也随之发生了变化。重构的最终目的是满足 5G 网络要求的灵活性及复杂性。那么 5G 的网络架构到底如何被重构？具体有哪些改变？带着这样的问题，我们进入本任务的学习。

【任务描述】

介绍 5G 接入网、核心网及承载网的架构演进及其系统组成。

【任务目标】

掌握 5G 接入网、核心网及承载网的架构演进及其系统组成。

 知识储备

1.3.1 5G 网络架构

移动通信网络主要由无线接入网、承载网以及核心网组成，从而完成对业务的接入、传输及控制。5G 通信网络也是如此，其网络架构可分为以下 3 个层面（如图 1-5 所示）。

（1）下一代无线接入网（NG-RAN，Next Generation-Radio Access Network）。NG-RAN 的功能是实现业务的接入，将 5G 用户终端（如手机）接入网络，设备主体为基站。接入网与 5G 终端之间的逻辑接口被称为 5G 新空口（NR，New Radio）。

（2）5G 核心网（5GC，5G Core）。5GC 主要实现业务的控制，包括网络的移动性、准入鉴权、流量计费。设备主体一般为专用或通用服务器。

（3）移动承载网。移动承载网由移动回传网发展而来，其主要作用是负责传输无线接入网（RAN，Radio Access Network）与核心网交互的数据。设备形态一般为具备移动业务承载特性的路由器。

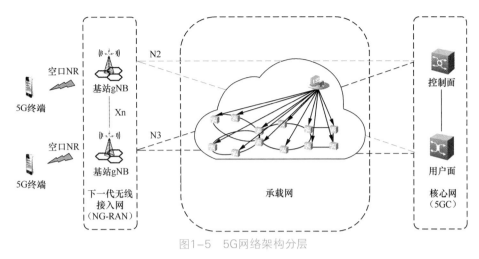

图1-5   5G网络架构分层

理解 5G 网络架构的 3 个层面之后，我们接着看如何部署 5G 网络。运营商为了尽可能保护 4G 时代的投资，并且尽快商用 5G，在部署 5G 网络时会优先考虑如何使其与现有 4G 网络共存，共同发挥作用。因此，5G 组网方式总体可以分为 SA（独立组网）和 NSA（非独立组网）两种，每一种都对应几个选项（如图 1-6 所示）。SA 方式指的是新建一套完整的 5G 网络，包含 5G 核心网和 5G 基站。而 NSA 方式是指利用现有的 4G 网络，通过改造、升级或增加设备等方式，使用户体验 5G 的部分功能，从而不浪费现有的网络资源。

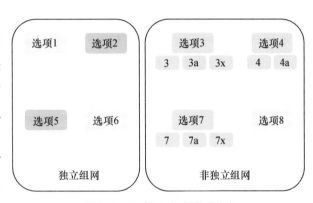

图1-6   5G组网方式选项分类

① SA

选项 1、2、5、6 是独立组网选项（如图 1-7 所示）。选项 1 早已在 4G 结构中实现；选项 6 仅是理论存在的部署场景，不具有实际部署价值，标准中不予考虑。所以独立组网主要考虑的是选项 2 和选项 5。

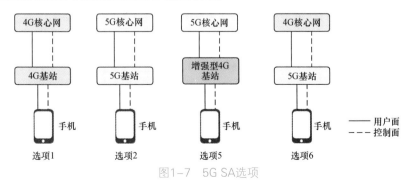

图1-7   5G SA选项

图 1-7 中的控制面是发送管理、调度资源所需信令的通道，也可以理解为信令面。用户面是用来发送用户具体数据的通道，这两个平面相互独立。举例来说，当使用手机点开视频 APP 观看视频时，播放的视频内容是通过用户面传送到手机的，而调度这个视频播放的信令消息通过控制面传输，不会因为正在播放视频（占用了用户面）就无法调出其他的视频（指令通过控制面传输）。

选项 2 采用的组网方式是建立全新的 5G 核心网与 5G 基站。这种组网方式拥有 5G 的所有功能和特点，演进路线最短，是 5G 网络架构的最终形态。但是这种组网方式不能利用现有 4G 网络，投资巨大而且建设周期长。

选项 5 采用全新的 5G 核心网和升级后的 4G 基站。因为要对现有 4G 基站进行大面积升级，所以这种方式投资较大，而且不能实现 5G 的全部功能，性价比很低，前景不乐观。

❷ NSA

NSA 方式是对 4G 网络进行升级改造，使其增加 5G 功能。基于 NSA 架构的 5G 载波仅承载用户数据，其控制信令仍通过 4G 网络传输。NSA 采用的是双连接方式，即手机可以同时接入 4G 和 5G 基站，可以同时进行业务传输。例如，选项 3、选项 3a 和选项 3x（如图 1-8 所示），手机连接到 4G 基站的同时也能接入 5G 基站。图中数据锚点的作用是对用户面进行数据分流，即手机既可以从 4G 基站获取数据，又可以从 5G 基站获取数据。

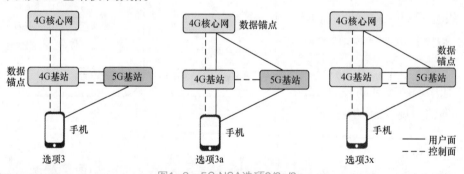

图1-8　5G NSA选项3/3a/3x

不难看出，选项 3、3a 和 3x 的组网方式主要区别在于将哪个节点作为数据锚点。

在选项 3 的情况下，4G 基站作为数据锚点。4G 基站不仅要负责控制管理，还要负责把核心网发送的数据分为两路，一路由自己发送给手机，将另一路分流给 5G 基站再发送给手机。这样一来，对 4G 基站的软硬件性能要求非常高，4G 基站的负荷非常大，所以选项 3 自推出以来少有人关注。

选项 3a 是在选项 3 的基础上将数据锚点自 4G 基站移到 4G 核心网。这样一来，4G 基站的性能瓶颈就没有了，但是这种组网方式需要对 4G 核心网进行升级。

选项 3x 在选项 3a 的基础上再进行调整，将数据锚点移到 5G 基站上。这样既避免了对 4G 基站和核心网造成巨大压力，又利用了 5G 基站性能好、速度快的优势，这种方式也得到了业界的广泛关注，成为非独立组网的首选项。

由于选项 3 系列利用原有的 4G 核心网，因此，这种组网方式适合 5G 建设早期部署，并且该选项对 4G 网络改动小、投资小、部署快，可实现 5G 的快速商用，缺点是只能支持 eMBB 场景。

选项 7 系列比选项 3 系列更进一步（如图 1-9 所示），主要区别在于：选项 7 系列的核心网为 5G 核心网，并且 4G 基站升级为增强型 4G 基站。

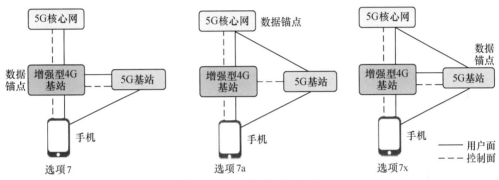

图 1-9   5G NSA 选项 7/7a/7x

同选项 3 系列类似，选项 7 系列中各选项的主要区别也是数据锚点的位置不同。选项 3 系列只能支持 eMBB 场景，而选项 7 系列由于使用了 5G 核心网，也可以支持 uRLLC 和 mMTC 场景。尽管选项 7 系列可以支持新功能和新业务，但是由于 4G 基站要升级改造为增强型 4G 基站工作量巨大，因此，更适合初期、中期部署。

选项 4 系列（如图 1-10 所示）与选项 3/7 系列完全不同。选项 3/7 系列控制面都是由 4G 或者增强型 4G 基站负责，而在选项 4 系列中控制面完全由 5G 基站负责。选项 4 和选项 4a 的区别也仅是数据锚点不一样。

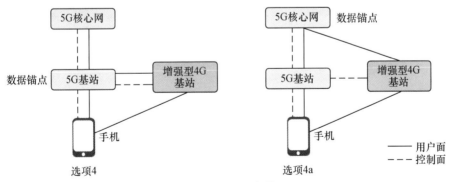

图 1-10   5G NSA 选项 4/4a

选项 4 系列适合 5G 中后期部署，此时 5G 基本覆盖成型，而 4G 网络更多的是作为 5G 网络的补充覆盖。

选项 8 和选项 6 一样，不具有实际部署价值，所以标准中不予考虑。

从全球范围看，虽然目前大部分运营商均选择了选项 3x 作为初期部署方案，但随着 4G 用户的逐步迁移和 5G 网络的更大规模部署，后续 5G 将如何持续演进还取决于运营商的投资成本、业务和终端演进方案等。

通过前面的学习我们知道，5G 网络是一个服务于个人消费者、垂直行业以及运营商的统一平台。而为了能够灵活适配客户差异化的业务场景和需求，5G 网络应具有非常高的灵活性、良好的隔离性、统一性和开放性，要同时满足这些需求，5G 网络架构必须实现云化，因此，基于云的 5G 网络架构应运而生。通过引入网络功能虚拟化（NFV，Network Functions Virtualization）技术及软件定义网络（SDN，Software Defined Networking）技术，重构 5G 网络架构，灵活适配 5G 网络的各种业务场景和需求，以实现"一张物理网络，承载千百行业"的目标。

1.3.2　5G 接入网架构及关键技术

在 4G 时代，4G 基站被称为演进型基站节点（eNodeB，Evolved NodeB），eNodeB 一般可缩写为 eNB。eNB 分为射频拉远单元（RRU，Remote Radio Unit）、基带处理单元（BBU，Base Band Unit）和天线 3 个部分。BBU 和 RRU 之间通过光纤连接，RRU 和天线之间通过馈线连接（如图 1-11 所示）。RRU 负责将 BBU 传送过来的数字信号转化为射频的模拟信号发送到空口。一个 BBU 可以连接多个 RRU。

图1-11　4G基站示意图

到了 5G 时代，5G 基站被称为下一代 NB（gNB，Next Generation NodeB）。相对于 eNB 的 BBU 和 RRU 的两级结构，支持 5G 新空口的 gNB 演进为包含集中单元（CU，Centralized Unit）、分布单元（DU，Distributed Unit）及有源天线单元（AAU，Active Antenna Unit）的三级结构。相比 4G 而言，5G 将 4G 的 BBU 单元拆分为 CU 和 DU，CU 处理对时延不敏感的非实时基带数字信号，如小区负载的控制；DU 处理对时延敏感的实时基带数字信号，如无线资源的分配，而原来 BBU 的部分低层物理层功能、原 RRU 及天线单元合并为 AAU（如图 1-12 所示）。

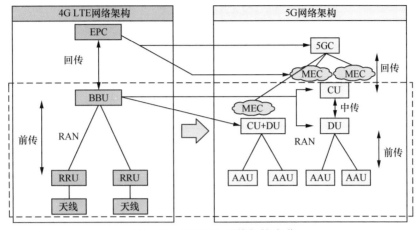

图1-12　4G到5G 网络架构演进

随着 5G 和 NFV 技术的快速发展，无线网络进入全面云化时代。CU 为软件 / 硬件解耦，可部署在通用 x86 架构服务器上，并且基于虚拟化技术，可以灵活支持多种业务及网络切片。DU 目前仍为专有硬件，适配各种覆盖和安装场景，包含宏基站、微站以及室内分布等多种产品形态。无线网络的云化，可实现业务按需且快速部署，适应大带宽、低时延、超大连接等业务，同时实现了资源池化、资源利用率有效提升、网络弹性扩容。

因为 CU 和 DU 的分离，与 4G 的前传和回传相比，5G 多了一个中传的概念。前传指的是 AAU 和 DU 之间的传输，回传指的是 CU 和 5GC 之间的传输，中传指的是 DU 和 CU 之间的传输。引入 CU 和 DU 之后，5G RAN 组网更灵活，有利于多小区的集中控制和多种功能的实现。5G 基站将具备多种部署形态，可供运营商灵活选择。CU 和 DU 可以根据不同的业务需求和网络条件部署在不同的位置，或集成为同一设备部署。

1.3.3　5G 核心网架构及关键技术

5G 的核心网是基于 NFV/SDN 的灵活网络，可以实现差异化业务的资源编排，为普通消费者、应用提供商和垂直行业需求方提供网络切片、边缘计算等新的业务能力，能够满足多样化需求。5G 核心网架构如图 1-13 所示，传统网元被拆分为多个网络功能（NF，Network Function）模块，并且各 NF 之间相互解耦，能独立自治。

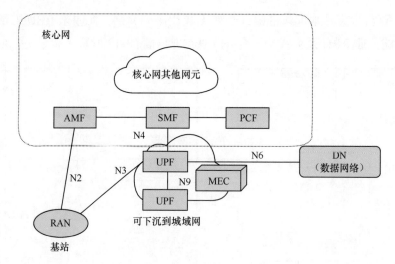

图1-13　5G核心网架构

图 1-13 中的 NF 如下。

（1）UPF（User Plane Function）：用户面功能，主要实现数据分组转发。

（2）AMF（Access and Mobility Management Function）：接入及移动性管理功能，主要实现 UE 位置管理及接入鉴权。

（3）SMF（Session Management Function）：会话管理功能，主要实现会话管理、UE 的 IP 地址分配及管理、UPF 的控制。

（4）PCF（Policy Control Function）：策略控制功能。

NF 之间的逻辑接口如下。

（1）N2：基站与 AMF 之间的信令接口。

（2）N3：基站与 UPF 之间的数据接口。

（3）N4：UPF 与 SMF 之间的信令接口，用于实现 SMF 和 UPF 间的会话管理、控制策略、计费策略等功能。

（4）N6：UPF 到互联网或企业应用的数据接口。

（5）N9：UPF 到 UPF 的数据接口。

在 5G 部署初期，运营商城域移动承载网主要负责承载 N2、N3 流量，中期及成熟期承载 N4、N6 及 N9 流量。

为实现 5G 核心网的云化，5G 核心网具备以下三大特性。

（1）特性一：CP 和 UP 彻底分离

在 5G 时代之前的核心网设备，控制面（CP）和用户面（UP）没有做到完全分离。以 4G 核心网 EPC 为例，其主要由 MME（移动性管理实体）、SGW（服务网关）和 PGW（PDN 网关）等设备构成，其中，MME 为纯控制面设备，SGW 和 PGW 不是纯用户面设备，比如 PGW 仍需具备给手机分配 IP 地址的控制面功能。

而在 5G 时代，基于图 1-14 可知，UPF 为纯用户面设备，AMF、SMF 为纯控制面设备。那么，5G 核心网设备为什么一定要实现控制面和用户面的彻底分离呢？其实分离意味着架构更加灵活，通过将用户面网关 UPF 分离出来，就可以实现 UPF 的下沉，将其部署在更加靠近用户的边缘节点，从而缩短传输距离，降低用户面时延。比如针对 uRLLC 中的车联网业务，此类业务的用户面网关 UPF 可下沉到地市边缘数据中心（DC，Data Center）机房进行安装部署，且增加具有强计算及存储能力的 MEC（多接入边缘计算）节点，使车辆到服务器的距离缩短到 10km 内，将车联网的端到端时延降低到毫秒级，确保自动驾驶的安全性。

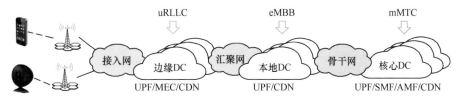

图1-14　5G核心网下沉

另外，由于三大场景对带宽和时延的要求不同，且综合考虑用户的体验感知及运营商投资、运维成本，UPF 根据场景需要下沉至各层次的云化数据中心。例如，工业物联网等 mMTC 业务部署在核心 DC、AR/VR 等 eMBB 业务部署在本地 DC。

（2）特性二：NFV

NFV 是实现核心网云化的关键技术之一，主要通过运用虚拟化技术解耦设备的软硬件，设备功能以软件形式部署在统一通用的基础设施上（如 x86 服务器），从而提升系统灵活性，实现多种网络功能，提升运维效率。

对于传统的核心网设备，各设备厂商采用专用架构硬件，资源无法共享，同时软硬件合一，扩容复杂，新业务上线周期长。而 5G 网络要求实现多场景业务的灵活部署、不同垂直行业用户对于端到端网络资源的差异化逻辑切分，这些都是传统核心网设备结构无法满足的。通过引入 NFV 技术，可满足 5G 网络的多种业务需求，降低网络运营商设备采购成本，提升资源利用率，实现新业务敏捷上线。

（3）特性三：基于服务的架构（SBA，Service-Based Architecture）

SBA，即网络功能模块化，通过模块化实现网络功能的解耦和集成，不同的业务可以按需选择不同的网络功能。这种模块化设计有什么好处呢？其最大好处是方便"功能裁剪"，比如对于实现物联网这类 mMTC 业务，因大部分物联网终端都是静止的，所以"移动性"这个功能模块就可裁剪掉，又由于大部分物联网业务对网络带宽和时延都没有特殊要求，即不需要 QoS 保障，因此"策略控制"和"QoS 执行"功能模块也可进行裁剪。综上，基于 SBA 特性，可根据业务灵活性进行功能裁剪，快速实现网络部署。

总而言之，5G 核心网是软件驱动、基于服务化架构的网络。软硬件解耦以后，引入 NFV 与 SDN 功能，不仅实现了控制与转发分离，还实现了移动性管理与会话管理解耦，并且不再对接入方式感知，无论是 3GPP 标准还是非 3GPP 标准的网络都可以接入 5G 核心网，实现真正意义上的万物互联。

1.3.4　5G 承载网架构及关键技术

在 3G 和 4G 时代，最具有代表性的移动承载网技术标准是分组传送网（PTN，Packet Transport Network）和无线接入网的 IP 化（IP RAN，IP Radio Access Network）。随着 5G 的到来，终端速率大幅提升，移动承载网需要能够承受住巨大的带宽和技术上的压力，新一代的承载技术和设备形态应运而生，例如，中国移动的切片分组网（SPN，Slicing Packet Network）、中国电信的智能传送网（STN，Smart Transport Network）、中国联通的智能城域网。

图 1-15　光纤

无论移动承载网采用了何种技术，归根结底都是由光纤和承载设备组成的。

如图 1-15 所示，因为光纤的低成本（相对电缆来说）、高速率以及不易被干扰的高可靠和高稳定性，它现在已经成为通信网络不可或缺的重要组成部分。光纤的传输能力，目前也已经达到 P 比特级（1Pbit/s= 1024Tbit/s）。

如图 1-16 所示，承载设备主要负责提供多业务承载、高速的以太网接口，支持多种路由协议、信令协议和保护技术，从而保证数据传输的质量、效率和高可靠性。

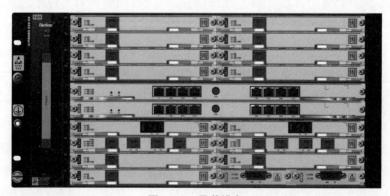

图 1-16　承载设备

❶ 5G 承载网的总体架构

5G 承载网的总体架构如图 1-17 所示。5G 承载网的结构主要分为三层：接入层、汇聚层和核心层。

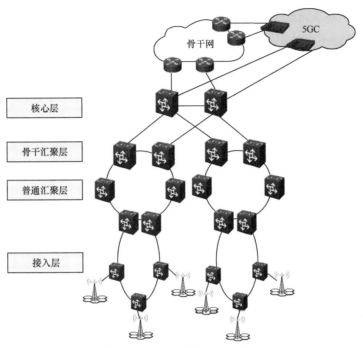

图1-17 5G承载网的总体架构

（1）接入层：由直接连接基站的承载网设备组成。接入层利用光纤、双绞线等介质与用户设备（基站）相连，接入层设备之间利用光纤组成环形拓扑，一般与基站的 BBU/DU 设备同机房部署。

（2）汇聚层：汇聚层是连接网络接入层和核心层的"桥梁"，用户数据接入核心层前，先进行汇聚，以减轻核心层设备的负荷。汇聚层分为骨干汇聚层和普通汇聚层，汇聚层节点一般部署在区、县公司的汇聚机房，每个区、县配置一对骨干汇聚节点，骨干汇聚节点以口字形拓扑上联核心节点。

（3）核心层：负责数据的高速转发，作为本地网（城域网）的出口设备与骨干网或 5GC 互联。所以在移动承载网中，核心层设备的交换容量更大，接口带宽及整机性能更高。核心层节点一般部署在运营商的市公司核心／中心机房，每地市至少部署一对核心落地节点。

接入层接入用户设备的接口，以及核心层的上联接口，一般被称为 UNI（User-Network Interface）。移动承载网节点之间的互联接口被称为 NNI（Network-Network Interface）。接入层节点的 UNI 一般要求为 FE、GE、10GE、25GE，其中接入 5G 基站的 UNI 主要使用 10GE 和 25GE。接入层的 NNI 带宽一般要求为 50GE 及以上。汇聚层及以上各层的 NNI 带宽一般为 100GE 及以上。核心层节点的上联 UNI 带宽根据连接对象加以区分，承载 5G 信令流量的 UNI 带宽一般为 10GE 及以上，承载 5G 业务流量的 UNI 带宽一般为 100GE 及以上。

为了保证路由协议的计算性能、网络运维效率，一般建议：每对骨干汇聚下挂的普通汇聚、接入汇聚节点总数不超过 2000，每对骨干汇聚可下挂多个普通汇聚环（每个普通汇聚环可下挂多个接入汇聚环）；每对骨干汇聚下挂的汇聚环上的节点数一般为 4～6（不包含骨干汇聚节点）；接入环上的节点数一般为 4～6（不包含普通汇聚节点）。

❷ 承载网的关键技术

5G 承载网包含 3 个平面：转发面、控制面和管理面。

转发面主要实现 5G 业务在承载网内的转发。

控制面是指 SDN 控制器与设备、设备与设备之间交互信息的一个逻辑平面，支持动态协议，为建立转发面而服务。

管理面是提供设备上网管理（图形化的网络管理系统）的逻辑平面，并可实现网元级和网络级的配置管理、故障管理、性能管理和安全管理等功能。在 5G 承载网内，转发面、控制面和管理面共享 NNI 及链路。

从宏观上来说，5G 承载网的本质就是在 4G 承载网现有技术框架的基础上，在转发面和控制面引入多种关键技术，提供超大带宽、超低时延的传输管道，并支持灵活调度，实现高精度时间同步，如图 1-18 所示。

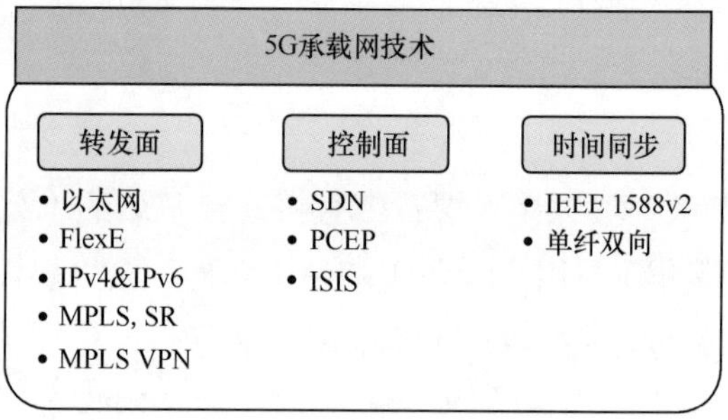

其中，最能代表 5G 承载网特点的关键技术有哪些呢？

图1-18　5G承载网关键技术

（1）FlexE 切片技术

FlexE 是在 5G 承载网的转发面引入的新技术之一。

灵活以太网（FlexE，Flex Ethernet），本质是将多个物理端口进行"捆绑"，形成一个虚拟的逻辑通道，以支持更高的业务速率。例如，4 路 100GE PHY（物理接口）提供一个逻辑通道，实现 400Gbit/s 业务速率。

FlexE 还可以实现多路低速率 MAC（可以理解为业务）数据流共享一路或者多路物理接口。例如，在 100Gbit/s PHY 上承载 10Gbit/s、40Gbit/s、50Gbit/s 的三路 MAC 数据流，或者两路 100Gbit/s PHY 复用承载 125Gbit/s 的 MAC 数据流。

FlexE 为 5G 承载网提供带宽切片。切片的思想是将物理资源划分为多个逻辑资源。切片的概念和相关技术应用是在 5G 接入网和核心网中率先提出的。怎么理解 5G 承载网的带宽切片呢？例如，在一个 100GE 的链路上，5G 的基站业务占用 70% 的带宽切片，政企专线业务占用 10% 的带宽切片。

（2）SDN

SDN 是 5G 承载网的控制面引入的新技术之一。

软件定义网络（SDN，Software Defined Network），是一种新型网络架构。SDN 通过将网络设备控制面与数据面分离，从而实现了网络流量的灵活控制。

SDN 引入了新的组件，称为控制器，以集中的方式管理多个设备，即把网络的控制和流量转发进行拆分，由 SDN 控制器专门进行控制，网络节点只需要进行转发，这是一种加强型的集中管理模式，如图 1-19 所示。

SDN 是构建未来 5G 网络的核心技术，通过转发与控制分离对网络架构和功能进行重构，网络逻辑功能更加聚合，逻辑功能平面更加清晰。网络功能按需编排，可以根据差异化的场景和业务特征要求，灵活组合功能模块，按需定制网络资源和业务逻辑

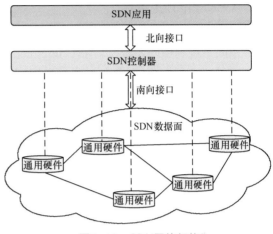

图1-19　SDN网络架构

辑，增强网络弹性和自适应性。SDN 技术简化了业务部署、工程运维和网络规划，可以支撑未来各种业务需求，同时保留了网络的弹性和智能化特征，是面向应用的可编程网络架构。

在承载网中，网络管理系统和控制器集成在一个硬件平台上，合称为管控平台。

（3）SR 隧道技术

SR 属于 5G 承载网转发面引入的新技术之一。

分段路由（SR，Segment Routing），是一种源路由机制。目前承载网二/三层转发基本采用多协议标签交换（MPLS，Multi-Protocol Label Switching）技术。采用 MPLS 技术创建转发路径时，须对转发路径上的所有节点下发配置，且每个节点都需要维护网络拓扑和链路状态信息。因此，现有的 MPLS 技术存在协议复杂、可扩展性差、部署效率低、管理困难等问题，无法满足新一代网络对灵活调度、可扩展等方面的要求。

SR 技术正是在此背景下产生的，它是对 MPLS 技术的高效简化，可兼容 MPLS 的转发面（数据面）。当基于 SR 技术创建转发路径时，仅需要在源节点压入标签转发路径，中间节点根据标签进行转发。

SR 技术将网络拓扑中的节点或链路划分为不同段（Segment），并用 Segment ID（段 ID，简称为 SID）进行编码。将一段或多段 SID 进行组合形成 Segment List（标签列表），即定义了业务流经过的网络路径。业务流在源节点从 SDN 控制器获取 Segment List，将 Segment List 压入业务报文中，源节点及中间节点根据 Segment List 的指示转发路径。

SDN 集中式控制思想和 SR 源路由技术可谓是天作之合。SDN 控制器根据业务需求、网络资源现状，计算或调整业务的转发路径，将包含路径信息的 SR 标签列

表下发给源节点。

此外，SR 还可以通过扩展的内部网关协议（IGP，Interior Gateway Portocol）发布或扩散 SID，建立 SR 尽力而为（SR-BE，Segment Routing Best Effort）路径。

（4）IS-IS 路由协议

IS-IS 是 5G 承载网控制面引入的技术之一。

中间系统到中间系统（IS-IS，Intermediate System to Intermediate System）是一种动态路由协议，在动态路由协议的分类中，隶属于 IGP。

5G 承载网采用 IS-IS 协议打通 SDN 控制器与每个承载网网元之间的 IP 连通性。扩展后的 IS-IS 协议能支持 SR 功能，发布或扩散 SID，建立 SR-BE 路径。

（5）超高精度时间同步

时间同步是独立于控制、转发、管理三大平面的一项技术。

在一般情况下，5G 系统基站间同步需求仍为 $3\mu s$，与 4G TDD（时分复用）相同，即同一基站的不同 RRU/AAU 之间的同步需求主要为 $3\mu s$，部分应用场景（如站间的载波聚合）可能有百纳秒量级的时间同步需求。另外，基站定位等新业务可能会有更高的时间同步需求。

为了满足 5G 高精度同步需求，须专门设计同步组网架构，并加大同步关键技术研究。在同步组网架构方面，可考虑将同步源头设备下沉，减少时钟跳数，进行扁平化组网；在 5G 承载网同步关键技术方面，须采用 IEEE 1588v2、单纤双向等技术，将时间同步信号从时间源传递到基站，并尽可能地减小承载网设备及链路引入的时延偏差。

任务习题

1. 请列举 NSA（非独立组网）选项。
2. 下列哪一项不是 5G 的核心网功能单元（   ）。
   A. MME   B. UPF   C. PCF   D. UDM
3. IS-IS 属于 5G 承载网哪一平面的技术（   ）。
   A. 转发   B. 控制   C. 管理   D. 时间同步

项目解析

项目 2   5G 承载网设备安装

项目简介

　　5G 承载网设备的安装是 5G 承载网建设的第一步。
　　本项目首先介绍 5G 承载网设备的结构及硬件知识，然后详细描述 5G 承载网设备的安装步骤，最后讲解 5G 承载网设备硬件测试的方法，并输出测试记录。

项目目标

- 掌握 5G 承载网设备的基本特性。
- 能够完成 5G 承载网设备子框安装。
- 能够完成 5G 承载网设备线缆安装。
- 能够完成 5G 承载网设备的上电及检查。

项目导图

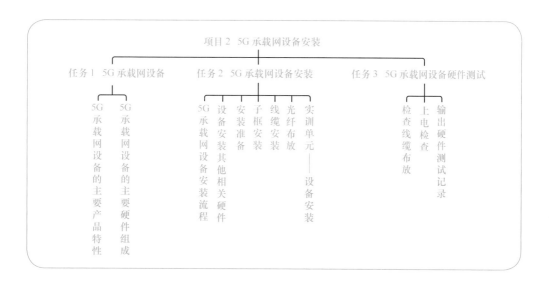

任务 1 5G 承载网设备

【任务前言】

为了更高效地安装设备，须从总体上认识设备的功能特性及硬件架构。5G 时代的承载网设备新增了哪些功能，整体硬件架构的变化又体现在哪些方面呢？带着这样的问题，我们进入本任务的学习。

【任务描述】

本任务主要介绍承载网设备的产品特性、应用场景及硬件组成，使学员具备完成 5G 承载网设备安装和应用所需要的理论知识。

【任务目标】

- 掌握 5G 承载网设备的主要产品特性。
- 掌握 5G 承载网设备的主要应用场景。
- 掌握 5G 承载网设备的主要硬件组成。

 知识储备

2.1.1 5G 承载网设备的主要产品特性

随着 LTE/5G 网络的大规模部署及全业务发展战略的推进，各种新兴的 IP 化业务应用对承载网的带宽、调度灵活性和服务质量等提出了越来越高的要求，新一代 5G 承载设备应运而生。

下面以 CiTRANS 650 U5 设备为例介绍其主要产品特性。

> 注意：本任务中介绍的设备硬件（CiTRANS 650 U5）为主流厂商接入层设备（如图 2-1 所示），实际现网中各厂家设备会有些许差异，具体以各厂家设备说明书为准。

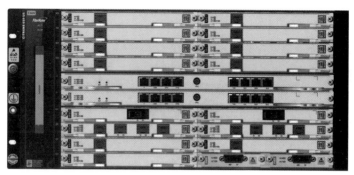

图2-1 设备面板图

1️⃣ 高效的承载技术

（1）直接承载 FlexE Client（客户端）/ 固定码率（CBR，Constant Bit Rate）封装的业务。

客户层业务在源节点映射到 FlexE Client 后进入 FlexE Channel（切片分组网通道）。

（2）承载分组以太网业务（ETH Packet）。

客户层以太网业务（ETH 类、MPLS 类、IP 类业务）经过分组交换后进入 FlexE Channel。

2️⃣ 完善的保护特性

支持电信级的设备级保护和网络级保护，充分保证业务传输的可靠性。

（1）设备级保护特性

① 主控交叉盘 1+1 保护。

② 电源盘（PWR）1+1 保护。

（2）网络级保护特性

① 路径保护：FlexE Channel 1+1 保护。

② 隧道保护：SR-TP 1:1。

③ 网间保护：链路聚合组保护（LAG，Link Aggregation Group Protection）。

3️⃣ 丰富的操作与维护功能

5G 承载设备支持丰富的 OAM（Operation Administration and Maintenance，操作、管理及维护），能提升网络运维能力，快速定位故障，降低运维成本。SPN 采用分层 OAM 架构，分为切片传送层 OAM、切片通道层 OAM、切片分组层 OAM、客户业务层 OAM 和接入链路层 OAM，可应用于各层业务的管理和监控。

2.1.2 5G 承载网设备的主要硬件组成

本节将介绍 5G 承载网设备的子框结构、槽位分布、技术指标、机盘概述等内容。

❶ 子框结构

5G 承载网设备子框外形结构如图 2-2 所示，从左往右依次为：上架弯角、风扇单元、机盘区、分纤单元。上架弯角用于将子框固定在机柜中。风扇单元位于子框左侧，用于设备散热。机盘区用于插放业务机盘、主控交叉盘、电源盘，实现设备的各种功能。分纤单元用于整理布置线缆。

(1) 上架弯角 (2) 风扇单元 (3) 机盘区 (4) 分纤单元

图2-2　子框外形示意图

❷ 槽位分布

子框槽位分布如图 2-3 所示，设备直流子框共提供 15 个横插业务盘槽位，2 个横插主控交叉盘槽位，以及 2 个横插电源盘槽位。

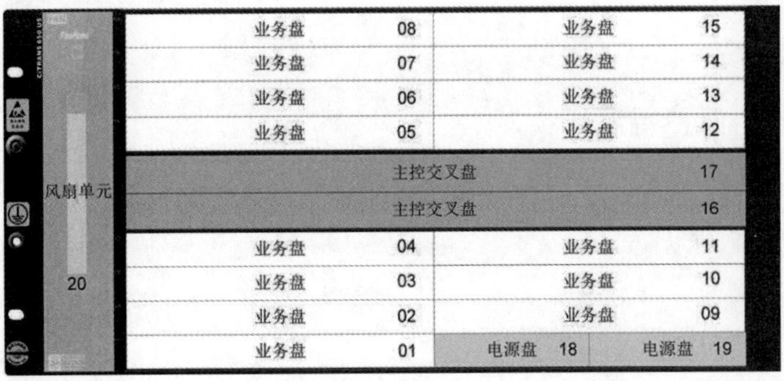

风扇单元 20	业务盘	08	业务盘	15
	业务盘	07	业务盘	14
	业务盘	06	业务盘	13
	业务盘	05	业务盘	12
	主控交叉盘			17
	主控交叉盘			16
	业务盘	04	业务盘	11
	业务盘	03	业务盘	10
	业务盘	02	业务盘	09
	业务盘	01	电源盘 18	电源盘 19

图2-3　子框槽位分布图

❸ 技术指标

子框主要技术指标如表 2-1 所示。

表 2-1　子框主要技术指标

项目	描述
工作电压	−38.4 ～ −57.6V
运行环境	0 ～ 70℃
业务槽位数	15
功耗	典型配置 305W，满额配置：541W
高度 × 宽度 × 深度	221.5mm × 443mm × 225mm
重量	10kg

④ 机盘概述

（1）主控交换盘——SRC5F，如图 2-4 所示，其主要功能是实现设备的控制管理，对各类业务进行交叉处理和保护倒换、传递和处理时钟及时间信号等。

图2-4 SRC5F面板图

SRC5F 机盘面板的接口说明如表 2-2 所示。

表 2-2 SRC5F 机盘面板接口说明

分类	接口	用途	接口类型
告警接口	ALM	告警输出接口，通常与 PDP（电源分配框）上的告警接口对接	RJ-45
管理接口	F	网络管理系统接口，通常与网管服务器连接	RJ-45
	COM	调试通信接口，用于网元内各子框间的通信扩展，通常与其他子框对应机盘上的 COM 口对接	RJ-45
	ETH1/ETH2	以太网接口，可配置为 F/COM/SIG 功能接口	RJ-45
时钟接口	CLK	外部时钟输入输出接口，标准时钟同步接口，可输入输出外部时钟同步信号	RJ-45
时间接口	1PPS（Pulse Per Second）	高精度时间同步调试接口，用于 1PPS 测试时的信号输出	SMA
	ToD	1PPS+ToD 外部时钟输入输出接口	RJ-45
辅助接口	MON	外部事件（如温度、告警等）监视接口，通常与用户待监视设备对接	RJ-45

SRC5F 机盘面板的按键说明如表 2-3 所示。

表 2-3 SRC5F 机盘面板按键说明

按键[1]	功能	说明
SW	主备用切换	用于手动控制机盘的激活、不激活状态
RST	复位按钮	用于手动控制机盘的复位和重启。设备正常工作时，不要随意操作此按键
注 1：SW 和 RST 为隐藏式弹簧按键，需要借助笔头、针等细长工具进行操作，按下这些按键后会自动弹起		

SRC5F 机盘面板的指示灯说明如表 2-4 所示。

表 2-4 SRC5F 机盘面板指示灯说明

指示灯	含义	说明
ACT	工作指示灯	灯快闪（绿色）：表示机盘工作正常； 灯慢闪（绿色）：表示机盘启动中； 灯不亮：表示机盘工作不正常，通常表明该盘故障； 灯常亮：机盘初始化过程，这个过程的时间为 5min 左右，若该指示灯为长期处于常亮状态，表示机盘工作异常

续表

指示灯	含义	说明
UA	急告指示灯	灯不亮：表示本盘无急告或急告被屏蔽； 灯亮（红色）：表示该盘出现急告（紧急告警和主要告警）
NUA	非急告指示灯	灯不亮：表示本盘无次要告警或次要告警被屏蔽； 灯亮（黄色）：表示该盘出现非急告（次要告警）
STA	主用工作状态指示灯	灯快闪（绿色）：当前机盘模式为主用，闪烁频率为 100ms/ 次； 灯慢闪（绿色）：当前机盘模式为备用，闪烁频率为 400ms/ 次； 灯常亮（绿色）：机盘启动过程中异常； 灯常灭：机盘工作异常
MCC	光线路管理平面数据指示灯	灯闪烁（绿色）：表示 MCC 正在通信（网络管理系统通道）
CLK	时钟指示灯	快闪（绿色）：工作于自由振荡状态； 慢闪（绿色）：工作于保持状态； 灯常亮（绿色）：工作于锁定状态
F/ETH1/ ETH2/COM	RJ–45 接口指示灯	绿灯常亮：表示端口链路正常； 黄灯闪烁：表示端口有收、发数据

（2）以太网业务盘以 GE 光口盘 MAC8 为例进行说明。GE 光口处理盘 MAC8 面板外观如图 2-5 所示，该盘最多可处理 8 路 GE 光口信号，对其中的业务进行封装或解封装，与主控交叉盘配合，完成业务的调度和转发。

图2-5 MAC8面板外观

MAC8 机盘面板指示灯说明如表 2-5 所示。

表 2–5 MAC8 机盘面板指示灯说明

指示灯	含义	说明
ACT	工作指示灯	指示灯说明可参考主控交叉盘相关内容
UA	急告指示灯	
NUA	非急告指示灯	
RX1 ～ RX8	端口收光指示灯	灯常亮（绿色）：对应端口有收光，且接收光功率在正常范围内； 灯不亮：对应端口无收光，或接收光功率不在正常范围内

（3）FlexE 业务盘以 50G FlexE 光口盘 LFAC2 为例进行说明。50G FlexE 光口处理盘 LFAC2 面板外观如图 2-6 所示，该盘最多可处理 2 路 50G FlexE 光口信号，对其中的业务进行封装或解封装，与主控交叉盘配合，完成业务的调度和转发。

图2-6 LFAC2面板外观

LFAC2 面板的指示灯说明可参考主控交叉盘和 GE 光口处理盘相关内容。

（4）风扇单元（FAN）。风扇单元为设备提供散热，可通过网络管理系统控制风扇的运行状态，保证设备在稳定的环境温度下正常、高效地运行。风扇单元的面板如图 2-7 所示。

图2-7　风扇单元的面板

风扇单元的面板指示灯说明如表 2-6 所示。

表 2-6　风扇单元的面板指示灯说明

指示灯	含义	说明
ACT	工作指示灯	灯不亮：表示机盘工作不正常，通常表明该盘故障； 灯常亮（绿色）：风扇处于运行状态
ALM	告警指示灯	灯常亮（红色）：风扇单元有告警，比如温度过高； 灯不亮：风扇单元无告警

（5）电源盘（PWR）。电源盘实现 –48V 直流电源的输入，为各机盘提供所需电压，并提供欠压保护功能。PWR 盘的面板如图 2-8 所示。

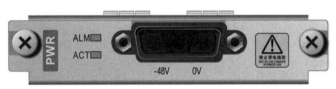

图2-8　PWR盘的面板

电源盘的面板指示灯说明如表 2-7 所示。

表 2-7　电源盘的面板指示灯说明

指示灯	含义	说明
ACT	工作指示灯	灯不亮：表示机盘工作不正常，通常表明该盘故障； 灯常亮（绿色）：电源盘处于正常工作状态
ALM	告警指示灯	灯常亮（红色）：电源盘有告警，比如电压过低； 灯不亮：电源盘无告警

任务习题 ▶▶ ‧‧‧

1. 简单描述 CiTRANS 650 U5 支持的保护类型。

2. CiTRANS 650 U5 的主要机盘有哪些？

任务 2　5G 承载网设备安装

【任务前言】

前面我们了解了 5G 承载网设备的硬件结构，接下来我们正式进入设备安装环节。承载网设备安装的整个流程是什么？设备安装又可以分为哪些步骤？安装过程中有哪些注意事项？带着这样的问题，我们进入本任务的学习。

【任务描述】

本任务主要介绍承载网设备的硬件安装，主要包括子框安装、线缆安装、布放光纤等内容，使学员熟练掌握完成 5G 承载网设备安装的知识。

【任务目标】

- 能够完成 5G 承载网设备子框的安装。
- 能够完成 5G 承载网设备线缆的安装。
- 能够完成 5G 承载网设备光纤的布放。

 知识储备

2.2.1　5G 承载网设备安装流程

5G 承载网设备安装流程如图 2-9 所示。

图2-9　5G承载网设备安装流程

2.2.2　设备安装其他相关硬件

设备安装涉及的其他硬件主要包括机柜、线缆、光模块和光纤。

1 机柜说明

5G 承载网设备一般安装在 19 英寸（1 英寸≈2.54 厘米）机柜或 21 英寸机柜中，机柜规格如表 2-8 和图 2-10 所示。机柜常用高度为 2200mm。

表 2-8　标准机柜尺寸

机柜类别	机柜尺寸（高度 × 宽度 × 深度）（mm）	机柜重量（kg）
19 英寸机柜	1600 × 600 × 600	94
	2000 × 600 × 600	109
	2200 × 600 × 600	117
	2600 × 600 × 600	134
21 英寸前 / 后立柱机柜	1600 × 600 × 300	51
	2000 × 600 × 300	61
	2200 × 600 × 300	71
	2600 × 600 × 300	76

图2-10　19英寸机柜（左）和21英寸机柜（右）

19 英寸或 21 英寸代表的是机柜安装立柱的间距，例如，19 英寸机柜的立柱间距为 482.6mm，其匹配的安装孔距为 465mm。21 英寸机柜的立柱间距为 533.4mm，其匹配的安装孔距为 514mm。机柜安装宽度 B 与安装孔距 B_1 详见图 2-11。

机柜安装立柱

	B	B_1	B'_{min}
19 英寸	482.6	465	450
21 英寸	533.4	514	497
23 英寸	584.2	567	551.6
24 英寸	609.6	592	577
30 英寸	762	744.4	729.4
1 英寸 =25.4mm			

图2-11　机柜安装宽度B与安装孔距B_1

机柜装配子框时，需要遵循以下原则。

（1）预留的设备散热空间不得占用。

（2）安装在 19 英寸机柜：在设备上方和下方均至少预留 4U（1U=44.45mm）高度的空间。

（3）安装在 21 英寸机柜：在设备上方和下方均至少预留 200mm 高度的空间。

（4）环境温度须满足短期运行小于 55℃，长期运行不超过 50℃ 的条件。

② 线缆说明

安装过程中涉及的线缆如下。

（1）子框保护地线：提供设备与近处金属物体间的低阻抗连接，以减少人身电击危险，如图 2-12（a）所示。

（2）PDP 电源线：包括蓝线（–48V）、黑线（0V），用于从列头柜（在机房中为单列所有设备提供电力的机柜，通常位于每一列的头部位置）接入 –48V 直流电，如图 2-12（b）所示。

（3）子框电源线：内含蓝黑线，用于从 PDP 连接设备的 –48V 直流电，如图 2-12（c）所示。

（4）时钟线：一端为 RJ45 接口，另一端为同轴电缆接口，用于为设备接入频率同步信号，如图 2-12（d）所示。

（5）时间线：两端均为 RJ45 接口，用于为设备接入时间同步信号，如图 2-12（e）所示。

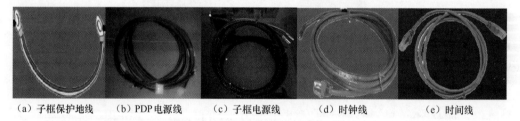

（a）子框保护地线　（b）PDP电源线　（c）子框电源线　（d）时钟线　（e）时间线

图2-12　设备安装中的各类线缆

③ 光模块说明

光模块由光电子器件、功能电路和光接口等组成，光电子器件包括发射和接收两部分。

光模块的作用是进行光电转换，发送端把电信号转换成光信号，通过光纤传递，接收端再把光信号转换成电信号。

光模块按速率分类可分为百兆光模块、千兆光模块、10G 光模块、50G 光模块、100G 光模块等。图 2-13 为 10G 光模块和 50G 光模块。

图2-13　10G光模块（左）和50G光模块（右）

④ 光纤跳线说明

如图 2-14 所示,光纤跳线接口分为三类:LC/PC 接口,用于机柜内部光接口间的连接;FC/PC 接口和 SC/PC 接口,用于连接设备和光纤配线架(ODF,Optical Distribution Frame)光接口,根据 ODF 架的光接口类型按需使用。

LC/PC 型光纤连接器

FC/PC 型光纤连接器

SC/PC 型光纤连接器

图2-14　光纤跳线接口分类(左)和LC/PC-LC/PC光纤跳线(右)

光纤跳线的选取由本、对端设备光接口的类型决定。5G 承载设备侧的光接口均为 LC/PC 型。使用 LC/PC-LC/PC 光纤跳线,如图 2-14(右)所示。

【任务实施】

2.2.3　安装准备

安装准备工作包括准备工具、了解安全注意事项和操作规范。

① 工具准备

安装过程中,可能会使用到的工具如图 2-15 所示。

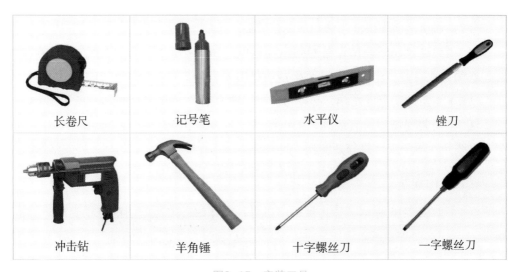

长卷尺	记号笔	水平仪	锉刀
冲击钻	羊角锤	十字螺丝刀	一字螺丝刀

图2-15　安装工具

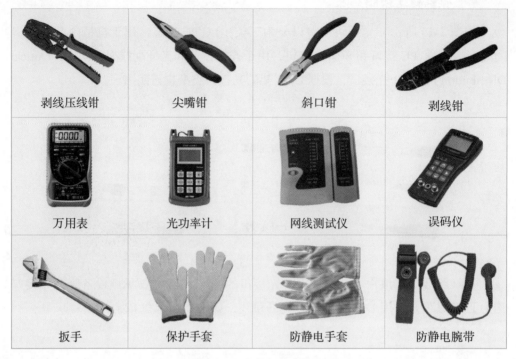

图2-15 安装工具（续）

② 安全及注意事项

（1）强功率激光对人体尤其是对眼睛有危害，不得裸视光发送器的尾纤端面或其上面的活动连接器的端面。

（2）不得用手触摸机盘上的元器件、布线及插座中的金属导体。触摸机盘必须采取静电防护措施。

（3）搬运机柜时须佩戴保护手套，避免划伤机柜和双手。

（4）机房地面不得使用地毯或其他容易产生静电的材料。

（5）须注意光纤通信设备对强电和雷电的防护，尤其应注意光缆在设备终接时，必须采取有效措施，以免将强电或雷电引入设备。

（6）不要过度弯折光纤，必须弯折时，曲率半径不得小于38mm。

（7）安装现场的所有线缆，如电源线、告警线和光纤等，应按照种类的不同分开走线，互不干扰，并分开绑扎，且光纤不能用扎线捆绑。

③ 操作规范

（1）如图 2-16 所示，禁止裸手拿机盘，操作时必须佩戴防静电手套或防静电腕带。

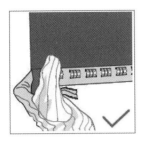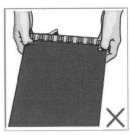

图2-16　操作规范（1）

（2）如图 2-17 所示，不得用手触摸机盘上的元器件、布线及插座中的金属导体。触摸机盘时必须采取静电防护措施。

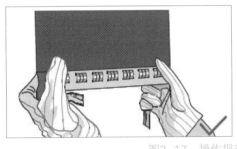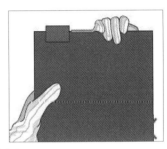

图2-17　操作规范（2）

（3）子框上的空槽位必须插满假面板，防止异物进入网元和系统散热风道，导致网元故障。

（4）机盘属于易碎贵重物品，须轻拿轻放，搬运或放置机盘时必须放在专用的包装箱里，以免引起机盘损坏。

（5）在机盘运输过程中，必须使用原有的包装材料，若原包装材料丢失，须联系工程师。

2.2.4　子框安装

子框的安装包括 19 英寸机柜安装、21 英寸前立柱机柜安装和 21 英寸后立柱机柜安装 3 种。

① 19 英寸机柜安装

（1）安装托架弯角

步骤 1： 根据托架弯角的安装位置，在机柜两侧立柱对应的方形安装孔上安装螺母卡组件（如图 2-18 所示）。

步骤 2： 将托架弯角卡在立柱中，用螺钉固定托架弯角。

（2）固定子框

步骤 1： 根据子框的安装位置，在机柜两侧立柱对应的方形安装孔上安装螺母卡组件（如图 2-19 所示）。

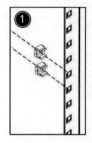 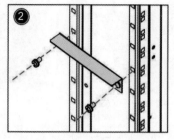 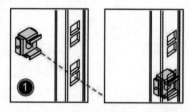

图2-18 使用螺母卡组件和螺钉固定托架弯角　　　图2-19 安装子框固定螺母卡

步骤 2：将子框抬至托架弯角上，慢慢推进，直至子框上架弯角相应孔位与螺母卡组件对齐。

步骤 3：用螺丝刀沿顺时针方向拧入螺钉，将子框固定（如图 2-20 所示）。

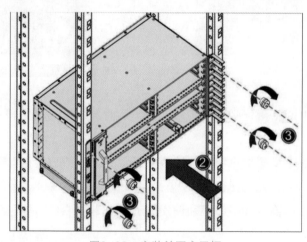

图2-20 安装并固定子框

（3）安装子框保护地线

步骤 1：将保护地线的一端 OT 裸压端子贴在子框的接地孔上，用螺钉将其固定。

步骤 2：安装螺母卡组件，并将另一端 OT 裸压端子贴在确定好的安装孔上（可随距离、位置灵活选取安装孔），用螺钉将其固定（如图 2-21 所示）。

❷ 21 英寸前立柱机柜安装

（1）安装托架弯角

步骤 1：根据托架弯角的安装位置，在机柜两侧立柱对应的方形安装孔上安装螺母卡组件。

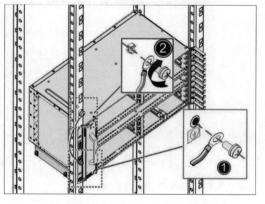

图2-21 安装并固定子框保护地线

步骤 2：将托架弯角卡在立柱中，用螺钉固定托架弯角（如图 2-22 所示）。

（2）安装转接弯角

安装转接弯角在子框左右两侧的上架弯角上（如图 2-23 所示）。

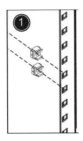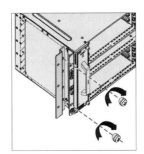

图2-22　使用螺母卡组件和螺钉固定托架弯角　　　图2-23　使用螺钉固定转接弯角

（3）固定子框

步骤 1：将子框抬至托架弯角上，慢慢推进，直至子框上架弯角相应孔位与螺母卡组件对齐。

步骤 2：用螺丝刀沿顺时针方向拧入螺钉，将子框固定（如图 2-24 所示）。

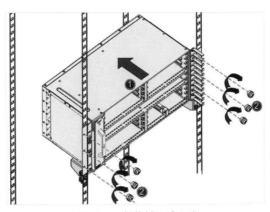

图2-24　安装并固定子框

（4）安装子框保护地线

步骤 1：保护地线的一端 OT 裸压端子贴在子框的接地孔上，用螺钉将其固定。

步骤 2：安装螺母卡组件，并将另一端 OT 裸压端子贴在确定好的安装孔上（可随距离、位置灵活选取安装孔），用螺钉将其固定（如图 2-25 所示）。

❸ 21 英寸后立柱机柜安装

（1）安装托架弯角

步骤 1：根据托架弯角的安装位置，在机柜

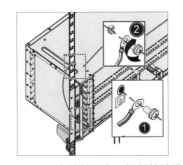

图2-25　安装并固定子框保护地线

两侧立柱对应的方形安装孔上安装螺母卡组件。

步骤 2：将托架弯角卡在立柱中（机柜的同侧后立柱和中间立柱中），用螺钉固定托架弯角（如图 2-26 所示）。

（2）安装转接弯角

在子框左右两侧安装上架弯角（如图 2-27 所示）。

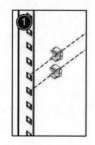 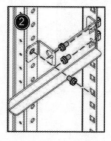 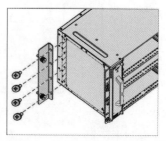

图2-26　使用螺母卡组件和螺钉固定托架弯角　　图2-27　使用螺钉固定转接弯角

（3）固定子框

步骤 1：根据子框的安装位置，在机柜两侧立柱对应的方形安装孔上安装螺母卡组件（如图 2-28 所示）。

步骤 2：将子框抬至托架弯角上，慢慢推进，直至子框上架弯角相应孔位与螺母卡组件对齐。

步骤 3：用螺丝刀沿顺时针方向拧入螺钉，将子框固定（如图 2-29 所示）。

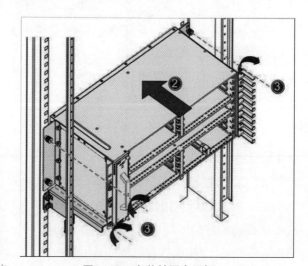

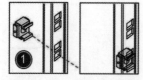

图2-28　安装子框固定螺母卡　　　　　图2-29　安装并固定子框

（4）安装子框保护地线

步骤 1：保护地线的一端 OT 裸压端子贴在子框的接地孔上，用螺钉将其固定。

步骤 2：安装螺母卡组件，并将另一端 OT 裸压端子贴在确定好的安装孔上（可随距离、位置灵活选取安装孔），用螺钉将其固定（如图 2-30 所示）。

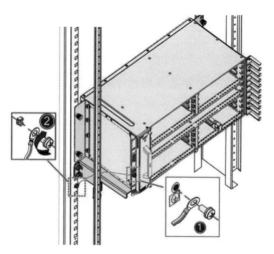

图2-30　安装并固定子框保护地线

2.2.5　线缆安装

线缆安装包括 PDP 电源线、子框电源线、时钟线和时间线的安装。

① 安装前准备

线缆安装前，需要拆卸 PDP 的前面板及处理进出线口。

（1）拆卸 PDP 前面板，如图 2-31 所示。

（2）处理进出线口。

① 外部线缆布放进机柜时，如果机柜顶部或底部已安装盖板，须根据线缆布放位置掀开顶部或底部的塑料盖板，用锋利物扎破顶部或底部的塑料网，供线缆进出。

② 图 2-32 以处理柜顶进出线口为例进行说明。用一字螺丝刀撬起条状塑料盖板有尼龙铆钉的一端，或用锋利物划开进出线口的塑料网。

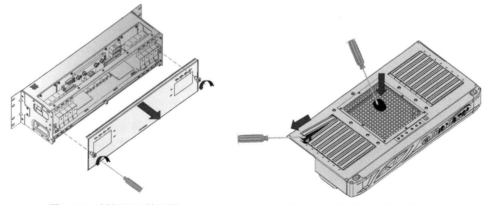

图2-31　拆卸PDP前面板　　　　　图2-32　处理机柜线缆进出口

② 安装 PDP 电源线

注意：电源线应按照最短原则在保证按路由走线的情况下现场加工。电源线必须采用整段线料，中间无接头。PDP 的电源地 GND 和保护地 PE 须分别连接机房的电源地和保护地，如图 2-33 所示。

（1）连接 –48V 电源线到 PDP。拧松 PDP 中标有 "–48V_1 ～ –48V_4" 的自动断路器上端的螺钉，将 –48V 电源线的管形端子插入插孔中，拧紧螺钉固定。

（2）连接电源地线。拧松 PDP 汇流排上 4 个端子的螺钉，将 GND 电源线上的管形端子插入插孔中，拧紧螺钉固定。

（3）连接保护地线。拧松 PDP 中 XS6 中 "PE" 端子上的螺钉，将 PE 接地线的管形端子插入插孔中，拧紧螺钉固定。

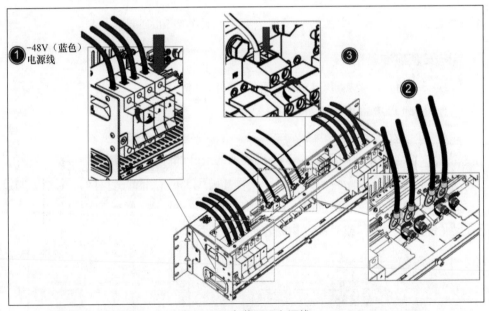

图2-33　安装PDP电源线

③ 安装子框电源线

（1）确保 PDP 上相应子框的电源控制开关置于 OFF 侧（如图 2-34 所示）。

（2）将主、备子框电源线的 D 形连接器分别插入主、备电源盘的电源插口，拧紧防松螺钉，如图 2-35 所示。

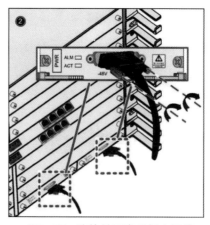

图2-34 确认开关置于OFF状态 　　图2-35 连接并固定子框电源线

（3）连接 PDP 侧电源线。

① 主用 –48V 子框电源线通常连接至 PDP 上 A 区 "XS2" / "XS7" 对应的 "–48V_A_1" ～ "–48V_A_4" 任一接线端子。

② 备用 –48V 子框电源线通常连接至 PDP 上 B 区 "XS3" / "XS8" 对应的 "–48V_B_1" ～ "–48V_B_4" 任一接线端子。

③ 主用 0V 子框电源线通常连接至 PDP 上 A 区 "XS4" / "XS5" 对应的 "0V_A_1" ～ "0V_A_4" 任一接线端子。

④ 备用 0V 子框电源线通常连接至 PDP 上 B 区 "XS9" / "XS10" 对应的 "0V_B_1" ～ "0V_B_4" 任一接线端子。

PDP 侧连接示意如图 2-36 所示。

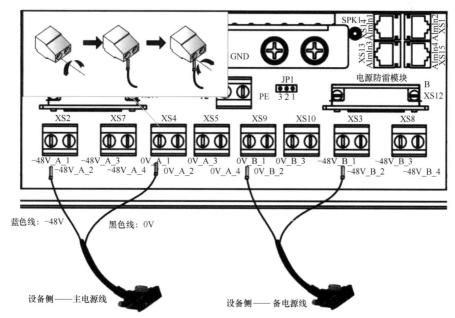

图2-36 PDP侧连线示意

❹ **安装时钟／时间线缆**

如图 2-37 所示，将时钟线缆的 RJ45 插头插入 SRC5F 盘的 CLK 口，另一端裸线连接至机房时钟源。

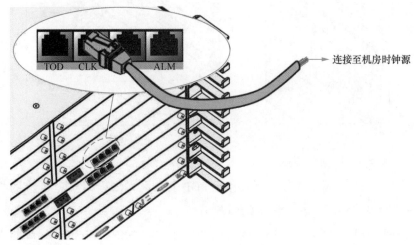

图2-37　时钟线缆连接

时间线缆连接方法与时钟线缆连接方法类似，将时间线缆的 RJ45 插头插入 SRC5F 的 TOD 口，另一端 RJ45 插头连接至机房的时间源。

2.2.6　光纤布放

布放设备侧光纤跳线

（1）布放光纤跳线前，需要做好以下准备工作。

① 将光纤两端做临时标记，并理顺放直，注意收发纤成对。

② 根据光纤长度剪取适合长度的波纹管（从出本端机柜到进入对端机柜 /ODF 架之间的光纤均需套波纹管）。

波纹管、ODF 架示意如图 2-38 所示。

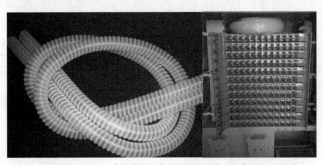

图2-38　波纹管（左）和ODF架（右）

③ 调整管外光纤长度：对于客户侧和线路侧的光纤，若有富余长度，则须将富余部分均留在 ODF 架侧，即保证客户侧和线路侧光纤在进入本设备机柜后无冗余。

④ 将装入波纹管的光纤从其他机柜或 ODF 架经列槽道布放至本机柜，由进 / 出线口穿入机柜。

（2）将光纤跳线的一端插入设备侧机盘光接口，整理布放光纤跳线，另一端连接至机房 ODF 架，如图 2-39 所示。

图2-39　光纤跳线连接示意图

> 注意：
> ① 安装布放光纤跳线时不得过度弯折光纤，必须弯折时，曲率半径不得小于 38mm。
> ② 进行光纤的安装、维护等各种操作时，严禁肉眼靠近或直视光纤出口。
> ③ 安装现场的所有线缆，如电源线、告警线和光纤等，应按照种类的不同分开走线，互不干扰，并分开绑扎，且光纤须用光纤绑扎带捆绑。

（3）整理光纤跳线。

① 光纤连接完毕后，用光纤绑扎带在进入机柜和临近走纤区之间绑扎光纤，使之固定。

② 连接 ODF 侧的光纤。

③ 制作并在光纤两端粘贴标签（如图 2-40 所示）。

图2-40　光纤标签

任务习题 ▶▶

1. 5G 承载设备安装的配套机柜有哪几种尺寸？
2. 5G 承载设备安装的主要步骤有哪些？

2.2.7 实训单元——设备安装

实训目的 ▶▶

基于 5G 承载设备安装规范，熟练掌握设备安装流程及注意事项。

实训内容 ▶▶

使用 5G 承载网实训仿真软件，实施现场设备安装操作。

实训准备 ▶▶

1. 实训环境准备

   （1）硬件：可登录实训系统仿真软件的计算机终端。

   （2）软件：实训系统仿真软件。

2. 相关知识点要求

   （1）5G 承载网设备子框结构及各机盘槽位分布。

   （2）5G 承载网设备机盘面板接口、指示灯含义及主要功能。

   （3）5G 承载网设备安装流程。

实训步骤 ▶▶

1. 子框安装

   （1）19 英寸机柜安装。

   （2）21 英寸机柜前立柱安装。

   （3）21 英寸机柜后立柱安装。

2. 安装 PDP 电源线和子框电源线。

3. 安装时钟线和时间线。

4. 插入机盘，设备上电。

5. 插入光模块，布放光纤。

评定标准 ▶▶

　　能够基于任务实施流程描述正确且高效地使用实训系统仿真软件完成设备硬件安装。

实训小结 ▶▶

　　实训中的问题：_____

　　_____

　　_____

　　问题分析：_____

　　_____

　　_____

　　问题解决方案：_____

　　_____

　　_____

思考与拓展 ▶▶

　　1. 不同尺寸机柜可安装设备的数量是多少？
　　2. 设备拆卸可分为哪几个步骤？

任务 3　5G 承载网设备硬件测试

【任务前言】

承载网设备硬件安装完毕后，须进行硬件测试，确保设备能正常工作。大家可以回忆一下，平常购买电子产品后怎么判断产品是否能正常工作呢？一般包含上下电检查以及在使用过程中查看各项指标是否正常。那么对于 5G 承载网设备，硬件测试步骤是否也类似呢？带着这样的问题，我们进入本任务的学习。

【任务描述】

本任务主要介绍承载网设备的硬件测试方法，包括检查线缆布放、上电检查以及输出硬件测试记录，使学员能够完成 5G 承载网设备的硬件测试。

【任务目标】

- 能够完成线缆布放的检查。
- 能够完成上电检查。
- 能够完成硬件测试记录表的编写。

 知识储备

2.3.1　检查线缆布放

线缆布放完毕后，按表 2-9 的内容进行检查。

表 2-9　线缆安装检查项

序号	检查内容	检查方法
1	布放电缆的规格、路由、截面和位置应符合施工图的规定，电缆排列必须整齐，外皮无损伤	查看
2	线缆插头干净无损坏，现场制作的插头符合规范，接头连接正确可靠	查看
3	线缆沿机柜向上布放至走线架，布放时和柜顶通风孔距离不得小于 10cm；机柜离走线架距离超过 0.8m 时应该加装走线梯	查看

续表

序号	检查内容	检查方法
4	下走线时，电缆在地面地板下叠加布放，最高不得超过地板下净高度的 3/4，以免影响通风散热	查看
5	尾纤布放： （1）布放尾纤时，拐弯处不应过紧或相互缠绕，成对尾纤要理顺绑扎，且绑扎力度适宜，不得有扎痕； （2）尾纤在线扣环中可自由抽动，不得成直角拐弯； （3）布放后不应有其他电缆或物品压在上面	查看

2.3.2 上电检查

① 上电前检查

CiTRANS 650 U5 设备采用 –48V 直流电源供电，电压允许变化为 –38.4 ~ 57.6V。设备通电前，应对以下内容进行检查。

（1）确认 PDP 电源线与外部供电设备正确连接。

（2）各级线缆正确连接。

（3）PDP 上所有电源开关均置于 OFF 侧。

（4）各个子框的电源线插头已拔掉。

（5）子框内所有机盘被拔出（或浮插）。

（6）子框内所空槽位已安装假面板。

② 设备上电检查

（1）测量 PDP 上外部电源 "–48V" 与 "GND" 端子之间的电压，其正常值应在 –38.4 ~ 57.6V。

（2）PDP 上的开关均置于 ON 侧。

（3）分别测量各个子框插头的 "–48V" 与 "0V" 端子之间的电压，所测电压值应在 –38.4 ~ 57.6V，将 PDP 前面板上的开关均置于 OFF 侧。

（4）将子框电源线插头插入子框电源接口。将 PDP 前面板上的开关均置于 ON 侧。确认子框无异响、无异味。

（5）插入风扇单元，风扇单元运行正常，风扇单元周围应有空气流通。

（6）依次插入机框内各个机盘，2 ~ 3min 后机盘正常上电，子框各个机盘的指示灯正常。

（7）设备掉电检查。

（8）设备上电并正常运行 10min 左右，将 PDP 前面板上的开关均置于 OFF 侧。

（9）确认子框无异响、无异味，测量 PDP 上外部电源 "–48V" 与 "GND" 端子之间的电压，其正常值应在 –38.4 ～ 57.6V。

（10）将 PDP 上的开关均置于 ON 侧。

（11）风扇单元运行正常，风扇单元周围应有空气流通。

（12）2 ～ 3min 后机盘正常上电，子框各个机盘的指示灯正常。

2.3.3 输出硬件测试记录

设备上电运行后，机盘面板上的指示灯用来指示机盘的运行和告警等状态。设备上电测试后，须记录机盘运行的状态，如有异常须及时处理。

示例参考表 2-10。

表 2–10 单站硬件测试记录表

站点名称		枢纽站 1			记录日期		2021/03/03	
记录人员		张三			联系方式		123********	
观察项	PWR		SRC5F			MAC8		LFAC2	
	ACT 灯	ALM 灯	ACT 灯	ALM 灯	STA 灯	ACT 灯	ALM 灯	ACT 灯	ALM 灯
5min	常亮	不亮	常亮	不亮	快/慢	常亮	不亮	常亮	不亮
	正常	正常	正常	正常	正常	正常	正常	正常	正常
30min	常亮	不亮	常亮	不亮	快/慢	常亮	不亮	常亮	不亮
	正常	正常	正常	正常	正常	正常	正常	正常	正常

任务习题 ▶▶ ───── ● ● ●

1. 硬件测试包括哪几个主要步骤？

2. 线缆检查主要包括哪几个方面？

项目解析 ▶▶ ───── ● ● ●

项目 3

5G 承载网中的以太网技术

项目简介

　　承载网设备之间的互联接口均为以太网接口，因此，以太网技术是 5G 承载网的基石。本项目将介绍以太网交换原理、VLAN 技术和 FlexE 切片技术。

- 掌握以太网交换原理。
- 掌握虚拟局域网 VLAN 原理及应用。
- 掌握切片以太网 FlexE 原理及应用。
- 能够完成 VLAN 和 FlexE 的配置。

项目目标

项目导图

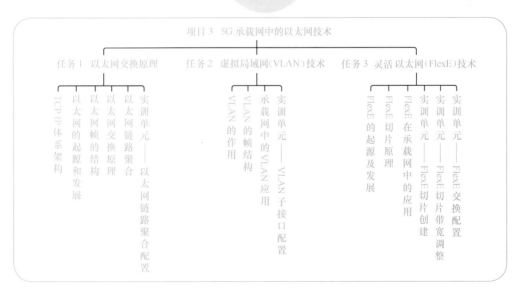

任务 1　以太网交换原理

【任务前言】

为什么学习任何通信技术都会首先提到 TCP/IP 体系？什么是 TCP/IP？作为当前网络设备互联的主流技术的以太网，又经历了怎样的发展历程？什么是以太网交换？带着这样的问题，我们进入本任务的学习。

【任务描述】

使学员掌握以太网的帧结构和以太网交换的工作原理。

【任务目标】

- 掌握 TCP/IP 体系架构。
- 了解以太网的起源和发展历程。
- 掌握以太网的帧结构。
- 掌握以太网的交换原理。

知识储备

3.1.1　TCP/IP 体系架构

计算机网络自从 20 世纪 60 年代问世以来，得到了飞速发展，逐渐演变、分离为连接各种业务终端、节点设备的多样化的通信网络。起初，国际上各大厂商为了在通信网络领域占据主导地位，顺应信息化潮流，纷纷推出了各自的网络架构体系和标准，例如 IBM 公司的 SNA、Novell 公司的 IPX/SPX 协议、Apple 公司的 AppleTalk 协议、DEC 公司的 DECnet，以及广泛流行的 TCP/IP。同时，各大厂商针对自己的协议生产出不同的硬件和软件。各个厂商的共同努力无疑促进了网络技术的快速发展和网络设备种类的迅速增加。

但由于多种协议的并存，网络变得越来越复杂，而且厂商之间的网络设备大部分不能兼容，很难进行互联互通。为了解决网络之间的兼容性问题，帮助各个厂商生产出可互联互通的网络设备，国际标准化组织（ISO，International Standard Organization）于 1984 年提出了开放式系统互联参考模型（OSI RM，Open System Interconnection Reference Model）。其中，"开放"是指非独家垄断的，遵循 OSI 标准即可实现互联互通。OSI 参考模型很快成为计算机网络通信的基础模型。

在设计 OSI 参考模型（如图 3-1 所示）时，主要遵循了以下原则。

（1）各个层之间有清晰的边界，便于理解。

（2）每个层实现特定的功能。

（3）层次的划分有利于国际标准协议的制定。

（4）层的数目应该足够多，以避免各个层功能重复。

计算机网络的各层及其协议的结合，称为网络的体系架构，又称为分层模型。OSI 的协议架构有 7 层：第 1 层，物理层（Physical Layer）；第 2 层，数据链路层（Data Link Layer）；第 3 层，网络层（Network Layer）；第 4 层，传输层（Transport Layer）；第 5 层，会话层（Session Layer）；第 6 层，表示层（Presentation Layer）；第 7 层，应用层（Application Layer）。层次化的设计，有利于降低设备实现的复杂度。

图3-1　OSI参考模型

如图 3-1 所示，通常，我们把 OSI 参考模型第 1 层～第 3 层称为底层（Lower Layer），这些层负责网络数据的传输。网络互联设备往往位于下三层，通常以硬件和软件相结合的方式来实现。第 4 层～第 7 层称为高层（Upper Layer）。高层用于保障主机之间数据的正确传输，通常以软件方式来实现。

需要注意的是，由于种种原因，现在还没有一个完全遵循 OSI 七层模型的网络体系，但 OSI 参考模型的设计蓝图为我们更好地理解网络体系、学习计算机通信网络奠定了基础。OSI 七层模型虽然概念清楚，但是它复杂又不实用。而起源于 20 世纪 60 年代末由美国政府资助的一个分组交换网络研究项目的传输控制协议 / 网际协议（TCP/IP，Transmission Control Protocol/Internet Protocol）体系架构获得了商业上的成功。TCP/IP 取代了 OSI，成为计算机网络的国际标准。TCP/IP 是 Internet（互联网）最基本的协议、国际互联网络的基础。5G 承载网也是遵循 TCP/IP 体系而设计的。

TCP/IP 是一个四层的体系架构，从低到高依次是网络接口层、网络层、传输层和应用层。

OSI 与 TCP/IP 都是分层结构（如图 3-2 所示），都要求层和层之间具备很密切的协作关系。它们有相同的应用层、传输层、网络层。在 TCP/IP 参考模型中，去掉了 OSI 参考模型中的会话层和表示层（这两层的功能被合并到应用层实现），同时将 OSI 参考模型中的数据链路层和物理层合并为网络接口层。

因为网络接口层没有什么具体内容，因此，在学习计算机网络时，往往采取折中的五层体系架构。后面提到的分层模型均为 TCP/IP 的五层模型。

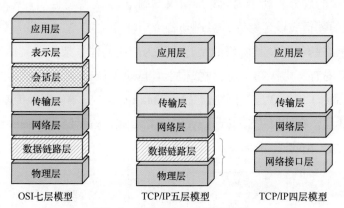

图3-2　TCP/IP与OSI模型对比

TCP/IP 模型的每一层支持不同的通信功能，具体如下。

（1）应用层是 TCP/IP 参考模型最靠近用户的一层，为应用程序提供网络服务。人们在计算机、手机或其他数字终端上使用的各种应用程序都属于应用层。因此，应用层的协议很多，如网页浏览使用的 HTTP、电子邮件使用的简单邮件传输协议（SMTP，Simple Mail Transfer Protocol）、文件传输使用的文件传输协议（File Transfer Protocol）和远程登录使用的 Telnet 协议等。

（2）传输层为两台主机上的应用程序提供端到端的通信，包括差错控制和流量控制。该层向高层屏蔽下层数据通信的细节。传输层是从应用层接收数据，给数据加上本层协议附加的控制信息，然后将数据传递给网络层，并确保到达对方的各段信息正确无误。传输层主要有两个协议：TCP（传输控制协议）和 UDP（用户数据报协议）。TCP 是面向连接的，提供可靠的传输。UDP 是无连接的，不保证可靠的传输，任何必需的可靠性由应用层提供。由于一个主机可同时运行多个程序，因此，传输层使用端口号来区分不同的应用层协议，如 FTP 的端口号为 21、HTTP 的端口号为 80。因此，复用和分用是传输层的基本功能。防火墙设备工作在传输层。

（3）网络层，又称为 IP 层或三层，主要功能是寻址（IP 地址）和路由转发，根据数据分组的目的 IP 地址为报文选择最优路径。网络层一般通过路由协议来计算路由。网络层的协议有 IP（网际协议）、ARP（地址解析协议）、ICMP（Internet 控制报文协议）、IGMP（Internet 组管理协议）等。路由器、三层交换机和 5G 承载网设备均工作在网络层。

（4）数据链路层，又称为链路层或二层。两个主机之间的数据是在一段一段的链路（相邻的设备与主机之间或主机与主机之间）上传输的，所以需要专门的链路层协议。数据链路层与物理地址、线缆规划、错误校验、流量控制等有关。目前，数据链路层设备主要是以太网交换机。常见的数据链路层协议有 Ethernet（以太网）、PPP（点到点协议）、ATM（异步传输模式）等。当前最流行的是 Ethernet。

（5）物理层的任务是在通信媒介上透明地传输比特流，实现传输数据所需要的机械、电气等功能特性。物理层涉及电压、线缆、数据传输速率和接口等。中继器、集线器和波分设备均工作在物理层。

值得注意的是，TCP/IP 体系架构不是单指 TCP 和 IP 这两个具体的协议，而是由各层协议组成的 TCP/IP 簇。

每一层的数据有一个统一的名字：协议数据单元（PDU，Protocol Data Unit）。相应地，应用层数据称为应用层协议数据单元（APDU，Application Protocol Data Unit），传输层数据称为段（Segment），网络层数据称为数据分组（Packet，又称分组、IP 包或数据报），数据链路层数据称为帧（Frame），物理层数据称为比特流（Bit）。

两个主机之间的相同层次之间的通信称为对等通信。为了保证对等层之间能够准确无误地传递数据，对等层间应运行相同的网络协议。例如，应用层的 E-mail 应用程序不会和对端应用层 Telnet 应用程序通信，但可以和对端 E-mail 应用程序通信。

终端主机的每一层并不能直接与对端对等层直接通信，而是通过下一层为其提供的服务来间接与对端对等层交换数据。例如，一个终端设备的传输层和另一个终端设备的对等传输层利用 Segment 进行通信。传输层的 Segment 成为网络层 Packet 的一部分，网络层 Packet 又成为数据链路层 Frame 的一部分，最后转换成比特流传送到对端物理层，又依次到达对端数据链路层、网络层、传输层，实现了对等层之间的通信，如图 3-3 所示。

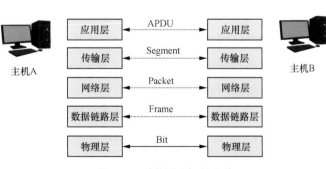

图3-3　对等层之间的通信

在发端，上层 PDU 向下层 PDU 逐层转换的过程称为封装（Encapsulation）。

以图 3-4 中 Web 服务器 A 和主机 B 直联为例。Web 服务器 A 向主机 B 发送网页内的文字、图像、视频等应用数据（Data）。在发端，Data 先到达到应用层，应用层为其加上应用层协议的头部 AH，形成本层的 APDU。APDU 作为下层 PDU 的 Payload（净荷）被送到传输层，传输层为其加上传输层协议的头部 TH，形成本层的 Segment。Segment 作为下层 PDU 的 Payload 被送到网络层，网络层为其加上网络层协议的头部 NH，形成本层的 Packet。Packet 作为下层 PDU 的 Payload 被送到数据链路层，数据链路层为其加上数据链路层协议的头部 DH 和尾部 DT（有的协议只加头部），形成本层的 Frame。Frame 被送到物理层，经过编码调制、串并转换或电光转换等一系列处理后，以比特流的形式在物理媒介上传输。

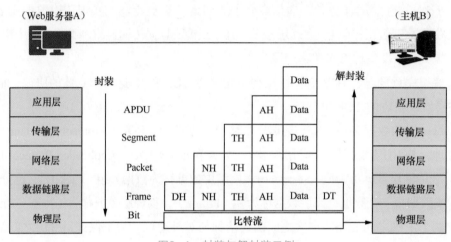

图3-4　封装与解封装示例

从传输层到数据链路层，每一层协议的头部都包含一些控制信息，其中最重要的是该协议定义的地址信息。例如，传输层的 TCP 或 UDP 的地址信息为 Port（端口号）、网络层的 IP 协议的地址信息为 IP 地址、数据链路层的以太网协议的地址信息为 MAC 地址。数据链路层的地址一般被认为是物理地址。地址信息包含源地址和目的地址，其中目的地址引导数据的走向，源地址指示数据的来源。

在收端，下层 PDU 向上层 PDU 逐层转换的过程称为解封装（Decapsulation）。在收端，物理层接收到比特流，经过一系列处理后，将比特流送到数据链路层。数据链路层将比特流识别为 Frame，读取头部 DH（或读取尾部 DT）的信息，因为 DH 的目的地址指的是本端设备的物理地址，所以删除 DH（或 DT），将剩下的 Payload 上送到网络层。网络层将接收到的数据识别为 Packet，读取头部 NH 的信息，发现 NH 的目的地址指的是本主机的网络层地址（一般为 IP 地址），所以删除 NH，将剩下的 Payload 上送到传输层。传输层将接收到的数据识别为 Segment，读取头部 TH 的信息，获得 TH 内的目的端口号，删除 TH 后，将 Payload 上送到对应的应用层协议进行处理。应用层将接收到的数据识别为 APDU，读取头部 AH 的信息，删除 AH 后，将 Payload（图 3-4 中的 Data）上送到对应的应用程序。

如果源主机和宿主机之间存在网络设备，网络设备又是如何封装和解封装数据的呢？如果定义某类网络设备工作在数据链路层（二层），是指该设备只能支持物理层和数据链路层，则解封装最高到数据链路层。如果定义某类网络设备工作在网络层（三层），是指该设备只能支持物理层、数据链路层、网络层，则解封装最高到网络层。解封装后，如果目的地址为本设备，则删除对应的头部信息；否则，仅读取头部信息，查表处理，找到出接口，转发出报文。

3.1.2 以太网的起源和发展

以太网技术起源于一个实验网络，目的是把几台个人计算机以 3Mbit/s 的速率连接起来。以太网一般是指由 DEC、Intel 和 Xerox（施乐公司）组成的 DIX 联盟开发并于 1982 年发布的 10Mbit/s 的以太网标准提议。后来，IEEE（电气和电子工程师协会）开始制定和发展以太网标准。

以太网是当今现有局域网（LAN，Local Area Network）采用的最通用的通信协议标准。该标准定义了在局域网中采用的电缆类型和信号处理方法。以太网作为一种原理简单、便于实现，同时价格低廉的局域网技术，已经成为业界的主流，取代了早期的 PPP、HDLC（高级数据链路控制）、X.25、ATM 等数据链路层技术。

在最初的以太网中，计算机和其他数字设备是通过一条共享的物理线路（一般为同轴电缆）连接起来的。因此，它们之间必须采用半双工（同一时刻，只能有一台设备向物理线路发送数据）的方式来访问该物理线路，而且必须有冲突检测和避免的机制，以避免它们在同一时刻抢占线路，这种机制就是 CSMA/CD（Carrier Sense Multiple Access/Collision Detection）。这种以 CSMA/CD 机制为基础的以太网被称为共享式以太网，如图 3-5 所示。

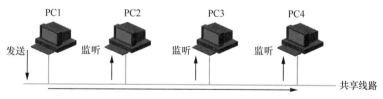

图3-5 共享式以太网

CS 为载波侦听，在发送数据之前进行监听，以确保线路空闲，减少冲突的机会。MA 为多址访问，每个站点发送的数据，可以同时被多个站点接收。CD 为冲突检测，由于两个站点同时发送信号，信号叠加后会使线路上电压的摆动值超过正常值一倍，据此可判断冲突的产生，边发送边检测，发现冲突就停止发送，延迟一个随机时间之后继续发送。

由于 CSMA/CD 算法的限制，规定以太网的最小帧长为 64 字节。这样规定是为了避免 A 站点已经将一个数据分组的最后一个 Bit 发送完毕，但这个报文的第一个 Bit 还没有传送到距离很远的 B 站点。B 站点认为线路空闲，便向线路发送数据，导致冲突。

局域网早期使用组网设备 HUB，其内部就是一根总线，HUB 的每个端口在同一个冲突域。因此，使用 HUB 组的局域网不能解决端口之间的冲突问题，限制了网络性能。假设一个 HUB 有 4 个 10Mbit/s 端口，但是由于冲突问题的存在，整机的交换性能就是 10Mbit/s。由于无论哪个端口接收到数据，HUB 都会复制，并向其他端口转发，这种转发方式即为广播，所以 HUB 的每个端口也在同一个广播域。因此，HUB 上电后，无须人工对其配置就能解决主机之间的通信问题（如图 3-6 所示）。

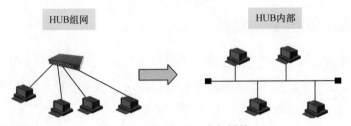

图3-6　HUB组网及内部结构

如图 3-7 所示，交换机作为一种能隔绝冲突的二层网络设备，内部用交换矩阵替代了总线，用全双工代替了半双工，传输数据的效率大大提高，成为主流的以太网设备。假设一个交换机有 16 个 10Mbit/s 端口，由于每个端口都可以同时向交换机发送或接收数据，整机的交换性能就至少是 160Mbit/s。由于交换机的出现，以太网由共享式发展到交换式。

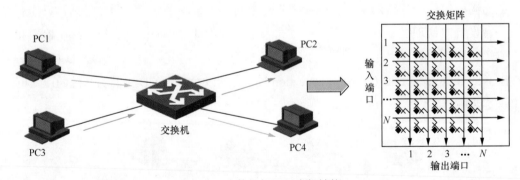

图3-7　交换机组网及内部结构

全双工是指数据的发送和接收可以同时进行，互不干扰。全双工从根本上解决了以太网的冲突问题，以太网从此告别 CSMA/CD。当前的网卡、交换机、路由器的端口都支持全双工模式。

我们回顾一下以太网的发展历程。

1973 年：Metcalfe（梅特卡夫）博士在施乐实验室发明了以太网，并开始进行以太网拓扑的研究工作。

1976 年：施乐公司构建基于以太网的局域网，并连接了超过 100 台 PC。

1980 年：DEC、Intel 和施乐公司联合发布 10Mbit/s 以太网标准提议。

1983 年：IEEE 802.3 工作组发布 10BASE-5 "粗缆"以太网标准。

1986 年：IEEE 802.3 工作组发布 10BASE-2 "细缆"以太网标准。

1991 年：IEEE 802.3 工作组发布 10BASE-T "无屏蔽双绞线"（UTP）以太网标准。

1995 年：IEEE 通过 802.3u 100Mbit/s 以太网标准。

1998 年：IEEE 通过 802.3z 1000Mbit/s 以太网标准（基于光纤和对称屏蔽铜缆）。

1999 年：IEEE 通过 802.3ab 1000Mbit/s 以太网标准（基于五类双绞线）。

2002 年：IEEE 通过 802.3ae 10Gbit/s 以太网标准。

2010 年：IEEE 通过 802.3ba 40Gbit/s/100Gbit/s 以太网标准。

2017 年：IEEE 通过 802.3bs 200Gbit/s/400Gbit/s 以太网标准。

100Mbit/s 以太网即快速以太网（FE，Fast Ethernet），在数据链路层上与 10Mbit/s 以太网没有区别，仅在物理层上提高了传输速率。1000Mbit/s 以太网即吉比特以太网（GE，Gigabit Ethernet）。FE 和 GE 均支持半双工和双工两种工作模式，因此它们都支持自协商。

自协商的主要功能就是使物理链路两端的设备通过交互信息自动选择同样的工作参数：双工模式、运行速率以及流控等。一旦协商通过，链路两端的设备就锁定在同样的双工模式和运行速率。例如，A 设备与 B 设备直连，如果 A 设备的端口强制工作在 100Mbit/s、半双工，B 设备的 FE/GE 端口的速率和双工模式都配置为自协商，则 B 设备通过自协商机制，最终确定的工作参数为：100Mbit/s、半双工。

随着以太网的发展，半双工的网卡或设备基本消失。因此，IEEE 标准要求 10GE 及以上速率的以太网端口只支持全双工。

不同速率的以太网的物理层标准一般以 mBase-n 的格式表示，例如 100BASE-TX、1000BASE-LX。m 的取值代表运行速率，BASE 指传输的信号是基带信号，后面的 n 表示线缆类型。

同轴电缆的致命缺陷是：电缆上的设备是串联的，单点故障就能导致整个网络崩溃。因此，随着对以太网端口的速率及组网性能需求的提升，双绞线和光纤逐渐成为主要的以太网介质。在 5G 承载网中，以太网接口速率为 10GE 及以上，使用光纤作为介质。

3.1.3　以太网帧的结构

在 TCP/IP 体系架构中，当今最常用的以太网数据帧封装格式是 RFC 894 定义的，通常称为 Ethernet_II（以太网第二版）帧格式。因此，本书主要介绍 Ethernet_II 的帧结构（如图 3-8 所示）。

Ethernet_II 帧结构

6B	6B	2B	46～1500B	4B
目的地址（DMAC）	源地址（SMAC）	类型（Type）	数据区（Data）	帧校验（FCS）

图3-8　Ethernet_II标准的以太网帧结构

57

各字段的含义如下。

（1）DMAC：目的 MAC 地址，确定帧的接收者，占 6 个字节。

（2）SMAC：源 MAC 地址，标识帧的发送者，占 6 个字节。

（3）TYPE：类型，标识数据字段中包含的高层协议，占 2 个字节。该字段告诉接收设备如何解释 Data（数据）字段。在解读的时候，该字段一般被转换为十六进制。例如，取值为 0800（十六机制）时，Data 字段装的 IP 报文；取值为 0806（十六机制）时，Data 字段装的 ARP 报文。

（4）Data：数据字段。最小长度必须为 46 字节，以保证帧长至少为 64 字节。如果该字段少于 46 字节，则必须被填充到 46 字节。这意味着即使只需传输 1 字节信息，数据字段的长度实际为 46 字节。

（5）FCS：帧校验序列字段，在有些文献中又被称为循环冗余校验（CRC，Cyclic Redundancy Check）字段。FCS/CRC 提供了一种错误检测机制，每一个发送器都计算一个包括地址字段、类型字段和数据字段的 CRC 码，然后将计算出的 CRC 码填入 4 字节的 FCS/CRC 字段。CRC 的检错、纠错能力非常强。接收端能根据 FCS/CRC 字段，通过 CRC 的运算检验出整个以太网帧在传输过程中是否受到链路质量、光模块性能等因素影响，出现误码以及误码的程度。因此，在承载网设备的告警类型中，有以太网接口的 CRC-Error 告警。

DMAC、SMAC、TYPE 组成以太网帧的帧头，FCS 作为以太网帧的帧尾，帧头和帧尾加起来共 18 字节，因此，当 Data 字段的最小长度为 46 字节时，最小帧长为 64 字节。

最大传输单元（MTU）是数据链路层帧格式中的 Data 字段的最大长度。当一个 IP 包封装成数据帧时，此 IP 包的总长度一定不能超过 MTU，一般取值为 1500 字节。当 MTU 为 1500 字节时，帧的长度为 1518 字节。以太网接口只能处理长度在一定范围内的帧，如果对端接口发送的帧长超过本端接口配置的 MTU 值，接口将会丢弃这些帧。长度超过 1518 字节的帧被定义为 Jumbo Frame（超长帧）。

在以太网帧结构中，最重要的字段是 MAC 地址。MAC 地址是物理地址，用来唯一标识某个设备的以太网接口。MAC 地址有 48Bit，但通常被表示为十六进制数。例如，某个 48Bit 的 MAC 地址 000000000001101001001010100000010000000101 0110011，表示为十六进制就是 00:1A:4A:81:02:B3。MAC 地址由 IEEE 管理，以块为单位进行分配。一个组织（一般是制造商）从 IEEE 获得唯一的地址块，称为一个组织的组织唯一标识符（OUI，Organizationally Unique Identifier）。00:1A:4A 即为 OUI，代表网络硬件制造商的编号，后 3 个字节 81:02:B3，是制造商自己定义的，用于区分不同的产品。MAC 地址和我们的身份证类似，具有唯一性，即每一台设备的 MAC 地址都是不一样的。

MAC 地址分为以下几类。

（1）单播 MAC 地址：唯一标识以太网上的一个终端，MAC 地址固化在硬件（如网卡）里。主机或路由器的接口 MAC 地址均为单播 MAC 地址。目的 MAC 为单播 MAC 的数据帧为单播帧。

（2）广播 MAC 地址：用来表示网络上的所有终端设备。广播 MAC 地址的 48Bit 全是 1，如 FF-FF-FF-FF-FF-FF。ARP 请求消息的目的 MAC 地址为广播地址。目的 MAC 为广播 MAC 的数据帧为广播帧。

（3）多播 MAC 地址：用于代表网络上的一组终端。多播 MAC 地址的第 8 个比特是 1，例如，000000010001101001001010100000010000001010110011。多播 MAC 地址应用于多播业务流的目的 MAC 地址或某些协议的目的 MAC 地址。目的 MAC 为多播 MAC 的数据帧为多播帧。

3.1.4　以太网交换原理

交换机的内部采用交换矩阵的架构，而且端口所连的传输介质使用双绞线或光纤，两者均有独立的线芯，区分收、发两个方向，因此，交换机将冲突域范围缩小到每个端口，即解决了冲突域的问题。

业界的以太网交换机分为二层交换机和三层交换机，本书仅介绍二层交换机。

交换机工作在数据链路层，解析数据帧中的目的 MAC，查 MAC 地址表，转发数据帧。MAC 地址表记录 MAC 地址与端口的对应关系，该对应关系意味着从某个端口能到达某个 MAC 地址。交换机开始加电时，MAC 地址表为空。但随着所连主机或设备之间的数据交互，MAC 地址表内的条目将会自动增加。因此，交换机是即插即用的，即不用人工配置交换机就能自动完成数据帧的转发任务。

如图 3-9 所示，交换机接收到数据帧后，须解封装到数据链路层，读取以太网头部的 MAC 地址，但交换机并不删除或改变 MAC 地址。

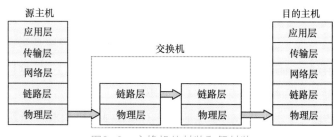

图3-9　交换机的封装和解封装

以图 3-10 为例，主机 A 要给主机 D 发送数据帧（单播帧），交换机的工作过程如下。

图3-10 以太网交换机的数据帧转发

（1）主机 A 将数据帧发给交换机。交换机接收数据帧，学习源 MAC 地址，建立源 MAC 与入端口的关系，并初始化老化时间。老化时间从 5min（默认的）开始倒计时，当倒计时到 0 时、删除该条目。老化时间是动态变化的数值，所以在图 3-11 中不给出具体数值，仅用 "××××" 表示。

（2）交换机在 MAC 地址表中查找目的 MAC（MAC D），无匹配的条目，因此，按广播方式将数据帧转发至所有端口（入端口除外）。

（3）只有主机 D 回应主机 A，主机 D 将数据帧发送给交换机。交换机接收数据帧，学习源 MAC 地址，建立 MAC 地址表项，如图 3-12 所示。

MAC地址表

MAC	端口	老化时间
00-12-34-00-00-06	1	××××

图3-11　MAC地址表（1）

MAC地址表

MAC	端口	老化时间
00-12-34-00-00-06	1	××××
00-12-34-00-33-09	4	××××

图3-12　MAC地址表（2）

（4）交换机在 MAC 地址表中查找目的 MAC（MAC A），如果有匹配的条目，则按单播方式从端口 1 转发出数据帧。

（5）此后，主机 A 继续给主机 D 发送数据帧（单播帧）。主机 A 再次将数据帧发送给交换机。交换机接收数据帧，学习源 MAC 地址，刷新 MAC A 这条记录的老化时间，重新开始倒计时。交换机在 MAC 地址表中查找目的 MAC（MAC D），如果有匹配项，则从端口 4 转发出数据帧。

总结一下，交换机学习源 MAC 地址以建立 MAC 地址表，并利用老化机制维护 MAC 地址表，基于目的 MAC 地址转发。

为什么要学习源 MAC 地址来建立 MAC 地址表？因为如果从主机 x 发出的帧从接口 y 进入了交换机，则从这个接口出发，沿相反方向一定可以把数据帧发送到主机 x。

单播、多播、广播帧的转发方式总结如下。

（1）对于单播帧，如果 MAC 地址表中有目的 MAC 的对应条目，就应从对应的端口（不包括入端口）转发出数据帧。如果找不到对应的端口，就向所有端口（不包括入端口）转发该帧。

（2）对于广播帧和多播帧，向所有端口（不包括入端口）转发该帧。

由此可见，虽然以太网交换机彻底解决了以太网的冲突问题，但是因为广播转发方式的存在，交换机的所有端口依然属于同一个广播域。

3.1.5 以太网链路聚合

随着网络规模的不断扩大，用户对链路的带宽和可靠性需求逐渐增加。如果更换更高速率的业务单盘或者设备，不但工程实施的方案较复杂，而且成本高，于是链路聚合（Link Aggregation）技术诞生了。链路聚合又称为端口聚合、链路捆绑。在不升级硬件设备的前提下，链路聚合技术通过将多个物理端口捆绑为一个逻辑接口达到提高链路带宽的目的，同时提供备份链路来满足用户对链路可靠性的需求。

将两个设备之间的多条物理链路捆绑到一起，形成一条新的逻辑链路，这个逻辑链路被称为链路聚合组（LAG，Link Aggregation Group），该逻辑链路的带宽等于被聚合的链路的带宽之和。在以太网中，链路实际是和端口一一对应的，因此，每个 LAG 对应一个逻辑接口，这个逻辑接口被称为 LAG 接口。被聚合的链路，称为成员接口。

链路聚合分为两大类：负载分担和非负载分担。每种类型又都可以分为两种模式：手动模式和链路聚合控制协议（LACP，Link Aggregation Control Protocol）模式。非负载分担类型的链路聚合仅适用于两端设备之间有两条链路的场景，两条链路分别为主用和备用链路，正常情况下流量只存在于主用链路，当主用链路失效时，就会倒换到备用链路上。而大多数场景下，设备两端之间的链路数量不止两条，更适合使用负载分担模式。

常用的聚合模式有手工聚合和静态聚合两种。

（1）手工聚合：LAG 接口的建立、成员接口的加入，以及哪些接口作为活动接口完全通过手工来配置，没有 LACP 的参与。

（2）静态聚合：LAG 接口的建立、成员接口的加入，都是通过手工配置完成的。但与手工聚合模式不同的是，该模式下活动接口的选择由 LACP 报文负责。也就是说，当把一组接口加入 LAG 接口后，这些成员接口中哪些接口作为活动接口、哪些接口作为非活动接口还需要经过 LACP 报文协商确定。两端设备互相发送 LACP 报文，根据系统优先级和系统 ID 确定主动端，根据主动端接口优先级确定活动接口（承载业务的接口）。因为不完全依靠单端的配置，所以对聚合的控制更加准确和有效。

对于每一种聚合类型，业务分担方式分为负载分担和非负载分担两种方式。

（1）负载分担：LAG 的各成员链路可以同时承载业务流量。发送端设备采用 Hash（散列）算法，根据报文的某些特征值（如源 MAC、目的 MAC、源 IP、目的 IP 等）将报文分发到聚合组的各链路上。当 LAG 成员改变或者部分链路失效时，发送端会自动进行流量的重新分配。通过负载分担的链路聚合可以得到更大的带宽。

（2）非负载分担：LAG 内有两个成员，一个处于 Selected（被选择）状态，作为活动链路承载业务流量；另一个处于 Standby（备份）状态，作为非活动链路处于空闲状态。当 LAG 中的活动链路失效时，Standby 状态的链路被激活，用于承载业务流量。通过负载分担的链路聚合可以实现链路的 1:1 保护。

路由器、交换机、5G 承载网设备均支持链路聚合技术。在现网应用中，常见的组合方式为手动负载分担、LACP 负载分担，如图 3-13 所示。

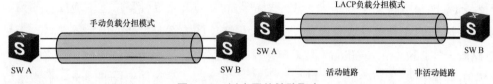

图3-13　以太网的链路聚合

不同形态设备的以太网接口对接，也可以配置 LAG。例如，5G 承载网核心层设备与 IP 骨干网或核心网设备对接时，通过多条 10GE 或 100GE 链路形成 LAG 以增加传输带宽，并推荐采用 LACP 静态负载分担模式。

1. 交换机工作在 TCP/IP 五层模型的哪个层次（　　）。

　　A. 物理层　　　B. 数据链路层　　　　C. 网络层　　　D. 传输层

2. 交换机根据（　　）地址建立和维护 MAC 地址表。

　　A. 源 IP　　　B. 目的 IP　　　　C. 源 MAC　　　D. 目的 MAC

3.1.6　实训单元——以太网链路聚合配置

掌握以太网链路聚合的配置方法。

在两端设备之间完成以太网链路聚合的配置，并验证配置的正确性。

1. 实训环境准备

（1）硬件：具备登录实训系统仿真软件的计算机终端。

（2）软件：实训系统仿真软件 / 承载网设备网管软件 /Secure CRT 软件。

2. 相关知识点要求

（1）5G 承载网的网元板卡、连接光纤的配置规则。

（2）以太网链路聚合的技术原理。

实训步骤 ▶▶

1. 根据实验拓扑要求，配置网元、连线。
2. 在两端设备之间配置以太网链路聚合。
3. 检查配置的正确性。

评定标准 ▶▶

正确选择以太网链路聚合的成员口，成功新建 LAG 接口。

实训小结 ▶▶

实训中的问题：_____

_____

_____

问题分析：_____

_____

_____

问题解决方案：_____

_____

_____

思考与拓展 ▶▶

配置以太网链路聚合时，是否可以只有一个成员接口？

任务2 虚拟局域网（VLAN）技术

【任务前言】

在以太网的发展过程中，我们为什么要引入 VLAN 技术呢？基于 VLAN 的以太网数据帧转发又是如何进行的呢？带着这样的问题，我们进入本任务的学习。

【任务描述】

本任务主要介绍 VLAN 技术的产生原因和相关转发原理，并让学员掌握承载网设备的 VLAN 配置方法。

【任务目标】

- 掌握 VLAN 技术的产生原因和定义。
- 掌握 VLAN 的帧结构。
- 掌握 VLAN 的转发原理和配置方法。

 知识储备

3.2.1　VLAN 的作用

交换机对网络中的广播数据流量不进行任何限制，这影响了网络的性能。在多台交换机的级联组网场景中，如果存在被广播帧，该广播帧会被一台又一台交换机复制多份再转发。因此，网络中的广播帧越来越多，不仅严重消耗网络带宽，甚至会引发交换机瘫痪，造成交换机无法正常转发单播帧，这就是广播风暴。广播风暴产生的原因有多种，如网络病毒、交换机端口故障、网卡故障、网络环路等。

对于无法在 MAC 表匹配目的 MAC 的单播帧，交换机也会将数据复制多份，向除入端口以外的端口转发。因此，交换机虽然是即插即用的，但是其组网有两个缺陷：广播泛滥和无安全性。

解决广播泛滥问题的主导思想是将没有互访需求的主机隔离开，把一个大的广播域划分成几个小的广播域，于是虚拟局域网（VLAN，Virtual Local Area Network）技术应运而生。

IEEE 于 1999 年发布了支持 VLAN 技术的 IEEE 802.1Q 协议标准草案。VLAN 的作用是将物理上互连的网络在逻辑上划分为多个互不相干的网络，这些网络之间是无法进行通信的，因此，广播帧也就隔离开了。通过在交换机上配置 VLAN，可以实现同一个 VLAN 的用户之间可以通信，不同 VLAN 的用户之间不能通信。一个 VLAN 就是一个广播域。如果两个 VLAN 之间有较少的访问需求，则需要使用 L3 交换机或路由器。

在图 3-14 中，一个写字楼被租给不同的小公司。3 台交换机放置在不同的楼层，并通过一台机房交换机级联成一个局域网。每台交换机分别连接多台主机，这些主机分别属于 3 个不同的公司。为了隔离不同公司之间的通信，并允许同一公司主机之间进行通信，给该网络划分 VLAN，使同一公司的主机属于同一个 VLAN。例如，A 公司的主机属于 VLAN 10，B 公司的主机属于 VLAN 20，C 公司的主机属于 VLAN 30。采用 VLAN 可以实现各公司共享局域网设施，避免不必要的网络硬件投资和维护成本，同时保证各自的网络信息安全。

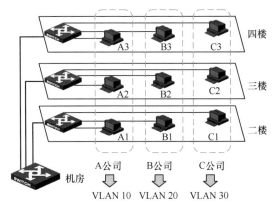

图3-14　3个虚拟局域网VLAN 10、VLAN 20和VLAN 30

因此，VLAN 技术的主要优点如下。

（1）限制广播包，提高带宽的利用率：有效地解决了广播风暴带来的性能下降问题。一个 VLAN 形成一个小的广播域。当一个数据帧在 MAC 地址表中没有匹配的条目时，交换机只会将此数据帧发送到所有属于该 VLAN 的其他端口，而不是交换机的全部端口，这就将数据帧限制到了一个 VLAN 内，这在一定程度上可以节省带宽。

（2）提升通信的安全性：一个 VLAN 的数据帧不会发送到另一个 VLAN，这样，其他 VLAN 用户的网络收不到任何该 VLAN 的数据帧，确保了该 VLAN 的信息不会被其他 VLAN 的用户窃听，从而实现了信息保密。

最常用的 VLAN 划分方法是基于端口来划分，即把交换机的各个端口按照需要划分到不同的 VLAN。如图 3-15 所示，Port 1 和 Port 7 所连的主机属于 VLAN 5，只要将 Port 1 和 Port 7 配置到 VLAN 5 即可。

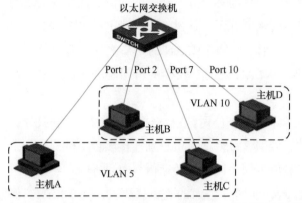

VLAN配置结果	
端口	所属VLAN
Port 1	VLAN 5
Port 2	VLAN 10
...	...
Port 7	VLAN 5
...	...
Port 10	VLAN 10

图3-15　基于端口划分VLAN

这种划分方法的优点是：定义 VLAN 成员时非常简单，只要指定所有端口即可。它的缺点是：如果 VLAN 5 的某个用户离开了原来的端口，到同一个交换机的另外一个端口，那么必须重新定义新端口属于哪个 VLAN。

所有 VLAN 成员不用局限在一个物理范围之内，VLAN 的划分可以跨越多个交换机。

如图 3-16 所示，VLAN 10 和 VLAN 20 的用户分布在由两台交换机组成的局域网里。交换机 A 和交换机 B 不但要区分出 VLAN 10 和 VLAN 20 用户的数据帧，而且两个交换机的互联链路要允许 VLAN 10 和 VLAN 20 的帧通过。这种跨设备的 VLAN 成员互连的组网，必然涉及不同 VLAN 流量怎么识别的问题。如果还用原来的以太网帧格式，就无法区分 VLAN 用户。

如果给数据帧加上 VLAN 信息，标识报文所属的 VLAN，交换机通过对报文中 VLAN 信息的识别，就能正确转发数据帧。

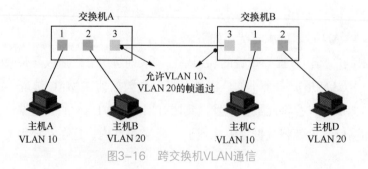

图3-16　跨交换机VLAN通信

3.2.2　VLAN 的帧结构

IEEE 802.1Q 标准对 Ethernet 帧格式进行了修改，在源 MAC 地址字段和 TYPE

字段之间加入 4 字节的 802.1Q Tag，如图 3-17 所示。

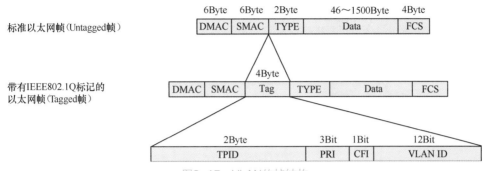

图3-17 VLAN的帧结构

802.1Q Tag 各字段的含义如下。

（1）TPID：802.1Q 标记类型，表明这是一个加了 802.1Q 标签的帧，占 2 个字节，一般取值为 0x8100，表示接收到的是 802.1Q Tag 帧。如果不支持 VLAN 的设备接收这样的帧，会将其丢弃。

（2）Priority：简称 PRI，占 3 个比特，标识帧的优先级。一共有 8 种优先级：0 ～ 7，值越大优先级越高。用于在交换机阻塞时，优先发送优先级高的数据帧。

（3）CFI：该值为 0，说明是规范格式；该值为 1，说明是非规范格式。该字段用于区分以太网帧、FDDI（光纤分布式数据接口）帧和令牌环网帧。在以太网帧中，CFI 取值为 0。

（4）VLAN ID：占 12 个比特，取值从 0 到 4095，共 4096 个。VLAN 0 和 VLAN 4095 保留，VLAN 1 是交换机的默认 VLAN。每个支持 802.1Q 协议的交换机发送的数据帧都会包含这个域，以指明自己属于哪一个 VLAN。

在交换网络环境中，以太网的帧有两种格式：有些帧没有 Tag，称为未标记的帧（Untagged Frame）；有些帧有 Tag，称为带有标记的帧（Tagged Frame）。

在交换机的内部，报文都是 Tagged Frame。交换机上一般会配置多个 VLAN，不同 VLAN 流量区分必须依靠 VLAN Tag。当未配置 VLAN 时，交换机之所以能够即插即用完成主机之间的数据转发，是因为交换机的所有端口均默认属于 VLAN 1，相当于所有端口在 VLAN 1 的广播域。

主机发给交换机的帧为 Untagged Frame。如图 3-18 所示，主机 A 向主机 B 发送数据。主机 A 发送给交换机的是 Untagged Frame。交换机接收到后，会根据接收端口所属的 VLAN ID（VLAN 10）给数据帧加上含 VLAN 10 的 Tag，然后在 VLAN 10 的广播域中查找 MAC 地址表是否有目的 MAC（MAC B）对应的条目，如果查不到，则会从所有属于 VLAN 10 的端口转发出数据帧（除入端口外）；如果能查到，则向对应的出端口转发数据帧。

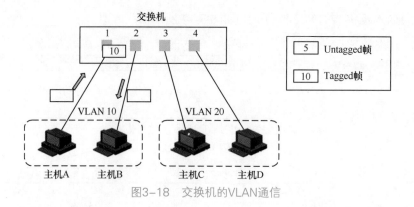

图3-18　交换机的VLAN通信

3.2.3　承载网中的 VLAN 应用

　　VLAN 的应用十分广泛。在校园网、企业网等场景中通过多交换机级联并配置 VLAN 技术，既能实现用户设备的灵活接入，又能按需完成用户设备之间的通信互通或隔离。在家庭宽带的应用场景中，通过在光网络单元（ONU，Optical Network Unit）、光线路终端（OLT，Optical Line Terminal）上配置 VLAN，实现用户之间或业务之间的隔离。

　　5G 承载网设备工作于网络层，在转发数据进行查表的过程中，并不像交换机一样依赖目的 MAC 地址和 VLAN 信息。在 5G 承载网中，用 VLAN 将设备的一个物理以太网接口虚拟出多个逻辑接口，这些逻辑接口被称为 VLAN 子接口。

　　图 3-19 展示了 VLAN 子接口的工作原理。设备 A 和设备 B 通过一条物理链路相连，但是这条链路上有两种业务流量：业务 1 和业务 2。在设备 A 的 GE0/1 接口上，需要将两条业务隔离开，并且为其配置不同网段的 IP 地址。定义 GE0/1.10 的 VLAN 子接口为业务 1 服务，设备 A 向设备 B 发送业务 1 的流量，会打上 VLAN 10 的 Tag。定义 GE0/1.20 的 VLAN 子接口为业务 2 服务，设备 A 向设备 B 发送业务 2 的流量，会打上 VLAN 20 的 Tag。设备 B 收到数据后，解封装到数据链路层，如果 VLAN Tag 中的 VLAN ID=10，则用 GE0/1.10 接口处理业务流；如果 VLAN Tag 中的 VLAN ID =20，则用 GE0/1.20 接口处理业务流。

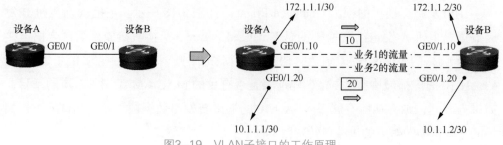

图3-19　VLAN子接口的工作原理

在 5G 承载网中，VLAN 子接口主要应用于以下几方面。

（1）承载网设备之间通过 VLAN ID=4093 的子接口发送或接收网络管理系统业务流，以隔离 5G 业务流量、动态协议报文。

如图 3-20 所示，用 GE0/1（主接口）承载 5G 业务流，用 GE0/1.4093（VLAN 子接口）承载网络管理系统报文。

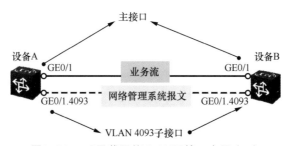

图3-20　5G承载网的VLAN子接口应用（1）

（2）承载网核心层设备与骨干网或核心网之间通过 VLAN 子接口区分多种业务流量。

如图 3-21 所示，N2 为基站与 AMF 之间的逻辑接口，N3 为基站与 UPF 之间的逻辑接口，N9 为 UPF 与 UPF 之间的逻辑接口，N4 为 UPF 到 SMF 之间的逻辑接口。在承载网核心层与本地数据中心 UPF 的互联接口上，通过定义不同的 VLAN 子接口区分 N3 和 N9 的流量；在核心层与骨干网的边缘设备的互联接口上，通过定义不同的 VLAN 子接口区分 N2 和 N4 的流量。

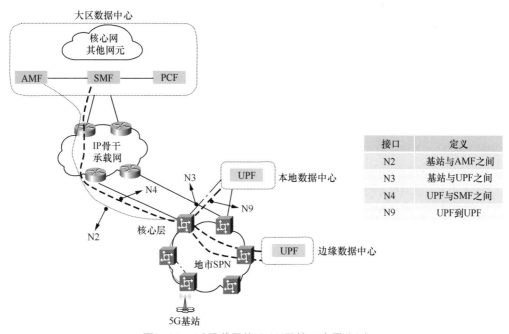

接口	定义
N2	基站与AMF之间
N3	基站与UPF之间
N4	UPF与SMF之间
N9	UPF到UPF

图3-21　5G承载网的VLAN子接口应用（2）

任务习题

1. 一个 VLAN 是一个（　　）。
   A. 路由域 　　　　　　　　　　　　 B. 广播域
   C. 逻辑域 　　　　　　　　　　　　 D. 冲突域
2. 在 VLAN Tag 中，VLAN ID 占（　　）个比特。
   A. 4 　　　　　　　　　　　　　　　 B. 8
   C. 12 　　　　　　　　　　　　　　　 D. 20

3.2.4　实训单元 ——VLAN 子接口配置

实训目的

掌握 VLAN 子接口的配置方法。

实训内容

1. 搭建实验拓扑环境。
2. 配置设备的 VLAN 子接口。

实训准备

1. 实训环境准备
   （1）硬件：具备登录实训系统仿真软件的计算机终端。
   （2）软件：实训系统仿真软件 / 承载网设备网管软件 /Secure CRT 软件。
2. 相关知识点要求
   （1）5G 承载网的网元板卡、连纤的配置规则。
   （2）VLAN 子接口的定义和作用。

实训步骤

1. 根据实验拓扑要求，配置网元、连线。
2. 在设备的 VLAN 子接口上配置 VLAN ID 和 IP。
3. 通过 Ping 命令测试设备之间的 VLAN 子接口 IP 通信是否正常。

VLAN ID 配置正确，设备之间的 VLAN 子接口 IP 可以互相 Ping 通。

实训中的问题：_____

_____

_____

问题分析：_____

_____

_____

问题解决方案：_____

_____

_____

如果需要在两个承载网设备之间配置 3 个互联网段，有几种实现方法？

任务 3　灵活以太网（FlexE）技术

【任务前言】

灵活以太网技术（FlexE）是在 Ethernet 技术基础上，为满足高速传送、灵活的带宽配置等需求而发展的技术。FlexE 技术是如何实现的？在工程中的实际应用又如何？带着这样的问题，我们进入本任务的学习。

【任务描述】

本任务主要介绍 5G 承载网的 FlexE 技术原理以及相关配置步骤，使学员了解承载网带宽切片的配置方法。

【任务目标】

- 能够理解 FlexE 技术的基本概念。
- 能够理解承载网带宽切片的实现方式。
- 能够完成 FlexE 切片的创建。
- 能够完成 FlexE 切片带宽调整。

 知识储备

3.3.1　FlexE 的起源及发展

近年来，光技术受新工艺的成熟度和标准化影响，发展速度不能满足经典的摩尔定律要求，即 18 个月性能翻倍。为了使光电子发展更快，人们除了引入硅光技术等新的工艺技术外，还考虑利用电的技术加速光技术发展，例如脉冲幅度调制（PAM4，Pulse Amplitude Modulation）技术。采用 PAM4 技术可有效降低光模块的成本，因此，基于 PAM4 技术的 400GE、200GE 和 50GE 新接口应运而生。

与前几代移动网络相比，5G 网络的能力有了大幅提升。例如，下行峰值数据速率可达 20Gbit/s，而上行峰值数据速率可能超过 10Gbit/s。因此，在 5G 承载网的基础设施方面，运营商逐渐引入了 50GE、100GE、200GE 等速率的接口。但是运营商的收入依然以低速增长，两者的剪刀差越来越大。在移动承载网设备的成本构成中，光模块成本占比越来越高，如果可以有效降低光模块的成本，无疑会对降低整网设备成本起到至关重要的作用。

但是高速率光模块的价格依然很高，行业需要寻找更低成本的解决方案。例如，1 个 400G 光模块的价格比 4 个 100G 加起来还高。是否可以通过多端口绑定技术实现低成本的大带宽？我们常见的 LAG 捆绑技术存在因 Hash 算法导致成员端口之间带宽分配不均匀的缺点，因此，需要以太网支持物理层的捆绑技术。

此外，底层光传输链路接口和模块是固定的，以太网接口的 MAC（指数据链路层使用 Ethernet 封装的帧）速率和 PHY（Phisical，物理层）的速率几乎是一致的，MAC 与 PHY 是一一对应的。随着业务与应用场景的多样化，业界希望以太网接口可提供更加灵活的带宽颗粒度或可变速率的链路，而不必受制于 IEEE 802.3 标准所确定的 10—25—40—50—100—200—400GE 的阶梯型速率体系。例如，一个 PHY 可以承载 3 条拥有独立 MAC 的业务，其速率分别是 10Gbit/s、20Gbit/s、30Gbit/s。

灵活以太网（FlexE，Flexible Ethernet），提供一种支持多种以太网 MAC 速率的机制，MAC 速率可以匹配或者不匹配 PHY 的速率。通过端口间的 Bonding（捆绑），可以用低成本的光电子器件实现高带宽的 MAC 层接口，摆脱对同等速率 PHY 器件的依赖。例如，4 路 100GE PHY（物理接口）提供一个逻辑通道，实现 400Gbit/s 业务速率，或者在 100G PHY 上承载 10Gbit/s、40Gbit/s、50Gbit/s 的三路 MAC 数据流，又或者两路 100G PHY 复用承载 125Gbit/s 的 MAC 数据流。

如图 3-22 所示，FlexE 标准于 2015 年初在光互联网论坛（OIF，Optical Interworking Forum）启动，并于 2016 年发布了 FlexE IA 1.0 标准。该标准定义了对 100GE PHY 的支持，是业界关于 FlexE 的首个标准。

FlexE IA 2.0 标准于 2018 发布，相对 FlexE IA 1.0 版本，增加了对 200GE/400GE PHY 的支持，保持了与 FlexE IA 1.0 相兼容的复用帧格式以及 100/200/400GE PHY 速率适配的 Pad（填充）机制，并且基于移动回传应用场景增加了对 IEEE 1588V2 时间同步的支持。此后，2019 年通过的 FlexE IA 2.1 标准增加了对 50GE PHY 的支持。

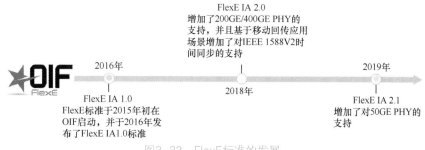

图3-22　FlexE标准的发展

OIF 定义的 FlexE 是一种接口技术，通过物理接口捆绑以及对带宽进行时隙化处理，可以实现类似于时分复用（TDM，Time-Division Multiplexing）的带宽硬管道、业务的硬隔离。

5G 接入网和核心网率先提出切片的概念和相关技术应用。作为两者之间的重要传输通道的承载网，是否也能提供物理资源的切片呢？FlexE 被引入 5G 承载网中，提供灵活的带宽切片和低成本的带宽扩容方案。

同时，为了充分利用 5G 承载网的接入覆盖和带宽资源，5G 承载网也承载政企专线业务。金融类的专线业务一般要求独享资源、时延低和可靠性高，这需要承载网可提供端到端的硬管道。因此，经过中国移动研究院的扩展，FlexE 从接口技术发展到交换技术，通过节省中间节点的转发时延、不可抢占的带宽和 1ms 内的故障恢复时间，为政企客户提供高价值、低时延和高可靠的带宽专线。

3.3.2 FlexE 切片原理

FlexE 技术通过在 IEEE 802.3 基础上引入 FlexE Shim（垫片）层，实现了 MAC 与 PHY 层解耦（如图 3-23 所示），从而实现了灵活的速率匹配。

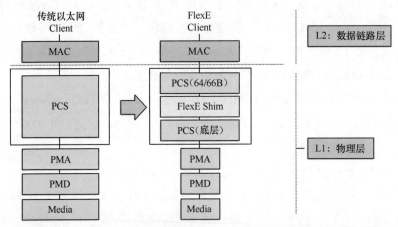

图3-23　FlexE Shim子层在物理层中的位置

PHY 可继续细分为多个子层。

（1）PCS：物理编码子层，是物理层的核心，主要完成 64/66B 编解码，以及码块的分发重组。

（2）PMA：物理介质连接子层，实现串并 / 并串转换。

（3）PMD：物理介质相关子层，将串行信号转换到特定的介质（比如光纤）上。

FlexE 基于 Client/Group 架构定义，可以支持任意多个 FlexE Client 在任意一组 FlexE PHY 组成的 FlexE Group 上的映射和传输，从而实现捆绑、通道化及子速率业务等。

如图 3-24 所示，FlexE 的关键术语有以下几个。

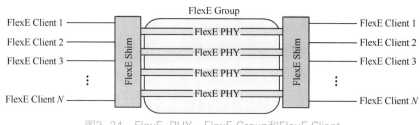

图3-24　FlexE PHY、FlexE Group和FlexE Client

（1）FlexE PHY：简称 PHY，是支持 FlexE 功能的物理接口，一般为 IEEE 802.3 标准定义的以太网接口。带宽是固定的（速率支持 50/100/200/400Gbps）。FlexE PHY 可工作在标准以太网和 FlexE 两种模式中，一般默认为 FlexE 模式，并可手工切换到标准以太网模式。

（2）FlexE Group：简称 Group，是一路或者多路同速率 PHY 绑定形成的组，Group 的总带宽等于绑定的 PHY 带宽之和，Group 通过端口绑定技术形成逻辑上的超大带宽传输接口。

（3）FlexE Client：简称 Client，FlexE 的客户，客户业务（可认为是 MAC）对应的虚拟逻辑接口拥有独立的 MAC，带宽灵活可配，其带宽 = 单个时隙带宽 × 时隙数量。FlexE Client 可根据带宽需求灵活配置，可配置为 10、40 或 $m \times 25$Gbit/s，并通过 64/66B 的编码方式将数据流传递至 FlexE Shim 层。

（4）FlexE Shim：垫层，简称 Shim，作为插入传统以太网架构的 MAC 与 PHY（PCS 子层）中间的一个额外逻辑层，基于 Calendar（时隙配置）的 Slot（时隙）分发机制，将多个 FlexE Client 接口的数据按照时隙方式调度并分发至多个 PHY 接口。

FlexE 的核心功能通过 FlexE Shim 层实现，FlexE Shim 把 FlexE Group 中的每个 100GE PHY 划分为 20 个 Slot 的数据承载通道，每个 PHY 所对应的这一组 Slot 被称为一个 Sub-Calendar（子时隙配置），其中每个 Slot 所对应的带宽为 5Gbit/s。

每一个时隙都有自己特定的时隙编号及位置，不同客户的业务占用的时隙数量及编号不一致。通过速率适配，将 FlexE Client 的数据流装载到其中的 k 个 5G 时隙（$k \leqslant$ FlexE Group 的总时隙数）。

在图 3-25 中，两个 100GE 的 PHY 组成一个 FlexE Group，PHY 1 和 PHY 2 的时隙编号均从 0 到 19，加起来共 40 个时隙，形成一个 Calendar。

由于每个 Slot 的带宽为 5Gbit/s，FlexE Client 理论上也可以按照 5Gbit/s 速率颗粒度配置带宽。例如，FlexE Client 1 需要 30Gbit/s 的带宽，分配 6 个时隙。同理，FlexE Client 2 需要 25Gbit/s 的带宽，分配 5 个时隙；FlexE Client 3 需要 30Gbit/s 的带宽，分配 6 个时隙。

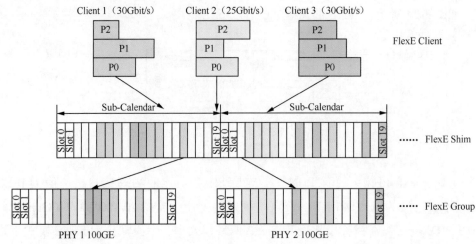

图3-25　FlexE Client到FlexE Group的复用

如果未来某个 FlexE Client 需要升级带宽，新增两个时隙，只要 Calendar 中剩余的时隙个数大于或等于 2 就可以满足。FlexE Group 中的 PHY 的个数也可以新增，比如原有 1 个 PHY，未来可新增至 2 个甚至更多的 PHY，相当于扩充了带宽资源池。

FlexE 按照每个 FlexE Client 数据流所需带宽以及 Shim 中对应每个 PHY 的 5G 粒度 Slot 的分布情况，计算、分配 FlexE Group 中可用的 Slot，形成 FlexE Client 到一个或多个 Slot 的映射，再结合 Calendar 机制实现一个或多个 FlexE Client 数据流在 Group 中的承载，这是 FlexE 的复用过程。到达对端设备后，要进行 FlexE 的解复用，解析出 FlexE Client 承载的数据流。在 5G 承载网中，各 FlexE Client 的时隙在 Calendar 的位置可通过网络管理系统自动分配或手工配置指定，同一个 FlexE Client 占用的时隙编号可以连续也可以不连续。例如，FlexE Client 1 的 6 个时隙，有 5 个在 PHY 1 的 Sub-Calendar 中，其余 1 个在 PHY 2 的 Sub-Calendar 中。

随着通信终端的 IP 化，FlexE Client 主要承载 IP 业务流量，IP 业务流量具有突发性，因此，其实时的流速是变化的。在上个例子中，FlexE Client 1 被分配了 6 个时隙，如果当前时刻的实际业务流速只有 25Gbit/s，只占用了 5 个时隙，则空闲的 1 个时隙的带宽也不会被其他 FlexE Client 和非 FlexE Client 的业务占用。也就是说，FlexE Client 1 申请的是带宽独享的硬管道，通过 FlexE 可以实现带宽的硬切片，一个 FlexE Client 实际就是一个硬切片。

如图 3-26 所示，在使用 FlexE 的链路上，可以将实际拓扑转换成等效拓扑。在等效拓扑的基础上，业务按需分配带宽，通过时分复用实现硬隔离，形成切片拓扑。两端设备之间有 2 条 100GE 的 PHY 链路，这是实际拓扑。通过 FlexE PHY 到 FlexE Group 的捆绑，形成了一个 200Gbit/s 的带宽通道，这是等效拓扑。通过按需的切片，两端设备之间形成了 3 条逻辑链路，每条逻辑链路对应一个 FlexE Client，这是切片拓扑。

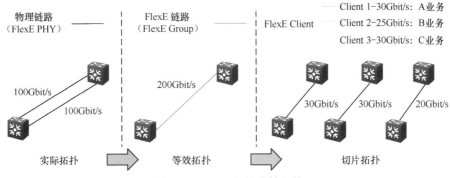

图3-26 FlexE切片等效拓扑

在 5G 承载网中，从接入层到核心层，若为 5G 业务提供带宽硬切片，就需要在每两个 5G 承载网设备之间的互联链路上配置 FlexE。每经过一台中间设备，在入接口要进行 FlexE 的解复用，经过解封装后，查转发表项，调度到出接口，重新进行 FlexE 的复用，因此，OIF 定义的 FlexE 实际是一种接口技术。

值得注意的是，同一 FlexE Client 内的不同业务的带宽具有统计复用的性质，但是 FlexE Client 之间的业务是硬隔离的。比如，在两个承载设备之间建立一个 5G 业务的切片，该切片内有前面提到的 N2、N3、N9 等逻辑接口的流量，这些流量在切片内是统计复用的，共享 FlexE Client 定制的带宽（如图 3-27 所示）。

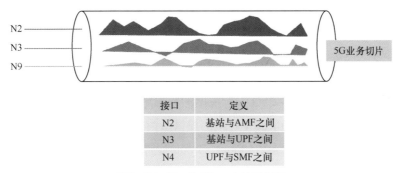

接口	定义
N2	基站与AMF之间
N3	基站与UPF之间
N4	UPF与SMF之间

图3-27 FlexE Client内统计复用

根据 Client 与 Group 的映射关系，FlexE 可提供以下 3 种主要功能。

（1）Bonding（捆绑）：支持多路以太网 PHY 的绑定，提升传输带宽。例如，通过绑定两个 100GE PHY 来支持一路 200GE MAC 速率。Bonding 相当于 L1 LAG（物理层的链路聚合）功能，如图 3-28 所示。

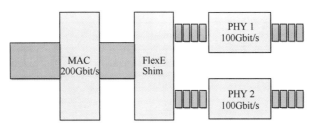

图3-28 FlexE的捆绑功能示意图

（2）Sub-Rate（子速率）：支持子速率业务，提高传输效率。例如，通过100GE PHY 的通道化来支持一路 50GE MAC 速率，如图 3-29 所示。

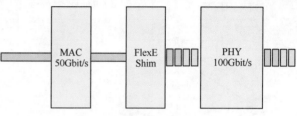

图3-29　FlexE的子速率功能示意图

（3）Channelization（通道化）：多个 FlexE Client 通过时分复用的方式共享 FlexE 物理接口。多路低速率 MAC 数据流共享一路或者多路 PHY。例如，两路 100GE PHY 共承载 150Gbit/s、25Gbit/s、25Gbit/s 的 3 条 MAC 数据流，如图 3-30 所示。

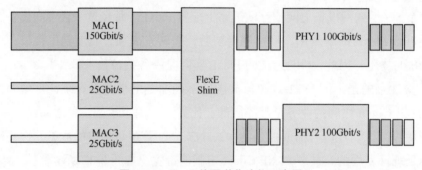

图3-30　FlexE的通道化功能示意图

从微观层面，每个 64/66B 原子数据块（Block）承载在一个 Slot 中。以 100GE 为例，FlexE 在 Calendar 机制中，将"20 Blocks"（对应 Slot 0 ~ Slot 19）作为一个逻辑单元，并进一步将 1023 个"20 Blocks"作为 Calendar 组件。Calendar 组件循环往复，最终形成了以 5G 为颗粒度的数据承载通道。

FlexE Shim 层通过 Overhead（开销）提供带内管理通道。Overhead 实现在对接的两个 FlexE 接口之间传递配置（FlexE Group 配置、Client 与 Group 的 Slot 映射关系等）、管理、同步信息，实现链路的自动协商建立。

图 3-31 和图 3-32 的黑色色块即为 Overhead 码块（Overhead Slot）。以 100GE PHY 为例，每隔 1023×20 个 Block 插入一个 Overhead 码块。

将上面连续的 8 个 Overhead 码块组成 1 个完整的开销帧，32 个开销帧构成 1 个复帧。如图 3-32 所示。

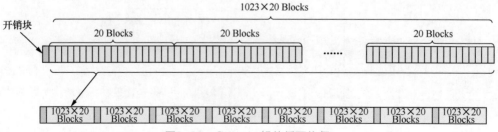

图3-31　Calendar组件循环往复

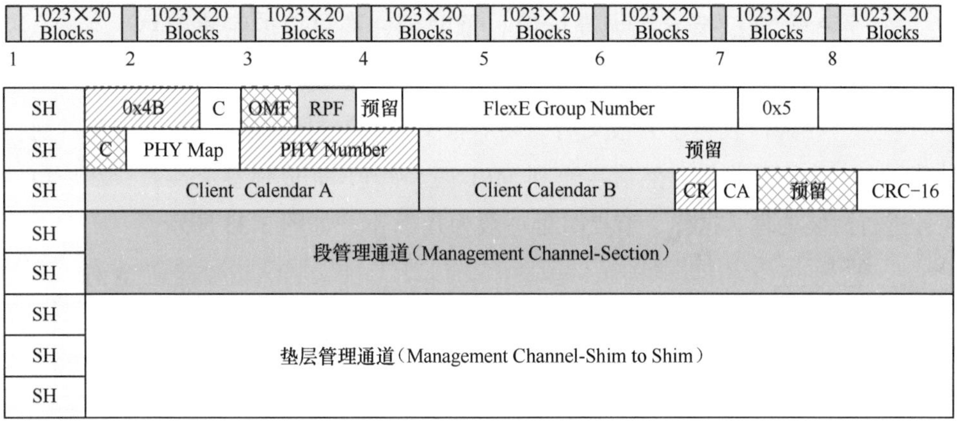

图3-32 FlexE开销帧结构

虽然，每隔 1023 个"20 Blocks"出现一次 Overhead 码块，但每个 Overhead 码块中包含的字段是不同的。第一个 Overhead 码块中包含"10"（同步头）、"0x4B"（控制字符）、"0x5"（OCode）这 3 个字段信息，用于定义此帧为开销首帧，FlexE 解复用端据此锁定开销帧。在未实现 FlexE 开销帧锁定的情况下，不能进行 FlexE 开销处理。如果同步头、控制字符或 OCode 在预期位置出现 5 次不匹配，将出现 FlexE 帧失步，设备会上报"FLEXE_LOF 告警"。

当 FlexE Group 的某物理成员接口检测到本端的 PHY 故障，将第一个 Overhead 码块的 RPF（远端故障指示）比特置位，从而将本端的故障通知给远端（对端），远端设备上报"FLEXE_RPF 告警"。

3.3.3 FlexE 在承载网中的应用

在 5G 承载网中，FlexE 有以下几个应用。

① FlexE 接口技术实现低成本的带宽扩容

例如，接入层当前使用 50Gbit/s 的带宽便能满足 5G 初期的业务发展需求，但随着 5G 的深入发展，带宽须扩大到 100Gbit/s。通过 FlexE Bonding 功能，只需要在原 FlexE Group 中新增一个 50GE 端口即可。或者，如果核心层的带宽需求是 400Gbit/s，然而 400GE 光模块成本居高不下，此时，将两个 200GE 的 PHY 组成一个 FlexE Group 即可。

② FlexE 接口技术为承载网提供带宽切片

目前，在运营商的现网中，70% 或 80% 的线路带宽用于 5G 业务，剩余的线路带宽再划分给政企专线和其他业务。因此，可以分别配置 5G 业务的 FlexE Client、政企专线的 FlexE Client 或其他业务的 FlexE Client。

❸ FlexE 交换技术实现高价值、低时延、高可靠的带宽专线

在 3G、4G 的移动承载网中，一般用 MPLS VPN 方式承载无线业务流。对于某中间节点，在入口收到业务报文后，要对报文进行解封装操作，从物理层的比特流中恢复出以太网数据帧，然后再送到 MPLS 层处理，完成标签交换后，在出口处对业务进行封装处理。这样，节点时延一般为几十 μs，如图 3-33 所示。

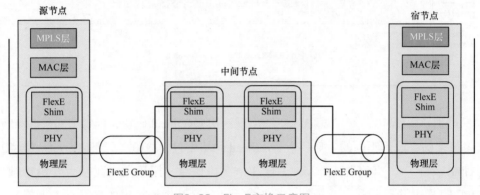

图3-33　FlexE交换示意图

如果在中间节点不进行解封装和查表的操作，仅在物理层通过时隙交叉的方式实现流量从入口 FlexE Client 到出口 FlexE Client 的调度（FlexE 交换），则可有效降节点的转发时延（可低至 1 ～ 10μs）。此外，业务流经过的各条链路上均配置了 FlexE 的带宽切片。通过扩展的 FlexE 操作、管理、维护（OAM，Operation Administration and Maintenance）和 FlexE 1+1 保护技术，故障后的业务恢复时间可低至 1ms。因此，FlexE 交换技术可实现高价值、低时延、高可靠的带宽专线。

任务习题 ▶▶ ···

1. FlexE 的核心功能由（　　）实现。
   A. FlexE PHY 　　　　　　　　　　 B. FlexE Client
   C. FlexE Group 　　　　　　　　　 D. FlexE Shim
2. 根据 OIF 标准，FlexE 的时隙颗粒度是（　　）。
   A. 1Gbit/s 　 B. 5Gbit/s 　　　　　 C. 10Gbit/s 　　　 D. 40Gbit/s

3.3.4　实训单元——FlexE 切片创建

实训目的 ▶▶ ···

掌握 FlexE 切片带宽调整的方法。

实训内容

完成 FlexE 切片带宽调整。

实训准备

1. 实训环境准备

（1）硬件：具备登录实训系统仿真软件的计算机终端。

（2）软件：实训系统仿真软件 / 承载网设备网络管理软件 /Secure CRT 软件。

2. 相关知识点要求

（1）FlexE 技术原理及相关概念。

（2）仿真软件界面的基础操作。

实训步骤

1. 检查 FlexE 连接。

2. 配置 FlexE Group。

3. 配置 FlexE Client。

评定标准

根据带宽要求，成功配置 FlexE Group 和 FlexE Client，并成功激活。

实训小结

实训中的问题：＿＿＿＿＿＿＿＿＿＿＿＿＿＿＿＿＿＿＿＿＿＿＿＿＿＿＿

＿＿＿＿＿＿＿＿＿＿＿＿＿＿＿＿＿＿＿＿＿＿＿＿＿＿＿＿＿＿＿＿＿＿＿

＿＿＿＿＿＿＿＿＿＿＿＿＿＿＿＿＿＿＿＿＿＿＿＿＿＿＿＿＿＿＿＿＿＿＿

问题分析：＿＿＿＿＿＿＿＿＿＿＿＿＿＿＿＿＿＿＿＿＿＿＿＿＿＿＿＿＿

＿＿＿＿＿＿＿＿＿＿＿＿＿＿＿＿＿＿＿＿＿＿＿＿＿＿＿＿＿＿＿＿＿＿＿

＿＿＿＿＿＿＿＿＿＿＿＿＿＿＿＿＿＿＿＿＿＿＿＿＿＿＿＿＿＿＿＿＿＿＿

问题解决方案：＿＿＿＿＿＿＿＿＿＿＿＿＿＿＿＿＿＿＿＿＿＿＿＿＿＿＿

＿＿＿＿＿＿＿＿＿＿＿＿＿＿＿＿＿＿＿＿＿＿＿＿＿＿＿＿＿＿＿＿＿＿＿

创建 FlexE 切片时，需要配置 FlexE Shim 吗？

3.3.5 实训单元——FlexE 切片带宽调整

掌握调整 FlexE 切片带宽的方法。

完成 FlexE 切片的带宽调整。

实训准备

1. 实训环境准备

（1）硬件：具备登录实训系统仿真软件的计算机终端。

（2）软件：实训系统仿真软件 / 承载网设备网络管理软件 /Secure CRT 软件。

2. 相关知识点要求

（1）FlexE 技术原理及相关概念。

（2）仿真软件界面的基础操作。

1. 找到已配置的 FlexE Client。

2. 调整时隙个数。

3. 激活 FlexE Client。

评定标准

根据带宽要求，成功修改 FlexE Client 的带宽，并成功激活。

实训小结 ▶

实训中的问题:＿＿＿＿＿＿＿＿＿＿＿＿＿＿＿＿＿＿＿＿＿＿＿＿＿＿＿

＿＿＿＿＿＿＿＿＿＿＿＿＿＿＿＿＿＿＿＿＿＿＿＿＿＿＿＿＿＿＿＿＿＿＿＿

＿＿＿＿＿＿＿＿＿＿＿＿＿＿＿＿＿＿＿＿＿＿＿＿＿＿＿＿＿＿＿＿＿＿＿＿

问题分析:＿＿＿＿＿＿＿＿＿＿＿＿＿＿＿＿＿＿＿＿＿＿＿＿＿＿＿＿＿＿＿

＿＿＿＿＿＿＿＿＿＿＿＿＿＿＿＿＿＿＿＿＿＿＿＿＿＿＿＿＿＿＿＿＿＿＿＿

＿＿＿＿＿＿＿＿＿＿＿＿＿＿＿＿＿＿＿＿＿＿＿＿＿＿＿＿＿＿＿＿＿＿＿＿

问题解决方案:＿＿＿＿＿＿＿＿＿＿＿＿＿＿＿＿＿＿＿＿＿＿＿＿＿＿＿＿＿

＿＿＿＿＿＿＿＿＿＿＿＿＿＿＿＿＿＿＿＿＿＿＿＿＿＿＿＿＿＿＿＿＿＿＿＿

＿＿＿＿＿＿＿＿＿＿＿＿＿＿＿＿＿＿＿＿＿＿＿＿＿＿＿＿＿＿＿＿＿＿＿＿

思考与拓展 ▶

如果 FlexE Group 的剩余时隙不足,无法满足 FlexE Client 的带宽调整需求,该怎么解决?

3.3.6　实训单元——FlexE 交换配置

实训目的 ▶

通过配置 FlexE 交换,掌握高价值、低时延的带宽专线的配置方法。

实训内容 ▶

完成 FlexE 交换的配置,并验证配置的正确性。

实训准备 ▶

1. 实训环境准备
   (1)硬件:具备登录实训系统仿真软件的计算机终端。
   (2)软件:实训系统仿真软件 / 承载网设备网络管理软件 /Secure CRT 软件。
2. 相关知识点要求
   (1)FlexE 技术原理及相关概念。

（2）仿真软件界面的基础操作。

实训步骤

1. 配置 FlexE 交换。
2. 配置 UNI。
3. 配置业务。

评定标准

根据带宽要求，成功配置以 FlexE 交换为转发模式的高价值、低时延的带宽专线。

实训小结

实训中的问题：_____

_____

_____

问题分析：_____

_____

_____

问题解决方案：_____

_____

_____

思考与拓展

如何在中间节点上查看 FlexE 交换的配置结果？

项目解析

项目 4

5G 承载网中的 IP 路由技术

项目简介

　　本项目内容包括 IP 基础知识、IP 路由基础及 IS-IS 路由协议。通过学习本项目，学员可以根据相关技术原理部署 5G 承载网需要使用的 IP 路由协议，为后续的网络部署工作奠定坚实的基础。

- 能够掌握 IP 的基础知识。
- 能够掌握使用 DHCP 为基站分配 IP 地址的方法。
- 能够掌握 IP 路由分类及路由表各字段含义。
- 能够掌握 IS-IS 路由协议的基本概念及工作原理。
- 能够完成 IS-IS 路由协议在 5G 承载网控制面的部署。

项目目标

项目导图

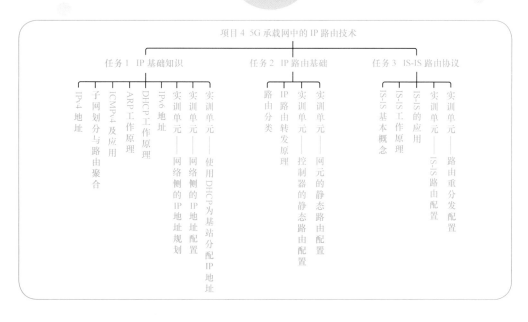

任务 1 IP 基础知识

【任务前言】

在 TCP/IP 模型中，网络层最重要的功能就是寻址和路由，进而提供数据分组的转发服务，其中寻址和路由是基于 IP 地址的。IP 地址是什么，分为几类，有哪些表示方法？在具体的网络中，如何使用和分配 IP 呢？子网又是什么，如何将一个大的网络划分成若干个小网络？带着这样的问题，我们进入本任务的学习。

【任务描述】

本任务主要介绍 IPv4 地址基础知识、子网划分及路由聚合的基本概念、ICMPv4 协议的典型应用和 DHCP 的工作原理，使学员对 IP 相关的基础知识有基本的认识，为 5G 承载网的部署和维护打下坚实的基础。

【任务目标】

- 能够掌握 IP 的基础知识。
- 能够完成 IP 的子网划分和路由聚合。
- 能够使用 DHCP 为基站分配 IP 地址。

 知识储备

4.1.1 IPv4 地址

对于不同网络之间的互联通信，我们通常使用网络层地址——IP 地址，提供更高的灵活性。

❶ IPv4 地址表示方式

IPv4 地址是由 4 个字节、32 位组成的，可使用下面 3 种方法描述，常用的是"点分十进制"表示法。

（1）点分十进制，如 172.16.30.56。

（2）二进制，如 10101100.00010000.00011110.001110000。

（3）十六进制，如 AC.10.lE.38。

❷ IPv4 地址层次化

RFC 791 规范中规定了 IP 地址的结构，即一个 IP 地址包括网络部分与主机部分。

网络部分被称为网络地址，网络地址用于标识一个网段，同一网段中的网络设备有相同的网络地址。主机部分被称为主机地址，主机地址用于标识同一网段内的不同网络设备。例如，在 IP 地址 172.16.30.56/16 中，网络部分为 172.16，主机部分为 30.56。

❸ IP 地址的分类

根据网络规模大小，我们把 IP 地址分为 A、B、C、D、E 五类，如图 4-1 所示，即将 IP 地址空间分解为数量有限的特大型网络（A 类）、数量较多的中等网络（B 类）和数量非常多的小型网络（C 类），以及特殊的地址类，包括 D 类（用于多播传送）和 E 类（保留用于试验或研究）。我们将按照这种方式划分的 IP 地址称为有类 IP 地址。

图4-1　IP地址分类

（1）私有 IP 地址空间

IP 编址方案中还规定了私有 IP 地址。这些地址可用于私有网络，只在内部网络中使用，不可直接与公网中的 IP 地址通信。设计私有地址的目的旨在提供一种有效的安全措施，也可节省宝贵的公有 IP 地址空间。

保留的私有 IP 地址空间如下。

① A 类：10.0.0.0 ～ 10.255.255.255。

② B 类：172.16.0.0 ～ 172.31.255.255。

③ C 类：192.168.0.0 ～ 192.168.255.255。

（2）特殊 IP 地址

IP 地址用于唯一标识一台网络设备，但一些特殊的 IP 地址有特殊的用途，不能用于标识网络设备，如表 4-1 所示。

表 4-1　特殊 IP 地址

网络部分	主机部分	地址类型	用途
任意	全"0"	网络地址	代表一个网段
任意	全"1"	广播地址	特定网段的所有节点
127	任意	环回地址	环回测试
全"0"		所有网络	用于指定默认路由
全"1"		广播地址	本网络内的所有节点

主机部分全为"0"的 IP 地址，称为网络地址，用来标识一个网段。例如，A 类地址 1.0.0.0，私有地址 10.0.0.0、192.168.1.0 等。

主机部分全为"1"的 IP 地址，称为该网段的广播地址，用于标识一个网络的所有主机。例如，10.255.255.255、192.167.1.255 等。广播地址用于向本网段的所有节点发送数据分组。

网络部分为 127 的 IP 地址，例如 127.0.0.1，主要用于环路测试。

全"0"的 IP 地址 0.0.0.0 代表所有主机，在路由器上用 0.0.0.0 地址指定默认路由。

全"1"的 IP 地址 255.255.255.255，也是广播地址，但 255.255.255.255 代表所有主机，用于向网络的所有节点发送数据分组，路由器不转发目的地址为广播地址的数据分组。

（3）计算某网段内可用 IP 地址数量

从前面我们可知，每一个网段会有一些 IP 地址不能用作主机 IP 地址，是作为特殊用途的保留地址。接下来，让我们来计算一下某个网段内可用的 IP 地址。

B 类地址的网段为 172.16.0.0，有 16 个主机位，因此有 2^{16} 个 IP 地址，网络地址 172.16.0.0 和广播地址 172.16.255.255 不能用来标识主机，那么共有 $2^{16}-2$ 个可用地址（一般称为主机地址），如图 4-2 所示。

C 类地址网段 192.168.1.0，有 8 位主机位，共有 $2^8=256$ 个 IP 地址，除去网络地址 192.168.1.0 及广播地址 192.167.1.255，共有 256-2 个可用主机地址。

因此，我们可以这样计算每一个网段的主机地址数量：假定这个网段的主机部分位数为 n，那么可用的主机地址个数为 2^n-2 个。

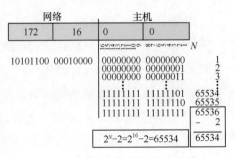

图4-2　可用主机地址数量计算

④ IP 路由方式

（1）单播

单播是指目的地址为单一目标的一种传输方式，即用单播可将数据分组传输到特定主机，如图 4-3 所示。单播属于"一对一"的传输方式，是目前网络应用最为广泛的数据传输方式。

图4-3　单播的"一对一"传输

（2）广播

广播分为一层（数据链路层或 MAC 层）广播和三层（IP 层）广播，这里指的是三层。广播将数据分组发送给广播域中所有主机，其目标地址的主机位都为 1。如图 4-4 所示，对于网络地址 192.168.1.0，其广播地址为 192.167.1.255（所有主机位都为 1）。255.255.255.255 为特殊的广播地址，也被称为受限的广播地址，表示本网段内的所有主机。广播的应用非常广泛，比如 ARP 发送广播报文查找子网内某 IP 对应的 MAC 地址。

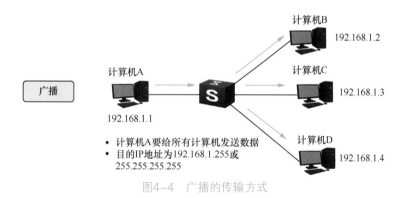

图4-4　广播的传输方式

（3）多播

多播与其他通信类型完全不同，它能够使加入同一多播组的多个主机接收到相同的数据分组，而不是将数据分组发给广播域中的所有主机，如图 4-5 所示。我们用多播地址来表示具体的多播组，多播地址的范围为 224.0.0.0 ～ 239.255.255.255，属于 D 类 IP 地址空间。多播属于"一对多"的传输方式，现网中高带宽的业务（如 IPTV 视频业务）常采用这种路由方式，可以大大节省网络流量。

89

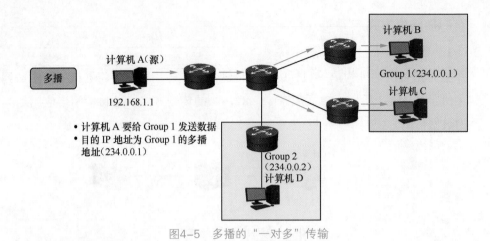

图4-5 多播的"一对多"传输

4.1.2 子网划分与路由聚合

① 子网划分与VLSM

（1）子网划分

子网划分实际上就是将原来的两级IP地址转变为三级IP地址，原来的主机位又被细分为子网位与主机位，表示如下：

IP 地址 = {＜网络位＞，＜子网位＞，＜主机位＞}

子网的概念可以理解为：将一个大的网段划分成几个小的子网。例如，我们将一个B类地址（172.16.×.×）划分给了某公司，该公司内部对其进行子网划分，如图 4-6 所示。

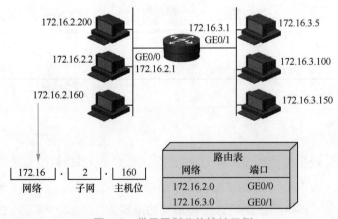

图4-6 带子网划分的编址示例

（2）子网掩码

子网掩码是一个 32 位地址，是与 IP 地址结合使用的一种技术，主要用于区分一个 IP 地址的网络位和主机位。

　　子网掩码使用与 IP 地址一样的格式，是由"连 1"的二进制码和"连 0"的二进制码组成的，其中，"连 1"对应 IP 地址的网络位，"连 0"对应 IP 地址的主机位，如图 4-7 所示。子网掩码的表示方法通常有以下两种格式：

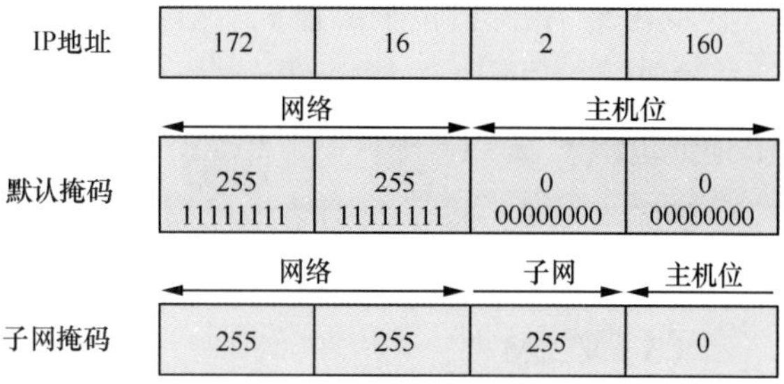

图4-7　子网掩码

　　① 与 IP 地址格式相同的点分十进制。如 255.0.0.0 或 255.255.255.128。

　　② 在 IP 地址后加上"/"符号以及 1 ~ 32 的数字，其中，1 ~ 32 的数字表示子网掩码中"1"码的位数，如 192.167.1.1/24 的子网掩码等同于 255.255.255.0。

　　默认状态下，如果没有进行子网划分，A 类网络的子网掩码为 255.0.0.0，用 /8 表示；B 类网络的子网掩码为 255.255.0.0，用 /16 表示；C 类网络的子网掩码为 255.255.255.0，用 /24 表示。

　　下面我们来看看子网掩码的应用，即判断 IP 地址属于哪个子网。

　　我们可以通过子网掩码来判断两个 IP 地址是否属于同一网段，其方法是：分别将两个十进制的 IP 地址和其子网掩码转换为二进制的形式，然后二者进行二进制"与"计算（全 1 则为 1，不是全 1 则为 0），如果得出的结果是相同的，那么这两台计算机就属于同一网段。

　　下面给出一个计算的实例：给定 IP 地址和子网掩码，要求计算该 IP 地址所处的子网的网络地址、子网的广播地址及可用 IP 地址范围，如图 4-8 所示。

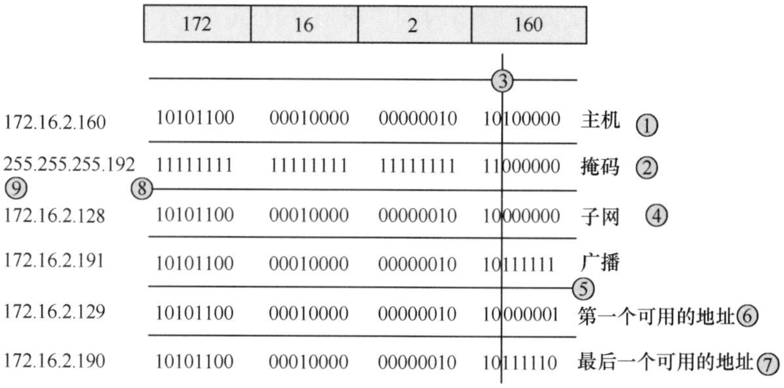

图4-8　地址计算示例

　　步骤 1：将 IP 地址转换为二进制表示。

　　步骤 2：将子网掩码也转换成二进制表示。

　　步骤 3：在子网掩码的 1 与 0 之间划一条竖线，竖线左边即为网络位（包括子网位），竖线右边为主机位。

　　步骤 4：将主机位全部置 0，网络位不变，即为子网的网络地址。

步骤 5：将主机位全部置 1，网络位不变，即为子网的广播地址。

步骤 6 ~ 7：介于子网的网络地址与广播地址之间的地址空间即为子网内可用 IP 地址范围。

步骤 8 ~ 9：将子网网络地址写全，最后转换成十进制。即：172.16.2.160/26 的子网地址为 172.16.2.128/26。

（3）VLSM

可变长子网掩码（VLSM，Variable Length Subnet Masking），由 RFC 1878 定义。VLSM 规定了如何将一个标准的网络划分为多个子网，适用于不同规模的网络需要不同大小的子网的情况。

VLSM 是在标准分类的 IP 地址的基础上，从主机位借出几位作为网络位，也就是增加网络位的位数。各类网络用来再划分子网的位数为：A 类有 24 位可借，B 类有 16 位可借，C 类有 8 位可借。但实际可借的位数为：A 类有 22 位可借，B 类有 14 位可借，C 类有 6 位可借，因为一个子网中至少有两个可用的 IP 地址，所以主机位占位数至少为 2。

至于借多少位合适，具体根据实际子网的需求来确定。对于主机数较多的子网，采用较短的子网掩码，可划分的子网数较少，但子网内可分配的 IP 地址较多；对于主机数较少的子网，采用较长的子网掩码，可划分的子网数较多，但子网上可分配的 IP 地址较少。

因此，VLSM 技术的价值在于：在保证每个子网上保留足够的主机的同时，把一个子网进一步分成多个小子网时有更高的灵活性。如果没有 VLSM，一个子网只能提供给一个网络，如果实际上网络内的主机数小于甚至远小于该子网的可用主机数，则会造成 IP 地址的浪费。另外，VLSM 是基于比特位的，而标准类的网络是基于 8 位组（一个字节）的。

下面我们来看看 VLSM 的应用，即使用 VLSM 进行子网划分。

例如，某公司准备用 C 类网络地址 192.168.1.0/24 进行 IP 地址的子网规划。这个公司共购置了 5 台路由器，一台路由器作为企业网的网关路由器接入当地互联网服务提供商（ISP，Internet Service Provider），其他 4 台路由器连接 4 个办公点，每个办公点有 20 台主机。

从图 4-9 可以看出，需要划分 8 个子网，即 4 个办公点子网和 4 个办公点路由器与网关路由器相连的子网。其中，每个办公点网段需要 21 个 IP 地址（包括一个路由器接口），每个办公点路由器与网关路由器相连的网段需要 2 个 IP 地址，各网段内 IP 地址数目差异较大，可以采用 VLSM 技术。4 个办公点网段采用子网掩码 255.255.255.224，划出 3 个子网位，共有 5 个主机位，可以容纳最多 $2^5-2=30$ 台主机。4 个办公点路由器与网关路由器相连的网段，划出 6 个子网位，2 个主机位，最多有 2 个可用的 IP 地址。

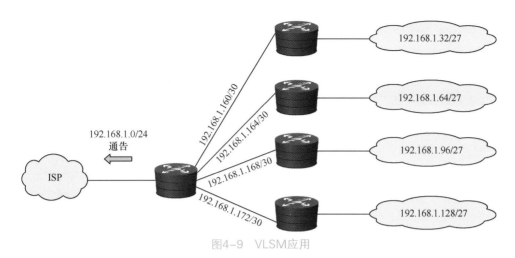

图4-9　VLSM应用

值得注意的是，使用 VLSM 技术进行子网划分，借走两位主机位，只能划分 4-2=2 个子网，这是因为不使用全 0 和全 1，一般至少借走两位。其他位数的划分是一样的，都需要减去 2。

② 路由聚合与 CIDR

（1）路由聚合

路由聚合也叫路由汇聚，它是把一组路由汇聚为单条路由进行发布。其中，聚合后的路由称为聚合路由，聚合前的路由称为明细路由。

路由聚合的主要作用：①可减少路由器的路由条目数，提高网络转发效率；②当网络内部拓扑结构发生变化时，可减少任何不必要的路由更新，进而提高网络的稳定性。如果一台路由器仅向下一跳路由器发送聚合路由，那么，它就不会发布汇聚范围内所包含的具体子网的有关变化。例如，如果路由器 A 仅向路由器 B 发布聚合路由 172.16.0.0/16，之后路由器 A 检测其中一条明细路由 172.16.1.0/24 故障，由于剩下的明细路由被聚合的结果依然为 172.16.0.0/16，因此，路由器 B 感知不到 172.16.1.0/24 网段的故障。

（2）CIDR

无类别域间路由（CIDR，Classless Inter-Domain Routing），也被称为无分类编址，由 RFC 1817 定义。CIDR 突破了传统 IP 地址的分类边界，将路由表中的若干条路由汇聚为一条路由，缩小了路由表的规模，提高了路由器的可扩展性。

下面我们来看看 CIDR 的应用，即使用 CIDR 进行路由聚合。

如图 4-10 所示，一个 ISP 被分配了一些 C 类网段，198.168.0.0 ~ 198.168.255.0。该 ISP 准备把这些 C 类网段分配给各个用户群，目前已经分配了 3 个 C 类网段给用户。如果不采用 CIDR 技术，ISP 的路由器的路由表中会有 3 条下连网段的路由条目，并且会把它们通告给因特网上的路由器。如果采用 CIDR 技术，可在 ISP 的路由器上把 3 个网段 198.168.1.0、198.168.2.0、198.168.3.0 汇聚成一条路由 198.168.0.0/16。这样

ISP 路由器只需要向因特网通告 198.168.0.0/16 这一条路由，大大减少了路由表的数目。

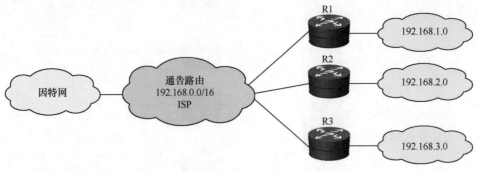

图4-10　CIDR应用

下面我们来看看路由聚合的方法。

路由聚合实际上比较简单，可利用与子网划分完全相同的方法（只是方向恰好相反）将多个小网络汇总为一个大网络。

路由聚合的计算步骤如下。

步骤 1：将各子网地址的网段转换成二进制。

步骤 2：比较二进制位。即从第 1 位开始进行比较，将从开始不相同的位到末尾位填充为 0。由此得到的地址为汇总后的网段的网络地址，其网络位为连续、相同的比特位数。例如，我们需要将以下 4 个网段进行路由聚合。

$$172.18.129.0/24$$

$$172.18.130.0/24$$

$$172.18.132.0/24$$

$$172.18.133.0/24$$

将上述 4 个网络的网段地址改写成二进制并进行比较，如图 4-11 所示。这 4 组数的前（8+8+5）=21 位相同，则网络位为 21。而 10000000 的十进制数是 128，所以聚合路由为 172.18.128.0/21。

```
172.18.129.0/24=10101100 00010010 10000 001 00000000
172.18.130.0/24=10101100 00011101 10000 010 00000000
172.18.132.0/24=10101100 00011110 10000 100 00000000
172.18.133.0/24=10101100 00011111 10000 101 00000000
            10101100 00011111 10000 000 0000000=172.18.128.0  （地址）
            11111111 11111111 11111 000 0000000=255.255.248.0  （掩码）
```

图4-11　路由聚合的计算方法

4.1.3　ICMPv4 及应用

网络控制报文协议（ICMPv4，Internet Control Message Protocol Version 4）由 RFC 7922 定义，用来在 IPv4 网络设备间传递发送控制报文、差错、控制、查询

等信息。它对收集各种网络信息、诊断和排除网络故障具有至关重要的作用。

① ICMPv4 结构及分类

ICMPv4 属于网络层的协议，其结构如图 4-12 所示。

从图 4-12 可以看到，ICMPv4 消息封装在 IP 报文中。当 IP 报头中的协议字段值为 1 时，就说明这是一个 ICMPv4 报文。

ICMP 的报文可以分为两类：错误通知报文和信息查询报文。

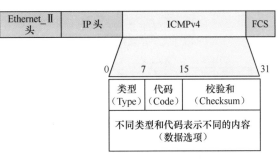

图4-12   ICMPv4结构

（1）错误通知报文：这类报文用于向发送方设备反馈错误信息。错误报文通常与数据分组的结构或内容有关，或者与数据分组选择路由过程中网络遇到的问题有关。

（2）信息查询报文：用来支持设备之间交换信息，实现特定 IP 相关特性及执行测试。这类报文不用来指示错误，一般也不会因响应常规数据的传输而被发送，它们之所以产生可能是因为受到了应用程序的调用，也可能是因为需要定期向其他设备提供信息。

所有 ICMPv4 报文，都是由 Type（类型）和 Code（代码）的组合来表示的。RFC 定义了 15 种类型。ICMPv4 报文由 Type 来表达它的大概意义，需要传递细小的信息时由 Code 来分类，表 4-2 中列举了常见的 ICMPv4 报文。

表 4-2   常见的 ICMPv4 报文类型

类型	代码	描述	种类
0	0	回显应答（Ping 应答），与回送请求成对被 Ping 命令使用	信息查询
3	0	网络不可达	错误通知
	1	主机不可达	
	2	协议不可达	
	3	端口不可达	
	4	需要切片但设置了不切片比特	
5	1	对主机重定向	错误通知
8	0	请求回显（Ping 请求），与回送应答成对被 Ping 命令使用	信息查询
11	0	传输期间生存时间（TTL）为 0，被 Traceroute 命令使用	错误通知

② ICMPv4 典型应用

ICMPv4 协议的应用有很多，包含路径 MTU 探索、改变路由、源点抑制、Ping 命令、Traceroute 命令、端口扫描等，下面介绍常见的典型应用。

（1）Ping 命令

Ping 命令用来测试与指定机器是否连通，以及测试数据分组往复所需要的时间。

为了实现这个功能，Ping 命令使用了两种 ICMP 报文，如图 4-13 所示。

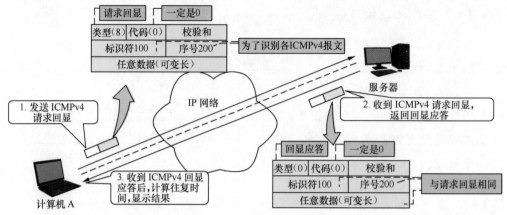

图4-13　Ping命令执行原理

① 计算机 A 向目标服务器发送"请求回显"。

计算机 A 向目标服务器发出"请求回显"的 ICMPv4 报文（类型是 8，代码是 0）。报文中的标识符和序号用来唯一识别各个 ICMPv4 报文，选项用来调整 Ping 数据分组的大小。

② 目标服务器向计算机 A 发送"回显应答"。

目标服务器收到计算机 A 发送的"请求回显"后，会向其发送"回显应答"的 ICMPv4 报文（类型是 0，代码是 0）。

③ 计算机 A 根据测试情况显示测试结果。

计算机 A 可通过是否收到"回显应答"报文，来确认与目标服务器的通信状态。进一步，记住发送"请求回显"报文的时间，并与接收到"回显应答"报文的时间进行比较，即可计算出报文往返所需要的时间。进而将目标服务器的 IP 地址、数据分组大小、往返时间打印到屏幕上。

（2）Traceroute 命令

为了测试到通信服务器的具体路径信息，使用 Traceroute 命令。Traceroute 命令执行原理如图 4-14 所示。

① 计算机向目标服务器发送"请求回显"。在计算机上执行 Traceroute 命令后，计算机会向目的服务器发送"请求回显"的 ICMPv4 报文（类型是 8，代码是 0），与 Ping 发出的报文类似。但不同的是，会将 IP 首部的 TTL（生存时间）字段设为 1。

② 途经路由器用超时报文来通知计算机。路由器每转发一次数据分组就将 TTL 的值减 1。当数据分组达到路由器 A 时，TTL 变为 0，因此，路由器会丢弃这个数据分组，并向计算机发送 ICMPv4 超时报文（类型是 11，代码是 0）。

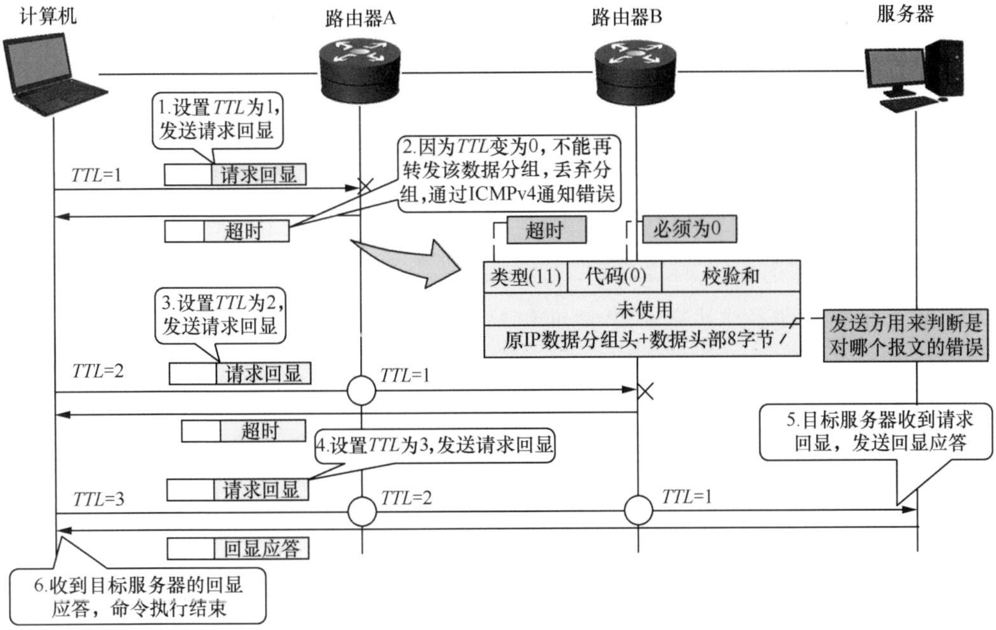

图4-14 Traceroute命令执行原理

③ 计算机收到针对第一个数据分组的 ICMPv4 超时报文后，再次发送"请求回显"的 ICMPv4 报文，该报文中 TTL 加 1（TTL=2）。第二次发出的"请求回显"报文通过路由器 A 后，TTL 变为 1，到达路由器 B 时 TTL 变为 0，路由器 B 也会将该分组丢弃，并返回 ICMPv4 超时报文。

④ 之后，计算机收到 ICMPv4 超时报文后，再次将 ICMPv4 请求报文的 TTL 加 1 并发出，重复同样的工作。

⑤ 目标服务器回应。如此逐次增加 TTL 的值，某个时候 ICMPv4 "请求回显"报文将到达最终的目标服务器。这时，目标服务器与途经的路由器不同，不返回 ICMPv4 超时报文，而是返回 ICMPv4 "回显应答"报文（类型是 0，代码是 0）。此时，计算机知道途经测试已经到达目标服务器，结束 Traceroute 命令的执行。像这样，通过列出途经路由器返回的错误，就能知道构成到目标服务器途经的所有路由器的信息了。

4.1.4 ARP 工作原理

在以太网中，当一台设备要向另一台设备发送数据时，需要知道对方的IP地址。但仅知道IP地址是不够的，还需要将IP报文封装成帧才可以通过物理网络发送数据。而数据帧又需要知道 MAC 地址，所以还需要获取对端设备的 MAC 地址。这里通过已知的 IP 地址获取 MAC 地址的工作是由 ARP 来完成的。地址解析协议（ARP，Address Resolution Protocol）是在 RFC 826 中定义的。

① ARP 映射方式

ARP 映射是指 IP 地址和 MAC 地址的对应关系，一般以 ARP 缓存表的形式存储在设备中。当知道某设备的 IP 地址但不知道其 MAC 地址时，可以通过查 ARP 缓存表找出对应的 MAC 地址。根据 ARP 缓存表形成的方式不同，ARP 映射分为静态映射和动态映射。

（1）静态映射

静态映射，即手动建立的 IP 地址和 MAC 地址的映射关系，该映射关系不会被老化，也不会被动态映射覆盖。

（2）动态映射

动态映射，是指设备自动获取某 IP 地址和物理 MAC 地址的映射关系，该映射关系有一定的生命周期，会被老化。

② ARP 动态映射流程

ARP 动态映射能够通过目的 IP 地址自动发现其对应的 MAC 地址，在这个过程中，会用到 ARP 请求和 ARP 响应两种报文。

（1）ARP 请求

任何时候，当计算机需要找出这个网络中的另一个计算机的物理地址时，它就可以发送一个 ARP 请求报文，这个报文包含了发送方的 MAC 地址和 IP 地址以及接收方的 IP 地址。因为发送方不知道接收方的物理地址，所以这个请求报文的目的 MAC 地址为广播地址，以广播的方式被交换机转发，如图 4-15 所示。

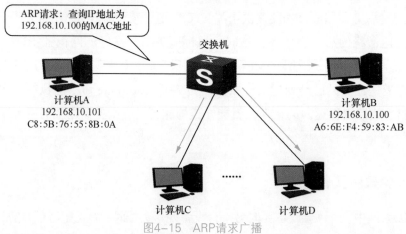

图4-15　ARP请求广播

（2）ARP 响应

局域网中的每一台计算机都会接收并处理 ARP 请求报文，然后进行验证，查看接收方的 IP 地址是不是自己的地址。只有验证成功的计算机才会返回一个 ARP 响应报文，这个响应报文包含接收方的 IP 地址和 MAC 地址。响应方利用收到的

ARP 请求报文中的请求方 MAC 地址，以单播的方式直接发送给 ARP 请求报文的请求方，如图 4-16 所示。

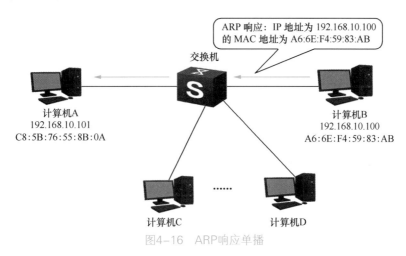

图4-16　ARP响应单播

4.1.5　DHCP 工作原理

随着网络规模的不断扩大和网络复杂度的提高，计算机的数量经常超过可供分配的 IP 地址数量。同时随着便携式计算机及无线网络的广泛使用，计算机的位置经常发生变化，相应的 IP 地址也必须经常更新，这导致网络配置越来越复杂。动态主机配置协议（DHCP，Dynamic Host Configuration Protocol）就是为解决这些问题而发展起来的。

DHCP 采用客户端 / 服务器的通信模式，由客户端向服务器提出申请，服务器返回为客户端分配的 IP 地址等相应的配置信息，以实现 IP 地址等信息的动态配置。

在 DHCP 的典型应用中，一般包含一台 DHCP 服务器和多台客户端（如 PC 便携机），如图 4-17 所示。

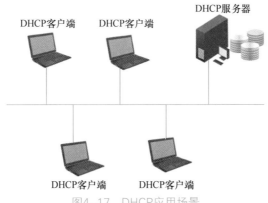

图4-17　DHCP应用场景

如果 DHCP 客户端和 DHCP 服务器处于不同网段，则客户端可以通过 DHCP

中继（DHCP Relay）与服务器通信，获取 IP 地址及其他配置信息，如图 4-18 所示。

图4-18　DHCP中继应用场景

1 DHCP 报文种类

DHCP 包含 8 种报文，分别是 DHCP-DISCOVER、DHCP-OFFER、DHCP-REQUEST、DHCP-ACK、DHCP-NAK、DHCP-RELEASE、DHCP-DECLINE 和 DHCP-INFORM，具体含义如表 4-3 所示。

表 4-3　DHCP 包含的 8 种报文类型

报文类型	主要功能
DHCP–DISCOVER	由 DHCP 客户端以广播方式发送，用来查找网络中可用的 DHCP 服务器
DHCP–OFFER	DHCP 服务器用来响应客户端的 DHCP–DISCOVER 请求，并为客户端指定相应配置参数
DHCP–REQUEST	DHCP 客户端广播发送给 DHCP 服务器，用来请求配置参数或续借租期
DHCP–ACK	DHCP 服务器通知客户端可以使用分配的 IP 地址和配置参数
DHCP–NAK	DHCP 服务器通知客户端地址请求不正确或者租期已过，续租失败
DHCP–RELEASE	由 DHCP 客户端主动向 DHCP 服务器发送，告知服务器该客户端不再需要分配的 IP 地址
DHCP–DECLINE	DHCP 客户端发现地址冲突或由于其他原因导致地址不能使用，则发送 DHCP–DECLINE 报文，通知服务器所分配的 IP 地址不可用
DHCP–INFORM	DHCP 客户端已有 IP 地址，用它来向服务器请求其他配置参数

2 DHCP 的 IP 地址分配

（1）IP 地址分配策略

针对客户端的不同需求，DHCP 提供 3 种 IP 地址分配策略，如下。

① 手工分配地址：由管理员为少数特定客户端静态绑定。将客户端的 MAC 地址与某个 IP 地址绑定。服务器根据客户端 MAC 地址寻找到对应的固定 IP 地址分配给客户端。

② 自动分配地址：为首次连接到网络的某些主机分配固定的 IP 地址，该地址将长期由该主机使用。

③ 动态分配地址：以"租借"的方式将某个 IP 地址分配给客户端主机，到达使用期限后，客户端需要重新申请地址。绝大多数客户端主机得到的是这种动态分

配的地址。

（2）IP 地址动态分配过程

如图 4-19 所示，DHCP 客户端从 DHCP 服务器动态获取 IP 地址，主要通过以下 4 个阶段进行。

DHCP客户端　　　　　　　同一网段　　　　　　　DHCP服务器

（1）发现阶段：DHCP-DISCOVER，广播

（2）提供阶段：DHCP-OFFER，广播

（3）选择阶段：DHCP-REQUEST，广播

（4）确认阶段：DHCP-ACK，广播

图4-19　DHCP动态分配IP地址过程

① 发现阶段，即 DHCP 客户端寻找 DHCP 服务器的阶段。客户端以广播方式发送 DHCP-DISCOVER 报文。

② 提供阶段，即 DHCP 服务器提供 IP 地址的阶段。DHCP 服务器接收到客户端的 DHCP-DISCOVER 报文后，根据 IP 地址分配的优先次序选出一个 IP 地址，与其他参数一起通过 DHCP-OFFER 报文发送给客户端。

③ 选择阶段，即 DHCP 客户端选择 IP 地址的阶段。如果有多台 DHCP 服务器向该客户端发来 DHCP-OFFER 报文，客户端只接受第一个收到的 DHCP-OFFER 报文，然后以广播方式发送 DHCP-REQUEST 报文，该报文中包含 DHCP 服务器在 DHCP-OFFER 报文中分配的 IP 地址。

④ 确认阶段，即 DHCP 服务器确认 IP 地址的阶段。DHCP 服务器收到 DHCP 客户端发来的 DHCP-REQUEST 报文后，会进行如下操作：如果确认将地址分配给该客户端，则返回 DHCP-ACK 报文；否则返回 DHCP-NAK 报文，表明地址不能分配给该客户端。

客户端收到服务器返回的 DHCP-ACK 报文后，会以广播的方式发送免费 ARP 报文，探测是否有主机使用服务器分配的 IP 地址，如果在规定的时间内没有收到回应，客户端才使用此地址；否则，客户端会发送 DHCP-DECLINE 报文给 DHCP 服务器，并重新申请 IP 地址。

❸ DHCP Relay 介绍

在 DHCP Relay 的应用中，DHCP Relay 中继设备会代理 DHCP 客户端和 DHCP 服务器之间的 DHCP 报文交互。DHCP Relay 原理如图 4-20 所示。

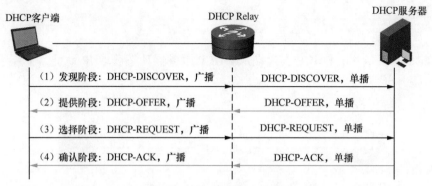

图4-20　DHCP Relay原理

① 发现阶段，DHCP 客户端以广播方式发送 DHCP-DISCOVER 报文来寻找 DHCP 服务器，因本地网络中没有 DHCP 服务器，故与本地网络相连的具有 DHCP Relay 功能的网络设备收到广播报文后将其修改为转发给指定 DHCP 服务器的单播报文。

② 提供阶段，DHCP 服务器接收到 DHCP Relay 转发过来的单播 DHCP-DISCOVER 报文后，从 IP 地址池中挑选一个尚未分配的 IP 地址，并将 DHCP-OFFER 单播报文发送给 DHCP Relay 设备。DHCP Relay 设备将该 DHCP-OFFER 单播报文修改为广播报文发送到本地网络，进而 DHCP 客户端可以收到 DHCP-OFFER 报文。

③ 选择阶段，DHCP 客户端以广播方式向 DHCP 服务器回应 DHCP-REQUEST 报文，中间再次经过 DHCP Relay 设备将该报文转为单播报文，发送给指定的 DHCP 服务器。

④ 确认阶段，DHCP 服务器回应 DHCP-ACK 报文，以单播方式转发给 DHCP Relay，DHCP Relay 设备再将其修改为广播报文发送到本地网络，DHCP 客户端收到后便可获得 IP 地址。

4.1.6　IPv6 地址

随着互联网、物联网的快速发展，越来越多的终端需要接入网络。但现行 IPv4 协议地址资源的有限性严重制约了互联网的应用和发展。IPv6（Internet Protocol Version 6），是 IETF 设计的用于替代 IPv4 的下一代 IP 协议，IPv6 有 2^{128} 个地址，号称可以为全世界的每一粒沙子编址。

相比 IPv4，IPv6 不仅地址充足，在管理上也更加方便，同时不容易被截获和篡改，更具安全性，能适应万物互联时代的网络需求。因此，IPv4 向 IPv6 升级势在必行。

原来的 IPv4 使用点分十进制来表示，而 IPv6 由于地址太长，采用冒分十六进制来表示。

IPv6 将整个地址分为 8 段，每段之间用冒号 "：" 隔开，每段的长度为 16 位，表示如下。

×××× : ×××× : ×××× : ×××× : ×××× : ×××× : ×××× : ××××

我们有以下 2 种 IPv6 地址的表示方法。

① 完整格式

完整格式的表示方法就是将 IPv6 地址中 32 个字符（一个字符是一个十六进制数）完整地写出来，比如下面就是一些 IPv6 地址的完整格式表示形式。

2001:0410:0000:1234:FB00:1400:5000:45FF

3ffe:0000:0000:0000:1010:2a2a:0000:0001

从上面 IPv6 地址的完整格式表示中可以看出，每一个地址都将 32 个字符全部写出来，即使地址中有多个 0，或有多个 F，也都不能省略。

② 压缩格式

在一个完整的 IPv6 地址中会经常出现多个 0。而我们知道，许多时候，0 是毫无意义的，那么我们考虑将不影响地址结果的 0 省略，这样就可以大大节省时间，也方便人们阅读和书写，这种省略 0 的表示方法称为压缩格式，而压缩格式的表示分以下 3 种情况。

第一种情况：

在 IPv6 中，地址分为 8 段，每个段共 4 个字符，但是一个完整的 IPv6 地址经常会出现整个段 4 个字符全部为 0 的情况，所以我们将其用双冒号 "::" 表示。如果连续多个段全为 0，那么也可以将多个段都使用双冒号 "::" 来表示。

例 1：压缩前：0000:0000:0000:0000:0000:0000:0000:0000

　　　压缩后：::

当计算机获取压缩后的地址，发现比正常的 128 位少了 128 位时，计算机会试图在 "::" 处补上少了的 128 个 0（32 个十六进制数）。

例 2：压缩前：0000:0000:0000:0000:0000:0000:0000:0001

　　　压缩后：::0001

当计算机获取压缩后的地址，发现比正常的 128 位少了 112 位时，计算机会试图在 "::" 处补上少了的 112 个 0（28 个十六进制数）。

例 3：压缩前：3ffe:0000:0000:0000:1010:2a2a:0000:0001

　　　压缩后：3ffe::1010:2a2a::0001

当计算机获取压缩后的地址，发现比正常的 128 位少了 64 位时，计算机会试图在 "::" 处补上少了的 64 个 0，但是我们可以看到，压缩后的地址有两个 "::"，而计算机要补上 64 个 0，所以这时补充后的结果很可能是以下几种。

3ffe:0000:1010:2a2a: 0000:0000:0000:0001

3ffe:0000:00001010:2a2a::0000:0000:0001

3ffe:0000:0000:0000:1010:2a2a:0000:0001

从上面的例子可以发现，一个 IPv6 地址被压缩后，如果地址中出现两个或多个 "::"，计算机在将地址还原时，就可能出现多种情况，这将导致计算机还原后的地址不是压缩之前的地址，进而导致地址错误，最终通信失败。所以在例 3 中，压缩格式是不正确的。

因此，在压缩 IPv6 地址时，一个地址中只能出现一个"::"。在例 3 中，正确的压缩格式为"3ffe::1010:2a2a:0000:0001"或"3ffe:0000:0000:0000:1010:2a2a::1"。

第二种情况：

在表示 IPv6 地址时，允许省略一个段中前导部分的 0，因为不影响结果。但是需要注意的是，如果 0 不是前导 0，比如 2001，我们就不能省略 0 而写成 21，因为 21 不等于 2001，所以在中间的 0 不能省略，只能省略最前面的 0。

例 4：压缩前：2001:0410:0000:1234:FB00:1400:5000:45FF

压缩后：2001:410:0:1234:FB00:1400:5000:45FF

第三种情况：

在前面两种压缩表示方法中，第一种是在整段 4 个字符全为 0 时，才将其压缩后写为"::"，而第二种是将无意义的 0 省略不写，可以发现两种方法都能节省时间，方便阅读。第三种压缩方法就是结合前两种方法，既将整段 4 个字符全为 0 的部分写成"::"，又将无意义的 0 省略不写，结果就可以出现下面这些最方便的表示方法。

例 5：压缩前：2001:0410:0000:0000:FB00:1400:5000:45FF

压缩后：2001:410:: FB00:1400:5000:45FF

可以看到，结合了两种压缩格式的方法更为简便。

任务习题

1. IP 地址和电话号码相比有何异同？

2. 在给定 192.168.4.0/24 中划分 5 个子网，如何配置子网掩码？每个子网最多能容纳多少台主机？

4.1.7 实训单元——网络侧的 IP 地址规划

实训目的

掌握承载网的 IP 地址划分方法。

实训内容

1. 完成各设备 Loopback 0 接口的 IP 地址规划，要求全局唯一。

2. 完成各设备互连接口的 IP 地址规划，要求全局唯一。

实训准备 ▶▶

1. 实训环境准备

（1）硬件：具备登录实训系统仿真软件的计算机终端。

（2）软件：实训系统仿真软件。

2. 相关知识点要求

（1）IP 地址、子网划分及子网掩码的概念。

（2）VLSM 的概念，以及如何使用 VLSM 进行子网划分。

实训步骤 ▶▶

1. 各设备 Loopback 0 接口的 IP 地址规划。

2. 各设备互联接口的 IP 地址规划。

评定标准 ▶▶

1. 针对各设备 Loopback 0 接口的 IP 地址规划，其评定标准如下。

（1）子网掩码满足要求。

（2）IP 地址连续，且从核心设备开始分配。

2. 针对各设备互联接口的 IP 地址规划，其评定标准如下。

（1）子网掩码满足要求。

（2）两两互联的接口需要在同一网段内。

（3）不同链路需要在不同的网段内。

实训小结 ▶▶

实训中的问题：＿＿＿＿＿＿＿＿＿＿＿＿＿＿＿＿＿＿＿＿＿＿＿＿＿＿＿＿＿

＿＿＿＿＿＿＿＿＿＿＿＿＿＿＿＿＿＿＿＿＿＿＿＿＿＿＿＿＿＿＿＿＿＿＿＿＿

＿＿＿＿＿＿＿＿＿＿＿＿＿＿＿＿＿＿＿＿＿＿＿＿＿＿＿＿＿＿＿＿＿＿＿＿＿

问题分析：＿＿＿＿＿＿＿＿＿＿＿＿＿＿＿＿＿＿＿＿＿＿＿＿＿＿＿＿＿＿＿＿

＿＿＿＿＿＿＿＿＿＿＿＿＿＿＿＿＿＿＿＿＿＿＿＿＿＿＿＿＿＿＿＿＿＿＿＿＿

＿＿＿＿＿＿＿＿＿＿＿＿＿＿＿＿＿＿＿＿＿＿＿＿＿＿＿＿＿＿＿＿＿＿＿＿＿

问题解决方案：＿＿＿＿＿＿＿＿＿＿＿＿＿＿＿＿＿＿＿＿＿

＿＿＿＿＿＿＿＿＿＿＿＿＿＿＿＿＿＿＿＿＿＿＿＿＿＿＿＿

＿＿＿＿＿＿＿＿＿＿＿＿＿＿＿＿＿＿＿＿＿＿＿＿＿＿＿＿

思考与拓展 ▶▶ ━━━━━ • • •

1. IP 子网划分的意义是什么？

2. 10.0.0.0/24 与 10.0.0.0/25 的区别是什么？

4.1.8 实训单元——网络侧的 IP 地址配置

实训目的 ▶▶ ━━━━━ • • •

掌握 Loopback 0 接口和 NNI 的 IP 地址配置方法。

实训内容 ▶▶ ━━━━━ • • •

1. 完成设备 Loopback 0 接口的 IP 配置。

2. 完成 NNI 的 IP 配置。

实训准备 ▶▶ ━━━━━ • • •

1. 实训环境准备

（1）硬件：具备登录实训系统仿真软件的计算机终端。

（2）软件：实训系统仿真软件。

2. 相关知识点要求

（1）Loopback 0 接口的 IP 配置方法及流程。

（2）NNI 的概念、配置方法及流程。

实训步骤 ▶▶ ━━━━━ • • •

1. 设备 Loopback 0 接口的 IP 配置。

（1）配置设备 Loopback 0 接口。

（2）激活配置生效。

2. 基于 NNI 的 IP 配置。

　　（1）配置各设备互联的 NNI IP。

　　（2）激活配置生效。

评定标准 ▶▶ ─────── ● ● ●

1. 针对设备 Loopback 0 的 IP 配置，其评定标准如下。

　　（1）子网掩码满足要求。

　　（2）IP 地址连续，且从核心设备开始分配。

2. 针对 NNI 的 IP 配置，其评定标准如下。

　　（1）子网掩码满足要求。

　　（2）两两互联的接口需要在同一网段内。

　　（3）不同链路需要在不同的网段内。

　　（4）对互联的 NNI IP 做 Ping 测试，测试结果正常。

实训小结 ▶▶ ─────── ● ● ●

实训中的问题：_____

_____

_____

问题分析：_____

_____

_____

问题解决方案：_____

_____

_____

思考与拓展 ▶▶ ─────── ● ● ●

1. 除了 Loopback 0 接口之外，还可配置其他 Loopback 接口吗？

2. 不同链路的接口 IP 如果配置在同一网段，会造成什么影响？

4.1.9 实训单元——使用 DHCP 为基站分配 IP 地址

掌握 DHCP 动态分配 IP 地址的应用。

实训内容

1. 搭建 DHCP 服务器。
2. 采用 DHCP 为下挂基站分配 IP 地址。

实训准备

1. 实训环境准备
   （1）硬件：具备登录实训系统仿真软件的计算机终端。
   （2）软件：实训系统仿真软件。
2. 相关知识点要求
   （1）DHCP 工作原理。
   （2）DHCP Relay 的应用。

实训步骤

1. 搭建 DHCP 服务器。
   （1）配置 DHCP 服务器的 IP 地址池。
   （2）将 DHCP 地址池绑定到 VLAN 接口，并启动 DHCP 服务。
2. 采用 DHCP 为下挂基站分配 IP 地址。
   （1）DHCP 全局配置。
   （2）DHCP Relay 配置。

评定标准

1. 搭建 DHCP 服务器，其评定标准如下。
   （1）DHCP 地址池包含 IP 地址段、网关、DNS、租赁期信息。
   （2）DHCP 服务器能为下挂同一局域网内的 DHCP 客户端分配 IP 地址。

2. 采用 DHCP 为下挂基站分配 IP 地址，其评定标准如下。

　　（1）DHCP 全局配置及 DHCP IPv4 配置完成。

　　（2）下挂基站可以通过 DHCP 获取到 IP 地址。

实训小结 ▶▶ ────── ● ● ●

实训中的问题：_____

_____

_____

问题分析：_____

_____

_____

问题解决方案：_____

_____

_____

思考与拓展 ▶▶ ────── ● ● ●

1. DHCP 与 DHCP Relay 有什么异同？

2. 下挂基站 DHCP 获取不到 IP 地址，可能有哪些原因？

任务 2　IP 路由基础

【任务前言】

通过学习前面的内容，我们已经了解 IP 地址的基本知识，那么 IP 数据分组如何从源端到目的端？用到哪些路由？路由表又是什么？带着这样的问题，我们进入本任务的学习。

【任务描述】

为了使 5G 承载网控制面互通，在 5G 承载网中需要部署路由协议。部署路由协议前需要了解其基础知识。通过本任务的学习，学员能够掌握路由分类，了解路由表相关字段含义及最优路由的选择原则。

【任务目标】

- 能够掌握路由的分类。
- 能够理解路由表各字段含义。
- 能够掌握最优路由选择原则。
- 能够完成 5G 承载网控制面的路由互通。

 知识储备

4.2.1　路由分类

简单地说，路由就是报文从源端到目的端的传输路径。根据路由的来源不同，路由可分为三大类。

（1）直连路由：通过链路层协议发现的路由称为直连路由（Connected 或 Direct），不需要配置。直连路由来自路由器的本地接口。当路由器接口处于活动状态，并且配置了 IP 地址时，路由器就会自动生成一条直连路由条目。

（2）静态路由：通过网络管理员手动配置的路由称为静态路由（Static）。静态路由没有自己的路由算法，不能自动生成，纯粹依靠管理员为它们一级一级地指明下一跳路径。它不能自动适应网络拓扑的变化（不具有自动修改目的端或下一跳路径的功能，即无法自动收敛），需要人工干预。

（3）动态路由：通过动态路由协议发现的路由称为动态路由（Dynamic）。每台路由器运行路由协议，通过协议报文与其他路由器交换路由信息，生成并维护路由表。动态路由无须管理员手工对路由器上的路由表进行维护。

根据作用范围及路由算法的不同可对动态路由进行进一步分类，具体如下。

根据作用范围不同，动态路由协议可分为两种，如图 4-21 所示。

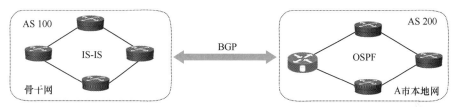

图4-21　IGP路由与EGP路由说明

（1）内部网关协议（IGP，Interior Gateway Protocol）：在一个自治系统（AS，Autonomous System）内部运行。常见的 IGP 包括路由信息协议（RIP，Routing Information Protocol）、开放式最短路径优先（OSPF，Open Shortest Path First）和 IS-IS。

（2）外部网关协议（EGP，Exterior Gateway Protocol）：运行于不同 AS 之间。目前常用的 EGP 就是边界网关协议（BGP，Border Gateway Protocol）。

AS 是一组有统一路由策略，且属于同一个技术管理机构（例如，各级运营商）的路由器集合。同一个 AS 的路由器可运行相同的 IGP（含静态路由），也可以运行不同的 IGP（含静态路由）。一个 AS 用一个 AS ID 来标识。

根据使用的路由算法不同，动态路由协议可分为以下两种。

（1）距离矢量协议（Distance-Vector Protocol），包括 RIP 和 BGP。

（2）链路状态协议（Link-State Protocol），包括 OSPF 和 IS-IS。

4.2.2　IP 路由转发原理

路由器转发数据分组的关键是 IP 路由表。每个路由器中都保存着路由表，表中每条路由项都指明发送数据分组到某子网或某主机应通过路由器的哪个端口，然后就可到达该路径的下一个路由器，或者不再经过其他路由器而传送到直接相连的网络中的目的主机。

一条路由包含哪些元素呢？如图 4-22 所示。

```
router#show route

*** PUBLIC NET ***
[ IPV4 ROUTE TABLE ]
Codes: L - Local, C - connected, S - static, R - RIP, B - BGP
O - OSPF, IA - OSPF intra area, IE - OSPF inter area
N1 - OSPF NSSA external type 1, N2 - OSPF NSSA external type 2
E1 - OSPF external type 1, E2 - OSPF external type 2
i - IS-IS, Li1 - IS-IS level-1 internal, Li2 - IS-IS level-2 internal
Le1 - IS-IS level-1 external, Le2 - IS-IS level-2 external
un - unknown, * - candidate default, ^ - best.
-------- -------------------- ------ ------ ------------- ----------------- ------------
P        D                    AD     COST   NH-VRF        NH-ADDR           INTF
-------- -------------------- ------ ------ ------------- ----------------- ------------
i Li2^   10.45.1.0/24         115    2240   -             100.3.14.2        flexe-tunnel1
L^       100.2.1.1/32         0      10     -             0.0.0.0           loopback0
i Li2^   100.2.1.6/32         115    2231   -             100.3.14.2        flexe-tunnel1
i Li2^   100.2.1.6/32         115    0      -             100.3.12.2        flexe-tunnel2
C^       100.3.12.0/30        0      10     -             0.0.0.0           flexe-tunnel2
L^       100.3.12.1/32        0      10     -             0.0.0.0           flexe-tunnel2
C^       100.3.14.0/30        0      10     -             0.0.0.0           flexe-tunnel1
L^       100.3.14.1/32        0      10     -             0.0.0.0           flexe-tunnel1
i Li2^   100.3.23.0/30        115    40     -             100.3.12.2        flexe-tunnel2
```

图4-22　IP路由表示例

（1）目的地址（含掩码）：又称为目的网段，表示此路由的目的地，用来标识 IP 数据分组的目的地址或目的网络，如图 4-22 所示的 "10.45.1.0/24"。

（2）路由协议类型：表示此条路由的来源，如静态路由、直连路由和各种动态路由协议等。如图 4-22 所示，"c" 是 connected 的缩写，代表直连路由；"i" 为 IS-IS 的缩写。注意，"l" 是 "local" 的缩写，但不是一种路由类型，此处仅表示本地接口 IP 地址。

（3）管理距离（AD，Administrative Distance）：标识路由来源（路由协议类型）的可信度，AD 值越低表示路由条目越可信。如图 4-22 所示，IS-IS 的 AD 值为 115，直连路由的 AD 值为 0。

（4）Cost（开销）：又称为 Metric（度量值），当到达同一目的地的多条路由具有相同的管理距离时，开销值最小的将成为当前的最优路由。不同的路由协议使用不同的开销，如距离矢量协议采用 "距离"（跳数）作为度量，而链路状态协议采用 "链路状态"（一般与链路带宽成反比）作为开销。

（5）下一跳地址：表示此路由的下一跳 IP 地址，指明数据转发路径中的下一个三层设备。

（6）出接口：此路由从本地设备发出的接口，出接口可以是物理接口，也可以是逻辑接口（如图 4-22 所示的 flexe-tunnel 和 loopback 0 接口）。

图 4-22 中，第一条路由的目的地址为 "10.45.1.0/24"，协议类型为 "IS-IS"，管理距离为 "115"，度量值为 "2240"，下一跳地址为 "100.3.14.2"，出接口为 "flexe-tunnel1"。

从图 4-22 可以发现，路由表中包含多种元素，那么当到达同一目的地有多条路由时，路由器需要选择最优路由进行数据转发。对于最优路由的选择，应该基于哪些准则呢？

（1）掩码最长原则

当数据分组到达路由器，路由器在查询 IP 路由表的时候，会依据掩码最长的原则（最长匹配原则）进行匹配。如图 4-23 所示，目的 IP 地址为 "10.45.1.3" 的数据分组经过该路由器的时候，这两条路由都可以匹配到，但是路由器会以第二条作为最优路由。因为第二条路由条目的掩码更长，这表明该路由条目更精确。

```
router#show route

*** PUBLIC NET ***

[ IPV4 ROUTE TABLE ]
Codes: L - Local, C - connected, S - static, R - RIP, B - BGP
O - OSPF, IA - OSPF intra area, IE - OSPF inter area
N1 - OSPF NSSA external type 1, N2 - OSPF NSSA external type 2
E1 - OSPF external type 1, E2 - OSPF external type 2
i - IS-IS, Li1 - IS-IS level-1 internal, Li2 - IS-IS level-2 internal
Le1 - IS-IS level-1 external, Le2 - IS-IS level-2 external
un - unknown, * - candidate default, ^ - best.
-------------------------------------------------------------------------------
P     D            AD    COST   NH-VRF        NH-ADDR              INTF
i Li2^  10.45.1.0/24   115   2240   -             100.3.14.2           flexe-tunnel1
O IE  10.45.1.0/29   110   10     -             100.3.24.2           flexe-tunnel2
```

图4-23　掩码最长原则

（2）路由的管理距离

如图 4-24 所示，R1 到 R6 有两条路径：第一条路径为 R1 → R2 → R3 → R6，配置 IS-IS 路由协议；第二条路径为 R1 → R4 → R5 → R3 → R6，配置静态路由协议。

虽然上面的总路径更短，但是因为 IS-IS 的管理距离大于静态路由，所以 R1 路由器会选择下面这条路径，将 R4 作为去往 R6 的下一跳。

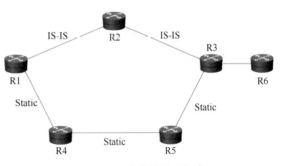

图4-24　路由的管理距离

（3）路由的度量值

如果全网采用同一种路由协议，或者路由器无法通过管理距离来判断最优路由，那么，路由器就会使用开销来计算最优路由。对于链路状态协议，路由表中的开销等于各链路（接口）开销之和。接口开销可采用默认值，或采用带宽自动计算的数值，或由人工指定数值。

如图 4-25 所示，路由器 R1 到达 10.10.1.0/24 网段有两条路径，即两条路由。每条路径的开销是各段链路的 Metric（度量）值之和，R1 → R2 → R4 开销为 5，而 R1 → R3 → R4 的开销为 10。开销越小，路由越优，所以路由器 R1 会选 R1 → R2 → R4 为最优路由。

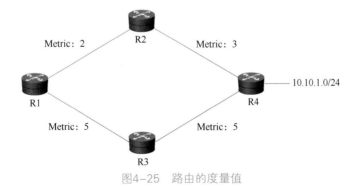

图4-25　路由的度量值

任务习题 ▶▶ •••

1. 路由器工作在 OSI 模型的哪一层？
2. 关于静态路由以下说法不正确的是（　　）。
    A. 静态路由通过手工配置，没有复杂的路由协议。
    B. 静态路由不需要路由器之间交互协议报文，不会占用带宽，安全性也比较高。
    C. 静态路由协议不能适应拓扑的变化，在链路中断时，需要手工重新配置路由条目。
    D. 静态路由对路由器 CPU 和内存资源占用较少，在复杂的大规模网络中要尽可能地使用静态路由。

4.2.3 实训单元——控制器的静态路由配置

实训目的 ▶▶ •••

通过配置静态路由深入理解 IP 路由基础知识，并掌握在控制器上配置静态路由的方法。

实训内容 ▶▶ •••

1. 分析并配置控制器到各承载网网元的静态路由。
2. 验证路由正确性。

实训准备 ▶▶ •••

1. 实训环境准备
    （1）硬件：具备登录实训系统仿真软件的计算机终端。
    （2）软件：实训系统仿真软件。
2. 相关知识点要求
    （1）IP 地址、子网划分及子网掩码的概念。
    （2）路由的分类。
    （3）静态路由及路由表相关知识。

实训步骤 ▶▶ •••

1. 了解实验环境。

2. 查询整理相关 IP，分析静态路由。

3. 在控制器上，利用 Windows 命令行添加静态路由。

4. 检查控制器路由表。

5. 通过 Ping 命令检查控制器与直联网元的连接结果。

评定标准 ▶▶

控制器可 Ping 通直联设备 Loopback 0 IP，但还无法 Ping 通非直联的网元，并且控制器路由表中的静态路由正确、完整。

实训小结 ▶▶

实训中的问题：＿＿＿＿＿＿＿＿＿＿＿＿＿＿＿＿＿＿＿＿＿＿＿＿
＿＿＿＿＿＿＿＿＿＿＿＿＿＿＿＿＿＿＿＿＿＿＿＿＿＿＿＿＿＿＿＿
＿＿＿＿＿＿＿＿＿＿＿＿＿＿＿＿＿＿＿＿＿＿＿＿＿＿＿＿＿＿＿＿

问题分析：＿＿＿＿＿＿＿＿＿＿＿＿＿＿＿＿＿＿＿＿＿＿＿＿＿＿＿
＿＿＿＿＿＿＿＿＿＿＿＿＿＿＿＿＿＿＿＿＿＿＿＿＿＿＿＿＿＿＿＿
＿＿＿＿＿＿＿＿＿＿＿＿＿＿＿＿＿＿＿＿＿＿＿＿＿＿＿＿＿＿＿＿

问题解决方案：＿＿＿＿＿＿＿＿＿＿＿＿＿＿＿＿＿＿＿＿＿＿＿＿＿
＿＿＿＿＿＿＿＿＿＿＿＿＿＿＿＿＿＿＿＿＿＿＿＿＿＿＿＿＿＿＿＿
＿＿＿＿＿＿＿＿＿＿＿＿＿＿＿＿＿＿＿＿＿＿＿＿＿＿＿＿＿＿＿＿

思考与拓展 ▶▶

为什么控制器只能 Ping 通直联设备，而无法 Ping 通其他网元？

4.2.4　实训单元——网元的静态路由配置

实训目的 ▶▶

掌握在网元设备上配置静态路由的方法。

1. 分析并配置各网元到控制器的静态路由。
2. 验证路由配置的正确性。

实训准备

1. 实训环境准备
   （1）硬件：具备登录实训系统仿真软件的计算机终端。
   （2）软件：实训系统仿真软件。
2. 相关知识点要求
   （1）IP 地址、子网划分及子网掩码的概念。
   （2）路由的分类。
   （3）静态路由及路由表相关知识。

实训步骤

1. 了解实验环境。
2. 在网元上配置静态路由。
3. 检查网元的 IP 路由表。
4. 通过 Ping 命令检查控制器与各网元的连通性。

评定标准

完成静态路由配置，控制器可以 Ping 通所有网元的 Loopback 0 IP。

实训小结

实训中的问题：_____

_____

_____

问题分析：_____

_____

_____

问题解决方案: _____

_____

_____

如图 4-26 所示,如何在 NE2 上配置静态路由,使 NE2 在访问控制器时选择
路径 NE2 → NE1 → NE3?

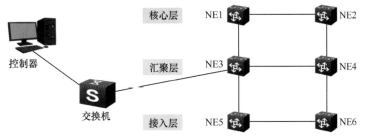

图4-26   NE2静态路由配置

任务 3 IS-IS 路由协议

【任务前言】

通过学习前面的内容，我们知道"动态路由"比"静态路由"更灵活，更适合复杂的网络。在 5G 承载网中，我们选择 IS-IS 作为控制面的路由协议，那么 IS-IS 协议如何计算路由并得到路由表？在 5G 承载网中，如何部署 IS-IS 协议？带着这样的问题，我们进入本任务的学习。

【任务描述】

通过学习 IS-IS 路由协议的基本概念和工作原理，掌握 IS-IS 路由协议的特点。根据 5G 承载网的需求和规划，合理部署 IS-IS 协议。

【任务目标】

- 能够掌握 IS-IS 协议的区域、进程等基本概念。
- 能够理解 IS-IS 协议的工作原理。
- 能够掌握 5G 承载网中 IS-IS 协议的部署方案。

 知识储备

4.3.1 IS-IS 基本概念

1 IS-IS 的基本术语

中间系统到中间系统（IS-IS，Intermediate System-to-Intermediate System）最初是 ISO 为 OSI 网络中的无连接网络协议（CLNP，Connection Less Network Protocol）设计的一种动态路由协议。随着 TCP/IP 的流行，为了提供对 IP 路由的支持，IETF 在 RFC 1195 中对 IS-IS 进行了扩充和修改，使它能够同时应用在 TCP/IP 和 OSI 网络环境中。

按照动态路由协议分类，IS-IS 属于链路状态路由协议，也属于 IGP。

要理解 IS-IS 协议的工作原理，首先要理解以下几个基本术语。

（1）中间系统（IS，Intermediate System）：IS 是指运行 IS-IS 协议的路由器设备。

（2）路由域：运行 IS-IS 协议的路由器的集合。

（3）Area（区域）：Area 是 IS-IS 路由域的细分单元，是由一组连续的路由器和连接它们的链路组成的实体。IS-IS 允许将整个路由域划分为多个区域，不同区域使用 Area ID。Area ID 相同的路由器一般在物理位置上是连续的，因此，可以认为 Area ID 是 IS 的物理位置的标识。

（4）链路状态 PDU（LSP，Link State PDU）：用于交换链路状态信息。网络中每台路由器都会产生带有自己 System ID 的 LSP 报文，通过泛洪（Flooding）机制扩散自己的 LSP。

（5）Flooding（泛洪）：LSP 报文的"泛洪"指一个路由器向相邻路由器报告自己的 LSP 后，相邻路由器再将同样的 LSP 报文传送到除发送该 LSP 的路由器以外的其他邻居，并逐级将 LSP 传送到一定范围内的一种方式。

（6）链路状态数据库（LSDB，Link State DataBase）：通过这种"泛洪"，一定范围内的每一个路由器都可以拥有相同的 LSP 信息，并保持 LSDB 的同步。IS-IS 路由器根据 LSDB，通过最短路径优先（SPF，Shortest Path First）算法计算生成自己的 IS-IS 路由表。

（7）网络类型：IS-IS 支持两种类型的网络，根据物理链路的不同，IS-IS 可分为：广播链路（Broadcast），如 Ethernet、Token-Ring 等；点到点链路（P2P，Point to Point），如 PPP、HDLC 等。网络类型不同，IS-IS 路由器建立邻居关系和扩散 LSP 的方式也不同。

（8）TLV（Type/Length/Value）：IS-IS 是一个高度可扩展的协议，它使用 TLV 编址的形式来通告信息。只需要增加新的 TLV 类型，就可以为 IS-IS 添加新特性，这也是 5G 承载网选择 IS-IS 路由协议的一个重要原因。TLV 由三大部分组成：Type，类型字段，是这个 TLV 结构的代码；Length，长度字段，表示 Value 字段的长度；Value，数值字段，是 TLV 结构的具体内容，内容因 TLV 类型的不同而不同。

❷ IS-IS 区域划分

为了支持大规模的路由网络，IS-IS 在自治系统内采用骨干区域与非骨干区域的两级分层结构。非骨干区域只能与骨干区域直接互联，非骨干区域之间不能直接连接，骨干区域不能被分割。值得注意的是，在一个 IS-IS 路由域中，可以有多个非骨干区域，不同非骨干区域的 Area ID 不同，即一个非骨干区域是一个物理区域；但是只有一个骨干区域，内部路由器的 Area ID 可能不同。

因此，按照分层结构，区域分为两层：Level-1 为非骨干区域；Level-2 为骨干区域。

IS-IS 路由器被分成了三类：Level-1（简称 L1，第一层路由器）、Level-2（简称 L2，第二层路由器）和 Level-1/2（简称 L1/2，两种类型）。L1/2 路由器同时具有 L1 和 L2 的功能。一般来说，将 L1 路由器部署在非骨干区域内，L2 路由器部署在骨干区域（非骨干区域之间），L1/2 路由器部署在 L1 和 L2 路由器的中间。

一个 L1 区域由 Area ID 相同、物理上连续的 L1 和 L1/2 路由器组成。L2 区域由物理上连续的 L1/2 和 L2 路由器组成。

如图 4-27 所示，整个 IS-IS 路由域包含 4 个物理区域，其 Area ID 分别为 49.0001、49.0002、49.0003 和 49.0004。整个 L2 区域不仅包括 49.0004 区域内的所有 L2 路由器，还包括其他区域的 L1/2 路由器。49.0001、49.0002、49.0003 由 L1 和 L1/2 路由器组成。图 4-27 中虚线圈出的 "Backbone" 即骨干区域，也就是 L2 区域；实线圈出的为 L1 区域。

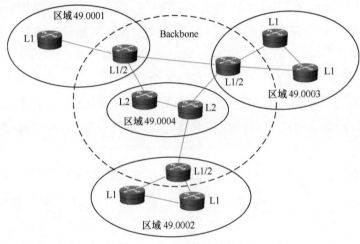

图 4-27　IS-IS 拓扑结构-1

图 4-28 是 IS-IS 的另外一种拓扑结构。在这个拓扑中，L2 路由器分属不同区域，其 Area ID 分别为 49.0002 和 49.0004。此时 IS-IS 的 L2 区域由所有物理连续的 L1/2 路由器和 L2 路由器构成。

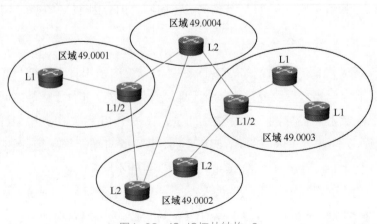

图 4-28　IS-IS 拓扑结构-2

通过以上两种拓扑结构，我们可以发现在 IS-IS 协议中每个路由器都只属于一个区域，区域的边界是链路，而不是路由器。另外，如果只有单个区域，则没有骨干与非骨干的分层概念。

❸ IS-IS 路由器类型

在 IS-IS 拓扑结构中，我们提到了 L1、L2 和 L1/2 路由器的定义，接下来介绍这 3 种 IS-IS 路由器的特性。

L1 路由器负责区域内的路由，L1 路由器只能与属于同一区域的 L1 和 L1/2 路由器建立 L1 邻接关系，交换链路状态信息，并维护和管理 L1 的 LSDB。L1 路由器的邻居都在同一个区域中，其 LSDB 包含本区域的全部路由器的 LSP。L1 路由器只能计算出本区域内的路由，而通过默认路由访问其他区域，将到达其他区域的报文转发到距离它最近且在同一区域的 L1/2 路由器。

L2 路由器负责区域间的路由，可与本区域以及其他区域的 L2 或 L1/2 路由器建立 L2 邻接关系，交换链路状态信息，维护一个 L2 的 LSDB，该 LSDB 包含骨干区域和非骨干区域的路由信息。所有 L2 和 L1/2 路由器组成路由域的骨干域，负责区域间通信。骨干区域必须是连续的。

L1/2 路由器用于区域间的连接。L1/2 路由器既可以与同一区域的 L1 路由器及其他 L1/2 路由器建立 L1 邻接关系，又可以与 L2 路由器及其他 L1/2 路由器建立 L2 邻接关系。L1 路由器必须通过 L1/2 路由器才能与其他区域的路由器通信。L1/2 路由器维护以下两个 LSDB：L1 LSDB 用于区域内路由；L2 LSDB 用于区域间路由。L1/2 路由器通常位于区域边界上，将 L1 LSDB 的内容转换到 L2 LSDB。

❹ IS-IS 的地址格式

在 IP 网络的 IS-IS 协议中，用网络实体名称（NET，Network Entity Title）地址唯一地标识一台 IS-IS 路由器。NET 地址的长度是可变的：8 ～ 20 个字节，由 3 个部分组成，如图 4-29 所示。

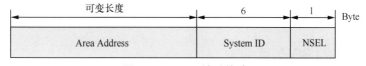

图4-29 IS-IS地址格式

（1）Area Address（区域地址）

Area Address 是整个地址的最高字节序列，长度为 1 ～ 13 个字节，即前面提到的"Area ID"。在一个 IS-IS 路由域中，不同的区域的 Area Address 不同。Area Addres 一般由运营商规划，以区分运营商、城域网和骨干网等，一般配置为 xx.yyyy 的格式，如 69.0001。

（2）System ID（系统 ID）

System ID 是"Area Address"字段后的 6 个字节。System ID 必须在整个 IS-IS 路由域中唯一。在现网应用中，System ID 一般通过 Loopback 0 接口的 IP 地址转换得到（只是工程建议，不是强制的），举例如下。

Loopback 0 的 IP：192.31.231.16

将每个十进制数都扩展为 3 位。若不足 3 位，则在前面补 0，得到 192.031.231.016。然后将扩展后的地址分为 3 个部分，每个部分由 4 个字符（十六进制）组成，得到 1920.3123.1016。System ID 为 1920.3123.1016。

（3）NSEL（网络选择器）

NSEL 是"System ID"字段之后的 1 个字节，在 IP 网络中，其值固定为"00"。

根据上述例子，我们将 3 个部分合并起来，那么 NET 表示为 69.0001.1920.3123.1016.00。

4.3.2 IS-IS 工作原理

1 IS-IS 的邻居建立

IS-IS 是一种链路状态路由协议，邻居设备间交换的是链路状态信息。

相邻的 IS-IS 路由器首先要建立邻居关系。IS-IS 路由器周期性地向邻居路由器（物理上直连、接口使能 IS-IS 的路由器）发送 Hello 报文来建立和维持邻居关系。

Hello 报文也称为 IIH（IS-to-IS Hello PDUs）。广播网中的 L1 路由器使用 L1 LAN IIH；广播网中的 L2 路由器使用 L2 LAN IIH；在点对点网络中则使用 P2P IIH。它们的报文格式有所不同。

按如下原则建立邻居关系。

（1）只有同一层次的相邻路由器才有可能成为邻居。

（2）对于 L1 路由器来说，区域号必须一致。

（3）链路两端 IS-IS 接口的网络类型必须一致（点对点或广播）。

（4）在同一网段（广播）。

2 IS-IS 的 LSP 交互

LSP PDU 即链路状态信息 PDU，用于与其他 IS-IS 路由器交换链路状态信息。IS-IS 路由域内的所有路由器都会产生自己的 LSP，当发生以下事件时，会触发 LSP 刷新。

（1）邻居 Up 或 Down。

（2）IS-IS 相关接口 Up 或 Down。

（3）引入的 IP 路由发生变化。

（4）区域间的 IP 路由发生变化。

（5）接口被赋予新的 Msetric 值。

（6）周期性更新。

在收到邻居新的 LSP 后，将新的 LSP 存储到自己的 LSDB 中，并标记为 Flooding；再以泛洪的方式，发送新的 LSP 到除了发送该 LSP 的邻居之外的邻居；邻居收到新的 LSP 后，再扩散到它的邻居。最终，同一非骨干区域或者骨干区域内的路由器的 LSDB 实现同步（存储的 LSP 数量及内容一致）。

LSP 分为两种：L1 LSP 和 L2 LSP。L1 LSP 由 L1 路由器传送，L2 LSP 由 L2 路由器传送，L1/2 路由器可传送以上两种 LSP。

在 LSDB 的同步过程中，还需要全时序报文（CSNP，Complete SNP）和部分时序报文（PSNP，Partial SNP）两种报文配合。

CSNP 包括 LSDB 中所有 LSP 的摘要信息，从而可以在相邻路由器间保持 LSDB 的同步。在广播网络上，由 DIS（Designated Intermediate System）定期发送 CSNP；在点到点链路上，只在第一次建立邻接关系时发送 CSNP。CSNP 分为两种：L1 CSNP 和 L2 CSNP。

因此，在广播网络中，需要在网段内选一台路由器作为 DIS。DIS 优先级数值越高，被选中的可能性就越大。如果优先级最高的路由器有多台，则其中 MAC 地址最大的路由器会被选中。DIS 的优先级有默认的数值，可人为修改。L1 和 L2 的 DIS 是分别选取的。

图4-30　广播链路的LSDB同步

以广播网为例说明 LSDB 的同步过程，如图 4-30 所示。

如图 4-30 所示，建立邻居关系后，IS-IS 路由器 A 将自己的 LSP 发送到多播地址（L1：01-80-C2-00-00-14；L2：01-80-C2-00-00-15）。该网段中的 DIS 会把路由器 A 的 LSP 加入 LSDB 中，等待 CSNP 报文定时器超时并发送 CSNP 报文。该网段的某 IS-IS 路由器（路由器 A 或路由器 B）接收到 DIS 发送的 CSNP 报文后，对比自己的 LSDB 数据库，如果发现自己缺少某些 LSP，就发送 PSNP 报文向 DIS 请求缺少的 LSP。DIS 收到该 PSNP 报文请求后，发送对应的 LSP 进行 LSDB 的同步。

由此可见，PSNP 包含 LSDB 中的部分 LSP 的摘要信息，用于对 LSP 进行请求和确认。PSNP 分为两种：L1 PSNP 和 L2 PSNP。

❸ IS-IS 的路由计算

IS-IS 路由器将 LSDB 转换成一张带权重（开销）的有向图，这张图即是整个网络拓扑结构的真实反映。在同一个 L1 或 L2 区域内，各个路由器得到的有向图是完全相同的，如图 4-31 所示。

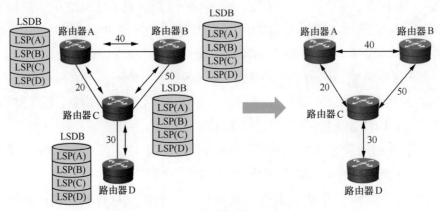

图4-31　带权有向图

各路由器根据带权重的有向图，用 SPF 算法计算出一棵以自己为根的最短路径树，这棵树给出了到各节点的路由，从而得到本路由器的 IS-IS 协议路由表，如图 4-32 所示。"最短"指的是总开销最小，即所经过链路的开销之和加起来最小。

以路由器 A 为例，在 IS-IS 路由表中，我们列举了 4 条路由。第 1 条是路由器 A 到自己环回口 IP 地址的直连路由（1.1.1.1/32），其余 3 条是到路由器 B、路由器 C 和路由器 D 的环回口 IP 地址的 IS-IS 路由。在 IS-IS 协议中，Loopback 接口的开销默认值为 10。

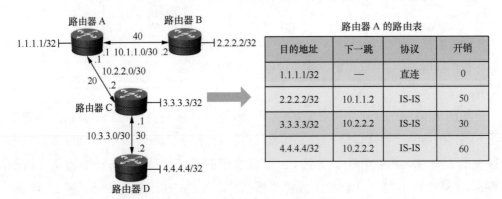

路由器 A 的路由表

目的地址	下一跳	协议	开销
1.1.1.1/32	—	直连	0
2.2.2.2/32	10.1.1.2	IS-IS	50
3.3.3.3/32	10.2.2.2	IS-IS	30
4.4.4.4/32	10.2.2.2	IS-IS	60

图4-32　SPF路由计算

4.3.3　IS-IS 的应用

❶ IS-IS 的多进程

在 IS-IS 中，划分区域可以实现路由隔离，配置 IS-IS 的多进程也可以实现路由隔离。一个进程就是一个路由域。不同进程维护不同的 LSDB，彼此之间不交换路由信息，因此，彼此之间的网络不能互通。即相当于把一个物理网络划分成多个虚拟网络。

以图 4-33 为例，路由器 R1、R2 和 R3 均运行 IS-IS 协议，在 R2 上配置进程 10 和进程 20。R1 连接的 192.168.1.0/24 网段不能与 R3 连接的 192.168.4.0/24 网段互通。R2 通过 GE0/2 接口学习到 192.168.1.0/24 的 IS-IS 路由后，不会将该路由通告给路由器 R3。同理，R2 通过 GE0/1 接口学习到 192.168.4.0/24 的 IS-IS 路由后，不会将该路由通告给路由器 R1。

图4-33 IS-IS多进程

路由进程号仅对本地路由器有意义，相邻路由器的进程号可以不同。在图 4-33 中，路由器 R1 的进程号可以是 10，也可以是其他数值，不需要与 R2 的进程号相同。

在 5G 承载网中，为了隔离故障、提高路由收敛速度、降低网络对设备的要求，IGP 采用分进程的部署方案。在骨干汇聚节点上配置 IGP 多进程，进程之间的路由完全隔离，互不引入，使网络分成多个路由隔离的 IGP 网络。

如图 4-34 所示，将骨干汇聚层以上的所有网元划分到 IS-IS 进程 1。同一汇聚环及下带的接入环划分到同一个 IS-IS 进程，不同汇聚环及下带的接入环部署到不同 IS-IS 进程，进程号从 2 开始连续分配。

由于分进程已经发挥了在大规模网络中进行路由隔离的作用，因此，在 5G 承载网中，所有的承载网设备均为 L2 路由器，即不进行区域划分。

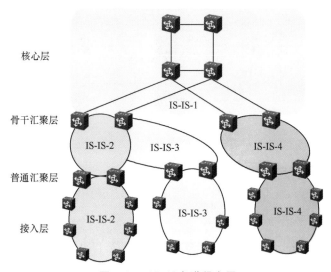

图4-34 IS-IS多进程应用

② 路由引入

路由引入，又称为路由重分发。一般情况下，不同路由协议之间不能共享各自的路由信息，当需要通过其他途径学习路由信息时，需要配置路由引入。

学习路由信息一般有 3 种途径：直连网段、静态配置和路由协议。我们可以把通过这 3 种途径学习到的路由信息引入某种路由协议中。例如，把直联网段引入 OSPF 中，称为"引入直连"，把静态路由引入 OSPF 中，称为"引入静态路由"，把 IS-IS 引入 OSPF 中，称为"引入 IS-IS"。此外，不同的 IS-IS 进程之间也可以通过配置路由引入来共享路由。在把这些路由信息引入路由协议进程后，这些路由信息就可以在该路由协议进程中的路由器之间进行通告了。

我们用一个简单的例子来理解"路由引入"。图 4-35 为 5G 承载网的实训环境，各网元通过 Loopback 0 接口 IP 与管控平台通信。NE3 通过二层交换机与管控平台直连，其余设备以 NE3 为出口访问管控平台。承载网内使用 IS-IS 作为 IGP，所有网元在同一个 IS-IS 进程内。

为实现管控平台与各网元的通信，我们需要进行如下配置。

（1）在管控平台上配置静态路由，目的网段为各网元的 Loopback 0 接口 IP 的聚合路由"1.1.1.0/24"，下一跳为"10.45.1.2"。

（2）在 NE3 上，将通向管控平台的直连路由"10.45.1.0/24"引入 IS-IS 进程。随后，"10.45.1.0/24"被封装在 NE3 的 LSP 中，通过泛洪机制扩散到其余网元。通过 LSDB 的同步和 SPF 算法，NE3 以外的网元均可以访问管控平台。

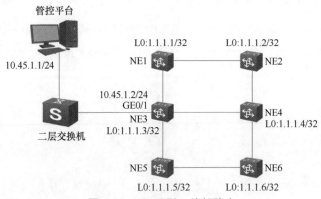

图4-35 IS-IS引入外部路由

任务习题 ▶▶ ● ● ●

1. 如果 Loopback 0 的 IP 为 10.18.2.1，那么建议将 IS-IS 地址中的 System ID 配置为（　　）。

A. 1000.1800.0201　　　　　　　B. 0100.1800.2001

C. 0100.0180.2010　　　　　　　D. 0010.0018.0021

2. 关于 L1 路由器的说法, 正确的是 (　　)。

　　A. L1 路由器是一个 IS-IS 骨干区域内部的路由器。

　　B. L1 路由器可以与不同区域的 L1 路由器建立邻接关系。

　　C. L1 路由器只能与属于同一区域的 L1 和 L1/2 路由器建立 L1 邻接关系。

　　D. L1 路由器能与属于同一区域的 L1、L1/2 和 L2 路由器建立 L1 或者 L2 邻接关系。

4.3.4　实训单元——IS-IS 路由配置

掌握 IS-IS 路由协议的配置流程和方法, 掌握检测 5G 承载网 IS-IS 路由连通性的方法。

1. 了解 IS-IS 的部署规划。

2. 配置 IS-IS 路由协议。

3. 验证路由配置的正确性。

1. 实训环境准备

　　(1) 硬件: 具备登录实训系统仿真软件的计算机终端。

　　(2) 软件: 实训系统仿真软件。

2. 相关知识点要求

　　(1) 路由基础知识。

　　(2) IS-IS 基本概念。

1. 了解实训拓扑结构及整体规划。

2. 进行 IS-IS 协议配置。

3. 进行 IS-IS 接口配置。

IS-IS 路由协议参数设置正确，任意两网元之间控制面 IP 可以互相 Ping 通。

实训中的问题：_____

_____

_____

问题分析：_____

_____

_____

问题解决方案：_____

_____

_____

该实训完成后，控制器是否可以 Ping 通任意网元的控制面 IP，为什么？

4.3.5 实训单元——路由重分发配置

通过实训理解路由重分发的概念，掌握 IS-IS 路由重分发配置方法。

1. 配置 IS-IS 路由重分发。
2. 验证路由的正确性。

实训准备 ▶▶

1. 实训环境准备

　　（1）硬件：具备登录实训系统仿真软件的计算机终端。

　　（2）软件：实训系统仿真软件。

2. 相关知识点要求

　　（1）IS-IS 路由协议基础知识。

　　（2）IS-IS 重分发路由的原理。

实训步骤 ▶▶

1. 了解实训拓扑结构。

2. 了解需要引入的路由信息。

3. 配置路由重分发。

评定标准 ▶▶

IS-IS 路由协议参数配置正确，控制器可以 Ping 通任意网元的 Loopback 0 接口 IP。

实训小结 ▶▶

实训中的问题：_____

_____

_____

问题分析：_____

_____

_____

问题解决方案：_____

_____

_____

在图 4-36 所示的案例中，NE3 应该重分发什么类型的路由到 IS-IS 进程？

图4-36　路由重分发

项目 5

5G 承载网中的隧道技术

项目简介

在承载网中，采用隧道技术完成数据分组的转发，以保证数据转发的效率和可靠性。本项目介绍 MPLS 隧道技术及 SR 隧道技术。

- 掌握 MPLS 的基本概念和原理。
- 掌握 SR 技术的基本概念及应用。
- 能够完成 PCEP 的配置。
- 能够完成 SR–TP 隧道的配置。

项目目标

项目导图

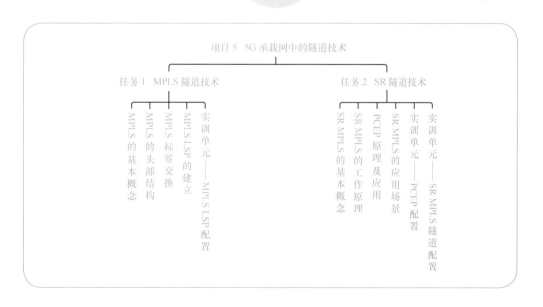

任务1 MPLS 隧道技术

【任务前言】

在前面的项目中，我们学习了 IP 的相关知识，掌握了基于 IP 路由的数据转发原理。为什么 MPLS 隧道技术会应运而生，并且被全世界的运营商广泛应用？MPLS 的转发机制又有什么独特之处？带着这样的问题，我们进入本任务的学习。

【任务描述】

本任务主要介绍 MPLS 的基本概念和基本工作原理，使学员对隧道技术有基本的认识，为学习后面的 SR 技术打下基础。

【任务目标】

- 能够理解 MPLS 技术的基本概念。
- 能够描述 MPLS 技术的基本工作原理。

 知识储备

5.1.1 MPLS 的基本概念

多协议标签交换（MPLS，Multi-Protocol Label Switching）技术最初是为了提高路由器的转发速度而提出的。因为当时的 IP 转发大多基于软件实现，在转发的每一跳都要进行一次最长匹配，导致转发速度比较慢。于是，有些厂商考虑一种结合 IP 和 ATM 两者优势的新技术——MPLS，以采用标签交换的方式取代 IP 路由方式，提高报文转发的速率。

与传统 IP 路由方式相比，MPLS 技术在数据转发时，只有网络边缘的路由器分析 IP 报文头，而不用在每一跳都分析 IP 报文头，节约了处理时间。后来随着 IP 转发领域技术的发展，如网络处理器和硬件转发的出现，路由查找速度已经不是阻碍网络发展的瓶颈，这使 MPLS 在提高转发速度方面不再具备明显的优势。

但是 MPLS 支持多层标签嵌套，可灵活扩展，因此，其在虚拟专用网（VPN，Virtual Private Network）、流量工程（TE，Traffic Engineering）等方面得到广泛应用，成为近年来网络技术的热点。

MPLS 中的 "Multi-Protocol" 指的就是支持多种网络协议，如 IPv4、IPv6、IPX 等。"Label Switching" 指的是标签交换，即以标签交换的方式替代 IP 路由转发。

值得注意的是，MPLS 并不是一种业务或者应用，而是一种隧道技术。

如图 5-1 所示，MPLS 网络又称为 MPLS 域，由彼此相邻的、支持 MPLS 功能的路由器组成。支持 MPLS 功能的路由器被称为标签交换路由器（LSR，Label Switching Router）。图 5-1 中的所有路由器均为 LSR。

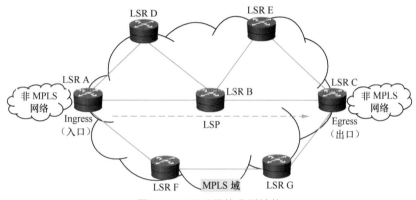

图5-1　MPLS网络典型结构

位于 MPLS 域边缘、连接其他网络的 LSR 称为标签边缘路由器（LER，Label Edge Router）。在图 5-1 中，LSR A 和 LSR C 连接着非 MPLS 网络（如仅支持 IP 转发的网络、ATM 网络等），因此，LSR A 和 LSR C 均为 LER。

数据分组在 MPLS 网络中经过的路径称为标签交换路径（LSP，Label Switched Path）。LSP 是一个单向路径，与数据流的方向一致。同时，LSP 也是一条隧道，在 MPLS 网络中透明传输数据分组。在图 5-1 中，数据流从 LSR A 进入 MPLS 网络，经过 LSR B 到达 LSR C，最后离开 MPLS 网络，这条路径就是一条 LSP（LSR A → LSR B → LSR C）。

虽然同样是 LER，但是 LSR A 和 LSR C 的分工不同。LSR A 作为 Ingress LER（入口 LER），是这条 LSP 的起始节点。Ingress LER 的主要功能是给报文压入标签，将原报文封装成 MPLS 报文进行转发。LSR C 作为 Egress LER（出口 LER），是这条 LSP 的末节点。Egress LER 的主要功能是弹出标签，恢复成原来的报文进行相应的转发。LSR B 是这条 LSP 的 Transit 节点（中间节点）。Transit 的主要功能是查找标签转发表，通过标签交换完成 MPLS 报文的转发。

一条 LSP 只能有一个 Ingress LER，也只能有一个 Egress LER，但是可能有 0、1 或多个 Transit 节点。在图 5-1 中，对于 LSP（LSR A → LSR D → LSR B → LSR

E → LSR C ）, LSR D、LSR B、LSR E 均为 Transit 节点。

为了解释 MPLS 的标签转发原理，接下来将介绍一些基本术语。

（1）转发等价类（FEC, Forwarding Equivalence Class ）：FEC 是在转发过程中以等价的方式处理的一组数据分组，例如目的地址前缀相同的数据分组被划分为一个 FEC。系统为每个 FEC 分配特定的标签，数据分组在不同的节点被赋予确定的标签，节点按照这些标签转发数据。在标签转发表中，FEC 表示为目的网段。

（2）上游：以指定的路由器为视角，根据数据传送的方向，所有向本路由器发送 MPLS 数据分组的路由器都可以称为上游节点。在图 5-1 中，对于 LSP（LSR A → LSR B → LSR C ）, LSR A 就是 LSR B 的上游节点，LSR B 就是 LSR C 的上游节点。

（3）下游：以指定的路由器为视角，根据数据传送的方向，本路由器将 MPLS 数据分组发送给下一跳路由器，下一跳路由器为下游节点。在图 5-1 中，对于 LSP（LSR A → LSR B → LSR C ）, LSR B 就是 LSR A 的下游节点，LSR C 就是 LSR B 的下游节点。

可见，不同的 LSR 路由器处理标签的方式是不同的，具体有 3 种标签操作。

（1）Push：压入。当数据分组进入 MPLS 域时，Ingress LER 在报文的二层头部和三层头部（IP 头部）之间压入标签。

（2）Swap：交换。当报文在 MPLS 域内转发时，Transit 节点根据标签转发表替换报文的标签。

（3）Pop：弹出。当报文离开 MPLS 域时，Egress LER 将报文的标签删除（或者倒数第二跳节点将 MPLS 报文的标签删除）。

5.1.2　MPLS 的头部结构

如图 5-2 所示，MPLS 标签位于 MPLS Header（MPLS 头部）中，而 MPLS Header 封装在 L2 Header（二层头部，即数据链路层头部）和 L3 Header（三层头部，即网络层头部）之间，所以 MPLS 通常被认为是 2.5 层的协议。同时，MPLS 可支持多种链路层协议，如点对点协议（PPP, Point-to-Point Protocol ）、以太网、ATM 及帧中继（FR, Frame Relay ）等。

值得注意的是，在 L2 Header 和 L3 Header 之间可以插入多层 MPLS Header，因此，MPLS 报文支持携带多层标签（Label）。图 5-2 的左边仅给出了一层 MPLS Header 的例子。

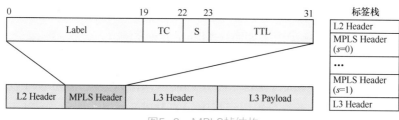

图5-2　MPLS帧结构

如图 5-2 所示，MPLS Header 占 4 个字节，可分为 4 个字段。

（1）Label：标签值，占 20 比特。预留取值为 0 ～ 15 的标签，作特殊用途。标签是只具有本地意义的标识符，用于唯一标识一个数据分组所属的 FEC。在一台路由器上，一个标签只能代表一个 FEC。

（2）TC：Traffic Class，业务流类型，用于服务质量（QoS，Quality of Service）中，占 3 个比特。

（3）S：栈底标识，占 1 比特。MPLS 支持多层标签，即标签嵌套。当 s 值为 "1" 时，表明该层 MPLS 头部的标签为栈底标签。

（4）TTL：8 比特，和 IP 分组中的生存时间（TTL，Time To Live）意义相同。TTL 的取值表示报文能经过的路由器的最大跳数。每经过一个路由器，TTL 值会减 1，当 TTL 为 0 时，路由器会丢弃该报文。

如图 5-2 所示，解封装时，先处理的是 L2 Header，然后是 MPLS Header，最后是 L3 Header。封装时，先处理的是 L3 Header，然后是 MPLS Header，最后是 L2 Header。因为每层 MPLS Header 都携带一个标签，可以认为标签以堆栈的形式排列在标签栈（Label Stack）中。

换句话说，标签栈是指标签的排序集合。最靠近 L2 Header 的标签称为栈顶标签，对应的 s 取值为 0；最靠近 L3 Header 的标签称为栈底标签，对应的 s 取值为 1。其他 MPLS Header 中的 s 也取值为 0，即栈底标签有且仅有一个。

值得注意的是，当只有一层 MPLS Header 时，其标签即为栈底标签。

标签栈按后进先出（Last In First Out）方式组织标签，LSR 执行标签交换时总是基于栈顶标签。每个标签都包含在完整的 32 比特组成的 MPLS 头部中。

理论上，MPLS 标签可以无限嵌套。MPLS 标签栈有着非常广泛的应用，例如，利用两层标签实现 MPLS VPN 技术，内层标签用来标识 VPN（L2 VPN 或 L3 VPN），以区分不同的客户侧业务，指示数据分组离开 MPLS 网络后所对应的客户侧设备。外层标签用来标识 LSP，指示数据分组在 MPLS 网络内所经过的路径。

5.1.3　MPLS 标签交换

当 LSP 沿途的路由器上都已建立了标签转发表时，标签转发表中将包含 FEC 和入标签、出标签的对应关系。各节点的标签首尾相接，即组合成一条完整的 LSP。

接下来我们看看数据分组是如何在 MPLS 中转发的。

在图 5-3 中，LSR A、LSR B 和 LSR C 组成一个简单的 MPLS 网络。路由器 E、路由器 F 分别代表两端不支持 MPLS 的 IP 网络。路由器 E 的 "100.1.1.1" 要访问路由器 F 的 "100.2.2.2"，数据分组要经过中间的 MPLS 网络。因此，MPLS 网络为该数据分组构建一条 FEC 为 "100.2.2.2/32" 且经过 LSR A、LSR B、LSR C 的 LSP。

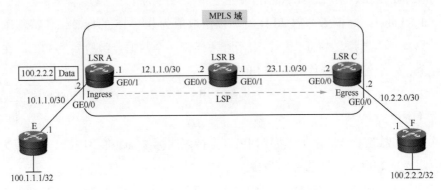

图5-3　MPLS标签交换组网示例

具体的转发过程如下。

① Ingress LER 压入标签

如图 5-4 所示，当目的 IP 为 "100.2.2.2" 的数据分组进入 MPLS 域时，Ingress 节点 LSR A 将解析数据分组的目的 IP 地址，因其所属的 FEC 为 "100.2.2.2"，则根据标签转发表中相应的信息在数据分组的头部压入出标签值 "1030"，然后将数据分组通过 GE0/1 接口转发到 Transit 节点 LSR B。

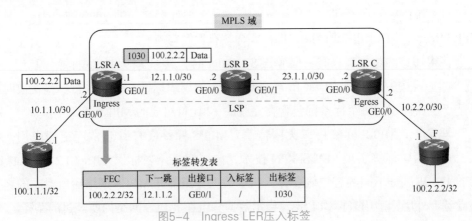

图5-4　Ingress LER压入标签

② Transit LSR 节点交换标签

如图 5-5 所示，Transit 节点 LSR B 接收数据分组后，将解析数据分组所携带的标签，并根据解析出来的标签查询标签转发表，根据匹配的条目进行转发。例如，查询到报文头部的标签值为"1030"，然后根据标签转发表中的相应条目，即入标签为"1030"时，对应的出标签为"1031"，将数据分组头部的标签值"1030"替换为"1031"，然后将数据分组通过 GE0/1 转发到 Egress 节点 LSR C。

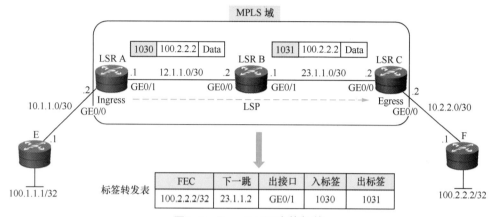

图5-5　Transit LSR交换标签

❸ Egress LER 节点弹出标签

如图 5-6 所示，Egress 节点 LSR C 收到数据分组后，将解析出标签值为"1031"，然后根据标签转发表中相应的条目，即入标签为"1031"，对应的出标签为"Null"时，将该标签弹出。LSR C 继续分析 IP 头部的目的 IP（100.2.2.2），在 IP 路由表中查询可匹配的目的网段，根据路由表中相应的出接口和下一跳信息将数据分组转发到路由器 F。如果原 MPLS 数据分组有多层标签，则 Egress 节点根据下一层标签转发数据分组。

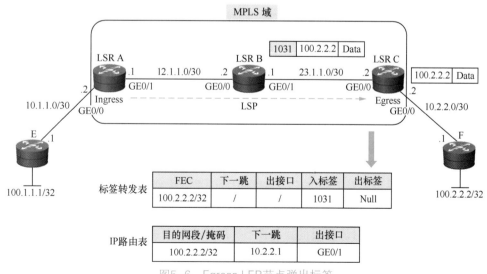

图5-6　Egress LER节点弹出标签

通过上述分析可知，在 Egress 节点，标签已经没有使用价值。这种情况下，可以利用倒数第二跳弹出（PHP，Penultimate Hop Popping）特性，在倒数第二跳节点处将标签弹出，以减轻最后一跳的负担。当倒数第二跳节点看到标签转发表中某入标签对应的出标签为"3"时，直接弹出入标签，将 MPLS 报文还原成 IP 报文。标签值"3"表示隐式空（Implicit-null）标签，这个值不会出现在标签栈中，如图 5-7 所示。Egress LSR 节点直接进行 IP 转发或根据下一层标签转发。一般 LSR 默认开启 PHP 功能。

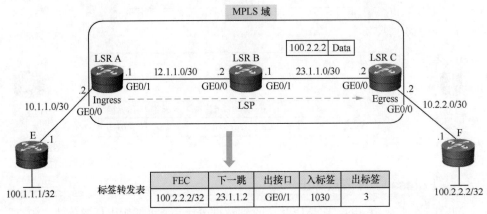

图5–7　倒数第二跳节点弹出标签

5.1.4　MPLS LSP 的建立

在 MPLS 网络中，需要先建立 LSP 隧道，这样数据分组就可以沿着隧道进行转发了。那么，LSP 隧道是如何建立的呢？LSP 隧道分为静态和动态两种类型，下面分别进行说明。

（1）静态 LSP。手工配置的 LSP，即操作人员手工为各个 FEC 分配标签而建立的 LSP。手工分配标签需要遵循的原则是：前一节点出标签的值就是下一个节点入标签的值。

（2）动态 LSP。由信令协议动态分配标签从而建立的 LSP。常用的信令协议有标签分配协议（LDP，Label Distribution Protocol）、基于流量工程扩展的资源预留协议（RSVP-TE，Resource Reservation Protocol-Traffic Engineering）、BGP-4 的多协议扩展（MP-BGP，Multi-Protocol Extensions for BGP-4）等。它们负责 FEC 的分类、标签的分发，以及 LSP 的建立和维护等一系列操作。

采用动态方式建立的 LSP，标签是由下游节点分配给上游节点的，且标签分配的方向与 LSP 的走向是相反的。如图 5-8 所示，对于去往目的地"100.2.2.2"的 LSP，由 LSR C 给 LSR B 分配标签，由 LSR B 给 LSR A 分配标签。

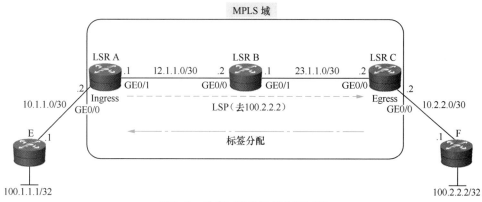

图5-8　动态LSP的标签分配过程

　　我们以 LDP 为例了解动态 LSP 的建立过程。LDP 采用逐跳的方式建立 LSP，利用沿途各 LSR 的 IP 路由表来确定 FEC、下一跳和出接口。LDP 并不直接和各种路由协议（含静态路由）关联，只间接使用 IP 路由表的信息。下面，我们分步骤了解 LDP 的标签分配过程。

　　如图 5-9 所示，各 LSR 运行路由协议（含静态路由）生成最优的 IP 转发路径，并将其存储于 IP 路由表中，这其中就有目的网段"100.2.2.2/32"。此处仅列出目的网段为"100.2.2.2/32"的简要路由条目。

图5-9　各LSR的IP路由表

　　接着各路由器运行LDP，与相邻的LSR建立LDP的邻居关系，然后开始分配标签。各 LSR 将 IP 路由表中的目的网段、下一跳和出接口信息复制到标签转发表，其中目的网段对应FEC。由下游LSR为各FEC分配标签，再将分配结果通知给上游LSR。

　　以非 PHP 的场景为例解释标签分配的具体过程。如图 5-10 所示，对于目的地址为"100.2.2.2/32"的 FEC，LSR C 作为 MPLS 域的 Egress LER 节点，从标签空间内随机分配一个标签（图例中为"1031"），并主动将标签和 FEC 的对应关系通过标签映射消息发给上游的 LSR B。LSR B 将标签"1031"作为标签转发表里"100.2.2.2/32"的 FEC 的出标签。LSR C 将标签"1031"作为标签转发表里"100.2.2.2/32"的 FEC 的入标签。

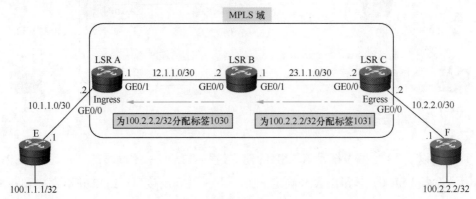

图5-10　标签分配过程

对于更加复杂的组网，下游为 IP 路由表中出接口所连接的 LSR，上游为非出接口方向有 LDP 邻居关系的所有 LSR。对于同样的 FEC，LSR B 从标签空间内随机分配一个标签（图例中为"1030"），并主动将标签和 FEC 的对应关系通过标签映射消息发给上游 LSR A。LSR A 将标签"1030"作为标签转发表中"100.2.2.2/32"的 FEC 的出标签。LSR B 将标签"1030"作为标签转发表中"100.2.2.2/32"的 FEC 的入标签。

值得注意的是，每一个 LSR 为不同的 FEC 分配的标签也不同（不包含标签"3"的场景）。

如图 5-11 所示，对于同一个 FEC，在 LSR A → LSR B → LSR C 这条路径的沿途，由于出标签、入标签首尾相连，因此，就形成了一条完整的 LSP。待 LSR A 收到发送给"100.2.2.2/32"的数据分组，即可按照标签转发表的指示操作标签。

图5-11　各LSR的标签转发表

任务习题 ▶▶ • • •

1. 对于一台设备的标签转发表来说，FEC 不同，但下一跳相同，出标签（　　）。

    A. 一定不同
                B. 一定相同

    C. 可能相同
                D. 无法判断

2. 对于一个 MPLS 网络，只能有一个 Ingress LER 和一个 Egress LER。这个判断（　　）。

    A. 正确的
                B. 错误的

5.1.5　实训单元——MPLS LSP 配置

实训目的 ▶▶ • • •

掌握 MPLS LSP 的配置方法，从而深刻理解 MPLS 标签交换的工作过程。

实训内容 ▶▶ • • •

配置 MPLS LSP，并验证配置的正确性。

实训准备 ▶▶ • • •

1. 实训环境准备

    （1）硬件：具备登录实训系统仿真软件的计算机终端。

    （2）软件：实训系统仿真软件。

2. 相关知识点要求

    （1）MPLS 的基本概念。

    （2）MPLS 标签交换的技术原理。

实训步骤 ▶▶ • • •

1. 了解实训拓扑结构。

2. 配置 MPLS LSP。

3. 验证配置的正确性。

评定标准 ▶▶

根据规划要求，完成 MPLS LSP 的配置，形成正确的标签转发表。

实训小结 ▶▶

实训中的问题：_____

_____

_____

问题分析：_____

_____

_____

问题解决方案：_____

_____

_____

思考与拓展 ▶▶

在 MPLS LSP 的配置中，入标签和出标签可否一致？

任务 2　SR 隧道技术

【任务前言】

5G 承载网采用段路由（SR，Segment Routing）隧道技术建立 LSP 隧道。SR 技术可基于 MPLS 转发面，也可基于 IPv6 的转发面。本任务介绍基于 MPLS 转发面的 SR 技术，即 SR MPLS。SR 隧道技术是什么，它是怎样转发数据分组的？相对于 MPLS 技术，SR 技术又有哪些优势？带着这样的问题，我们进入本任务的学习。

【任务描述】

本任务主要介绍承载网的 SR 隧道技术的基本概念、工作原理和配置方法，使学员了解 SR 隧道的工作过程，掌握在网络管理系统上创建 SR 隧道的方法。

【任务目标】

- 能够理解 SR 的基本概念。
- 能够理解 SR MPLS 的工作原理。
- 能够完成 SR-TP 隧道的配置。

 知识储备

5.2.1　SR MPLS 的基本概念

3G、4G 的移动承载网采用静态或动态的方式构建 LSP，形成数据分组的转发路径。静态 LSP 的优点是原理简单，但是需对转发路径上的所有节点下发配置，因此，隧道建立和下发的效率低，路径调整需手工完成。动态 LSP 的优点是可扩展性强，但是需要先配置 IGP 或静态路由以生成 FEC、下一跳或出接口等信息，然后再配置信令协议来分配标签。因此，以往的 MPLS 技术存在协议复杂、可扩展性弱、部署效率低、管理困难等问题，无法满足新业务对网络的灵活调度、可扩展等方面的要求。

SR 技术正是在此背景下产生的。SR 采用源路由机制，预先在源节点封装好一系列段标签（SID，Segment Identifier），这些 SID 指示了隧道所经过的路径。当报文经过其他节点时，这些节点根据报文的 SID 进行转发。除源节点外，其他节点无须维护路径状态。此外，SID 可以由控制器下发，也可以由扩展后的 IS-IS、OSPF 等 IGP 自动分配，这样便无须再配置 LDP、RSVP-TE 等信令协议。

SR 技术自诞生起便引发了业界的广泛关注。国内外大型运营商的骨干网开始逐步引入 SR，替代 LDP、RSVP-TE 等信令协议建立 LSP。为满足 5G 灵活调度的需求，承载网引入集中控制的 SDN 控制器，由控制器收集网络拓扑、带宽利用率、时延等信息，并计算标签转发路径。

SDN 诞生十余年，因其理念完美，受到信息通信技术（ICT，Information Communication Technologies）行业的追捧。因其最初的南向协议 OpenFlow 的转发流表不易扩展支持同步、QoS、保护倒换等技术，故对时延、可靠性和服务质量要求较高的移动承载网，SDN 是不适用的。此外，大量在网的 3G、4G 移动承载网设备不支持 SDN 的硬件或软件，且有的已经部署了分布式的控制面协议（如 IS-IS、LDP 等）。若引入 SDN，对承载网的改造、运维方式的转变而言，成本都是非常高的。

SR 的出现，使得 SDN 控制器在移动承载网的世界有了用武之地。SDN 控制器根据业务需求变化、网络资源现状，计算或调整业务的转发路径，将含路径信息的 SR 标签列表下发给源节点。

为何起名为段路由？我们需要理解什么是段。网络拓扑由若干节点和连接这些节点的链路构成，SR 就是将网络拓扑分成一个个段，这些段既可以是节点，又可以是链路。在 SR 的技术架构中，链路也称为邻接。SR MPLS 网络上的段包括 Prefix Segment（前缀段）、Node Segment（节点段）和 Adjacency Segment（邻接段）。

Prefix Segment 用于标识网络中的某个目的地址前缀。Node Segment 是特殊的 Prefix Segment，用于标识特定的节点。Adjacency Segment 用于标识网络中的某条链路。在 SR 技术的现网应用中，目前只涉及 Node Segment 和 Adjacency Segment。后面提到的 Node Segment 在支持 SR 技术的路由协议报文中实际以 Prefix Segment 的形式呈现。为方便理解，后面仅涉及 Node Segment 的概念，而不再涉及 Prefix Segment。

SID 用来标识唯一的段。SR 可以使用 IPv6 和 MPLS 数据平面。在 SR MPLS 中，段标签映射为 MPLS 标签值。相应地，SID 也包括 Node SID（节点段标签）和 Adjacency SID（邻接段标签）。在 SR IPv6（通常称为 SRv6）数据平面中，段标签映射为 IPv6 地址。本书仅介绍 SR MPLS。

Node SID，通常为手工配置。Node SID 通过 IGP 扩散到其他网元，全局可见，全局有效，且要求全局唯一。Node SID 在 Loopback 0 接口下配置。例如图 5-12 中的"84001""84002"分别为节点 A、节点 D 的 Node SID。所以，Node SID 代表节点的 Loopback 0 接口的 IP 地址。

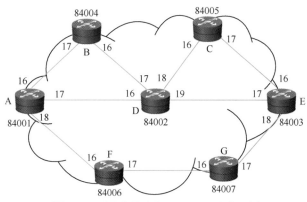

图5-12　SR的段（Segment）分类示例

段路由全局标签块（SRGB，Segment Routing Global Block）表示 SR MPLS 的全局标签的范围。在实际应用中，Node SID 的值必须在 SRGB 范围内。各个节点的 SRGB 值可以相同，也可以不同，但是建议在工程中采用相同配置。

Node SID 有两种配置方式：绝对标签和相对标签。

（1）绝对标签：Node SID 值设定的绝对标签值。例如图 5-12 中，在节点 A 的 Loopback 0 接口下配置绝对标签为"84001"，则在访问该接口 IP 的报文中，实际携带的 Node SID 即为"84001"。

（2）相对标签：Node SID 值为偏移量，代表 SRGB 中的唯一索引，报文中实际携带的 Node SID 为 SRGB 的起始值和配置的 Node SID 值之和。例如，在节点 A 的 Loopback 0 接口下配置相对标签为"100"，同时配置 SRGB 为"80001 ~ 81000"，则在访问该接口 IP 的报文中，实际携带的 Node SID 即为 80001+100，即"80101"。

Adjacency SID，可由人工手动配置，也可由控制器或支持 SR 功能的动态路由协议自动分配，其值只在本地有效。自动分配，其值只在本地有效。Adjacency SID 代表本节点的某个出接口。例如图 5-12 中的节点 F 有两条邻接，Adjacency SID 分别为"16""17"，即分别代表连节点 A、节点 G 的出接口。

在实际的承载网中，Node SID、Adjacency SID 可以单独使用，也可以组合使用。

Segment List（段序列），是对段的有序排列，用于指示报文转发。在 SR MPLS 中，段序列是多层标签栈；在 SR IPv6 中，段序列是 IPv6 地址的堆栈。

开启 SR MPLS 功能的设备被称为 SR 节点，通过段序列构建的网络路径即为

LSP。其中，LSP 路径的起始节点称为源节点，负责为进入 SR MPLS 网络的报文添加标签栈，其他节点根据栈顶标签进行转发、解封装。

5.2.2　SR MPLS 的工作原理

基于 SR 技术的标签转发路径（SR LSP，Segment Routing Label Switching Path）包括 3 种：段路由流量工程（SR-TE，Segment Routing Traffic Engineering）、段路由传输模板（SR-TP，Segment Routing Transport Profile）和段路由尽力而为（SR-BE，Segment Routing Best Effort）。

❶ SR-TE

SR-TE 主要使用 Adjacency SID，也可以使用 Node SID。在 5G 承载网的应用中，仅用到 Adjacency SID。

配置 SR-TE 隧道时，需要指定源节点和宿节点，创建 Tunnel（隧道）接口，由人工指定或控制器算出显示路径（指定路径经过的部分节点或全部节点）。SR-TE 隧道具有端到端属性。

控制器根据 SR-TE 隧道所经过的路径，以及路径上的邻接段标签信息，将段标签进行有序排列，组合成标签栈，下发给 SR-TE 隧道的源节点（如图 5-13 中的节点 A），就能在网络中指定一条显式路径。源节点将标签栈封装进数据分组进行转发，后续节点根据收到数据分组的栈顶邻接段标签找到对应的出接口，然后转发数据分组。

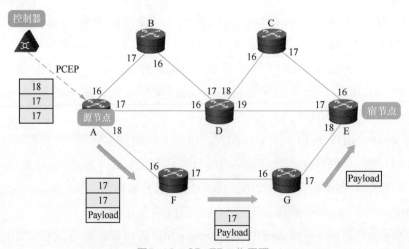

图5-13　SR-TE工作原理

如图 5-13 所示，SR-TE 路径上的每一个节点在收到数据分组后对段序列进行解析，删除栈顶的邻接段标签，并根据该邻接段标签值，将数据分组转发到相应的

下一跳节点。例如节点 A，从控制器收到标签栈是 {18,17,17}，栈顶标签是 18，18
是去往节点 F 的出接口对应的邻接栈标签，于是弹出标签 18，并将标签栈为 {17,17}
的数据分组发送给节点 F。

节点 F 收到数据分组后，发现栈顶标签为 17，17 是去往节点 G 的出接口对应
的邻接栈标签，于是弹出标签 17，并将标签栈为 {17} 的数据分组发送给节点 G。
以此类推，节点 G 发送给节点 E（宿节点）的数据分组已不含标签。虽然报文能成
功到达宿节点，但是 SR-TE 的 LSP 的端到端的隧道特性在 G 和 E 之间丢失。

❷ SR-TP

SR-TP 是在 SR-TE 的基础上增加了传输特性的段路由技术。

与 SR-TE 不同的是，SR-TP 隧道不仅使用 Adjacency SID，还使用 Path SID。
在 SR-TP 隧道中，控制器在下发给源节点的标签栈底层增加了一层 Path SID 标签，
如图 5-14 所示。这样，最后一跳节点收到的数据分组有一层 Path SID 标签，使得
SR-TP 隧道是端到端、面向连接的路径，有利于部署 QoS、OAM 等功能。

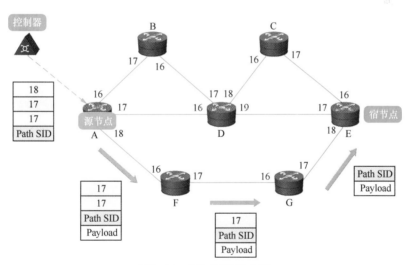

图5-14　SR-TP工作原理

SR-TP 隧道标签栈深度受限于业界芯片水平，当 SR-TP 隧道经过的链路过多时，
可通过标签 Binding（粘连）机制减小标签栈深度。此时，可人工配置 Binding 节点
并分配 Binding 标签，并将相关配置下发给源节点和 Binding 节点。

如图 5-15 所示，源节点生成 SR-TP 隧道标签转发路径时，仅需压入源节点至
Binding 节点的邻接段标签栈和 Binding 标签；当数据分组转发到达 Binding 节点
时，通过识别 Binding 标签翻译出 Binding 节点至宿节点之间的标签栈。在图 5-15
中，节点 D 为 Binding 节点，如果发现收到数据分组的栈顶标签为 Binding 标签（此
处不详细给出具体取值），则将 Binding 标签翻译成标签栈 {18,17}。节点 D 按照

新的标签栈封装数据分组，由于栈顶标签 18 对应的是节点 C 的出接口，于是弹出标签 18，将数据分组转发给节点 C。

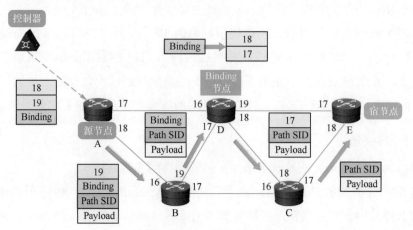

图5-15　SR-TP隧道标签粘连机制

　　SR-TP 隧道和 SR-TE 隧道一样具有 Tunnel 接口，因此，为了保证数据转发的可靠性，我们在创建 SR-TP 隧道时，通常会部署 SR-TP 1:1 保护。SR-TP 1:1 保护是一种网内的、同源同宿的隧道保护技术。SR-TP OAM 提供 SR-TP 隧道连通性检测和性能监控功能，在检测到故障时迅速触发 SR-TP 1:1 保护倒换。

　　如图 5-16 所示，在节点 A 和节点 F 之间配置带 SR-TP 1:1 保护的 Tunnel。Tunnel 是在指定的源节点和宿节点之间透明传输数据流的逻辑通道。在 MPLS 的数据平面中，Tunnel 由源节点和宿节点之间的正、反方向的 LSP 组成。A → B → C → F 为 SR-TP 的主用路径（正方向、反方向各有一条 LSP），A → D → E → F 为 SR-TP 的备用路径（正方向、反方向各有一条 LSP）。

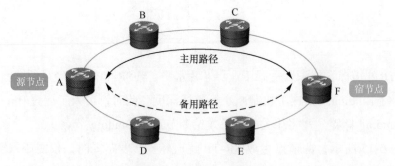

图5-16　SR-TP 1:1保护

　　节点 A 和节点 F 向彼此周期性地发送连续性检测 / 连通性校验（CC/CV，Continuity Check / Connectivity Verification）OAM。当主用路径上有中间节点或中间链路故障时，节点 A 或节点 F 由于收不到对方发送的 CC/CV OAM，便能判断主用路径出现故障，上报虚通道连接确认信号丢失（VP_LOC，Virtual Path_Lost of Connectivity）告警，并在备用路径上发送自动保护倒换（APS，Automatic Protection Switching）OAM 给对端，协商双向倒换，即节点 A 和节点 F 都将业务流量切换到备用路径。

③ SR–BE

SR-BE 隧道是基于 Node SID 生成的，由 IGP 动态建立，通过 SPF 算法计算得到的 LSP。OSPF 和 IS-IS 协议经过扩展均能支持 SR。

在 IGP 的配置中完成 SRGB、Node SID 等参数的配置。

各节点运行 IGP，通过 IGP 将设备的 Node SID、SRGB 等信息扩散到 SR 域内其他节点。此后各节点使用 IGP 收集的拓扑信息，根据最短路径算法计算标签转发路径，并将计算的下一跳及出标签信息下发到标签转发表，指导数据分组转发。

可见，SR-BE LSP 的创建过程和数据转发方式与 LDP LSP 类似。这种 LSP 不存在 Tunnel 接口，因此不具备端到端属性。

源节点根据目的地址，为数据分组添加一层指向目的节点的节点标签，根据最优路由，对数据分组进行转发。

如图 5-17 所示，SR-BE 路径上的每一个节点在收到数据分组后对段序列进行解析，根据节点标签值查找标签转发表，将数据分组转发到相应的下　跳节点。数据分组在到达目的地后，其头部封装的节点标签值被删除。节点 A 根据 IGP 的链路开销值之和最小的原则，计算出到节点 E 的最优路径的下一跳为 F。

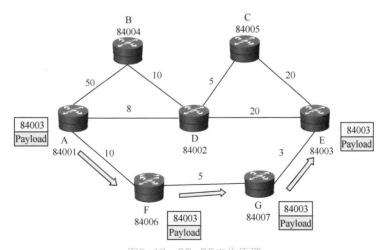

图5-17　SR-BE工作原理

5.2.3 PCEP 原理及应用

设备用路径计算单元通信协议（PCEP，Path Computation Element Communication Protocol）向控制器请求 SR-TP/SR-TE 隧道算路，控制器将集中计算的 SR-TP/SR-TE 隧道算路结果通过 PCEP 下发给设备。

PCEP 采用服务器 / 客户端的架构。其中，PCE 是路径计算单元，是 PCEP 的 Server（服务器）端。PCE 能够基于网络拓扑、带宽资源等信息计算网络路径。PCE 是控制器的一个软件功能。

PCC（路径计算客户端），是 PCEP 的 Client（客户）端。PCC 是向 PCE 请求路径计算的任何客户端或应用程序。在承载网中，PCC 为每一条 SR-TP 隧道的源节点设备。承载网中的每个设备都有可能成为 SR-TP 隧道的源节点，因此，在实际部署中，每个设备都配置为 PCC。

PCC 通过 Loopback 0 接口的 IP 地址与 PCE 进行通信。PCE 通过管控平台的控制面网卡的 IP 地址与 PCC 进行通信。

PCEP 交互包括 PCC 向 PCE 发送的 LSP 状态报告（PCRpt 消息），以及 PCE 向 PCC 发送 LSP 的更新请求（PCRud 消息）。

PCEP 面向连接，效率高。所有需要部署 SR-TP 的设备均需与控制器建立 PCEP 连接，如图 5-18 所示。

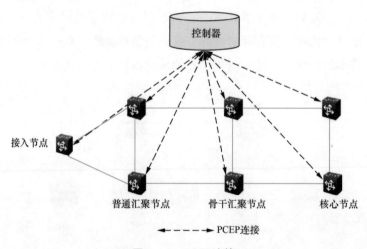

图5–18　PCEP连接

5.2.4 SR MPLS 的应用场景

在 5G 承载网中，SR-TP 隧道用于承载 5G 的南北向（基站与核心网之间）业务，SR-TP 隧道需要启用 OAM 检测并配置 SR-TP 1:1 保护。Path SID 和邻接段标签由控制器自动分配。如图 5-19 所示，接入节点与骨干汇聚节点之间建立了 SR-TP 的隧道，骨干汇聚节点与核心节点之间建立了 SR-TP 的隧道。

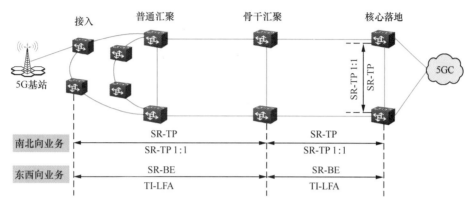

图5-19　5G承载网SR隧道应用

SR-TP 的显示路径可以由人工配置，也可以由控制器根据拓扑、带宽、时延等资源信息通过 PCEP 计算得来。对于第一种情况，PCEP 仅用于下发标签栈。对于第二种情况，PCEP 既用于算路，又用于下发标签栈。控制器是如何了解承载网的这些资源信息的呢？ BGP 链路状态（BGP-LS，Border Gateway Protocol Link-State）协议解答了这个问题。

BGP_LS 是对 BGP 的扩展，用于将 IGP 收集的链路状态信息上报给 SDN 控制器。在承载网中，选择骨干汇聚节点、核心节点与控制器建立 BGP-LS 的逻辑连接。

SR-BE 隧道用于承载 5G 东西向（基站到基站之间）业务。各网元使能 IS-IS 协议和拓扑无关无环路备份（TI-LFA，Topology-Independent Loop-Free Alternate）保护后，则同一个 IS-IS 域内的各节点之间通过扩展的 IS-IS 协议自动生成 SR-BE 隧道。各节点的 SRGB 一致，采用相对标签的方式配置 Node SID，Node SID 的取值在省内或地市范围内唯一。SR-BE 隧道自动生成 TI-LFA 备份路径，当某处链路或节点故障时，流量会快速切换到备份路径继续转发，从而最大程度上避免流量的丢失。

任务习题 ▶ ▷ ▷　● ● ●

SR-TP 隧道在 SR-TE 隧道基础上，增加一层（　　）实现端到端的隧道标识，实现 OAM。

A. Path SID

B. Binding SID

C. Node SID

D. Adjacency SID

5.2.5 实训单元——PCEP 配置

理解 PCEP 的功能，掌握 PCEP 的配置方法。

在网元上配置 PCEP，使网元和控制器能建立 PCEP 会话。

实训准备 ▶▶

1. 实训环境准备

　　（1）硬件：具备登录实训系统仿真软件的计算机终端。

　　（2）软件：实训系统仿真软件。

2. 相关知识点要求

　　路由协议基础知识、PECP 的基本原理、SR-TP 隧道的工作原理。

实训步骤 ▶▶

1. 配置 PCE 的 IP。

2. 配置 PCC 的 IP。

3. 打通 PCE 与 PCC 的路由。

4. 验证 PCEP 状态。

评定标准 ▶▶

PCEP 配置完成，通过底层命令查看状态，协议状态正常。

实训小结 ▶▶

实训中的问题：_____

_____

_____

问题分析：_____

_____

_____

问题解决方案：_____

_____

_____

思考与拓展

1. PCEP 正常通信的前提是什么？
2. 建立 SR-BE 隧道是否需要部署 PCEP ？

5.2.6　实训单元——SR MPLS 隧道配置

实训目的

掌握 SR MPLS 隧道的配置方法，从而深刻理解 SR 技术的理念。

实训内容

配置 SR MPLS 隧道，并验证配置的正确性。

实训准备

1. 实训环境准备
   （1）硬件：具备登录实训系统仿真软件的计算机终端。
   （2）软件：实训系统仿真软件。
2. 相关知识点要求
   （1）SR MPLS 的段标签的概念。
   （2）SR MPLS 各种场景的工作原理。

实训步骤

1. 配置段标签。

2. 配置 SR MPLS 隧道。

3. 验证配置的正确性。

评定标准 ▶▶

1. 能显示出段标签值。

2. 能 Ping 通配置的 SR MPLS 隧道。

实训小结 ▶▶

实训中的问题：＿＿＿＿＿＿＿＿＿＿＿＿＿＿＿＿＿＿

＿＿＿＿＿＿＿＿＿＿＿＿＿＿＿＿＿＿＿＿＿＿＿＿＿＿＿

＿＿＿＿＿＿＿＿＿＿＿＿＿＿＿＿＿＿＿＿＿＿＿＿＿＿＿

问题分析：＿＿＿＿＿＿＿＿＿＿＿＿＿＿＿＿＿＿＿＿＿＿

＿＿＿＿＿＿＿＿＿＿＿＿＿＿＿＿＿＿＿＿＿＿＿＿＿＿＿

＿＿＿＿＿＿＿＿＿＿＿＿＿＿＿＿＿＿＿＿＿＿＿＿＿＿＿

问题解决方案：＿＿＿＿＿＿＿＿＿＿＿＿＿＿＿＿＿＿＿＿

＿＿＿＿＿＿＿＿＿＿＿＿＿＿＿＿＿＿＿＿＿＿＿＿＿＿＿

＿＿＿＿＿＿＿＿＿＿＿＿＿＿＿＿＿＿＿＿＿＿＿＿＿＿＿

思考与拓展 ▶▶

SR MPLS 隧道的配置与 MPLS LSP 的配置有什么不同？

项目解析 ▶▶

项目 6

5G 承载网测试与验收

项目简介

承载网设备安装完成后，须通过网络管理系统远程管理承载网内的所有网元，并完成基础配置和隧道配置。本项目首先介绍 5G 承载设备开通的步骤，接着在完成隧道配置的基础上，继续介绍可靠性倒换测试方法，最后介绍工程验收方案及验收报告编写流程。

- 能够使用网络管理系统完成 5G 承载设备的开通。
- 能够完成 5G 承载网的隧道连通性测试。
- 能够完成 5G 承载网的可靠性倒换测试。
- 能够完成 5G 承载网的验收报告编写。

项目目标

项目导图

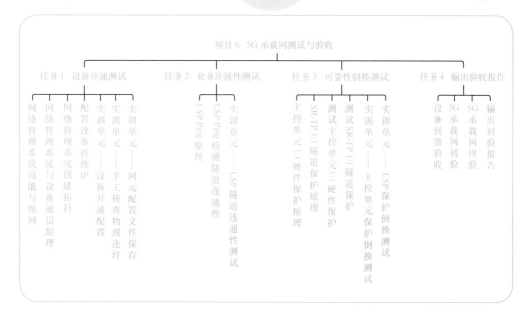

任务 1　设备开通测试

【任务前言】

完成设备安装后，工程进入设备开通阶段。现场设备成千上万，网络维护人员如何才能高效地完成开通工作？他们又如何使用网络管理系统对设备进行远程控制？网络管理系统又有哪些基本功能？带着这样的问题，我们进入本任务的学习。

【任务描述】

本任务首先阐述网络管理系统的功能和组网部署模式，接着介绍网络管理系统与设备通信的基本原理，然后描述如何通过网络管理系统开通设备，最后通过实训单元让网络维护人员掌握设备开通的基本技能。

【任务目标】

- 了解网络管理系统的基本功能和组网部署方案。
- 理解网络管理系统与设备之间的通信原理。
- 能够使用网络管理系统完成 5G 承载网设备的开通。

知识储备

6.1.1　网络管理系统功能与组网

① 网络管理系统功能

5G 承载网继承了光传输网的运维方式，即采用图形化的网络管理系统对设备进行配置管理、拓扑管理、告警管理、性能管理和安全管理等工作。不仅如此，5G 承载网的网络管理系统是管控一体的网络融合管理系统，具备强大的网络管理、网络控制和智能运维分析等功能，在网络中的定位如图 6-1 所示。

图6-1   网管服务器的网络定位

5G 承载网的网管服务器通过标准的南向接口获取网络资源，并给设备提供控制指令，在网络状态发生改变时做出及时调整以保证业务正常运行。网管服务器通过南向接口（与承载网设备通信的接口）向下管理和控制网络，实现资源管理、业务配置、保护恢复控制、运维分析等功能；网管服务器向上开放北向接口，可与第三方控制器、运行支撑系统（OSS，Operational Support System）、业务支撑系统（BSS，Business Support System）以及业务协同器集成对接，支持应用层的快速定制开发。

网络管理系统一般至少包含以下功能。

（1）配置管理

网络管理系统具备强大的网元层、网络层管理功能，不仅可对单个网元进行 IP 地址、路由协议等基础配置，还可以基于网络拓扑进行 E2E（端到端）业务发放，实现业务配置的可视化。

在现网设备开通过程中，可通过命令行和网络管理两种方式完成对设备的配置，但在运营商的各专业网络中，移动承载网的规模最大，至多可拥有上万个网元。对于如此"庞然大物"，图形化的网络管理系统显然更适合承载网的配置下发和整体运维，而命令行则更适合故障的快速诊断。

网络维护人员通过网络管理系统进行设备的基础配置和业务配置，配置数据保存在服务器的数据库中。数据被激活后，通过南向接口下发到设备主控单元的文件管理系统中，形成设备的配置文件。主控单元的 CPU 运行配置文件，调动各个软件功能模块，将各种转发表项下发到业务单盘，从而实现业务的转发。

配置管理可分为以下几个方面。

① 网元配置

网元配置是对每个网元的基本属性、接口、IP、路由（静态、IS-IS 等）、其他协议（ARP、DHCP 等）和同步等方面进行的配置。

如图 6-2 所示，网元配置在网元管理器中完成。网元管理器以每个网元为操作对象，分别针对网元、单盘或端口进行分层配置、管理和维护。网元管理器采用操作树的方式，操作方便快捷。用户选择相应的操作对象，再在操作树中选择相应的功能节点，即可打开该功能的配置界面。

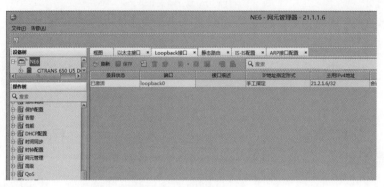

图6-2　网元配置界面

② 业务配置

业务配置是一种网络端到端的配置管理方式，可基于拓扑来配置 FlexE、MPLS 隧道和 VPN 等技术模块，如图 6-3 所示，其配置数据将被下发到若干网元。与单个网元逐一配置的方式相比，业务配置的操作更快、更方便。

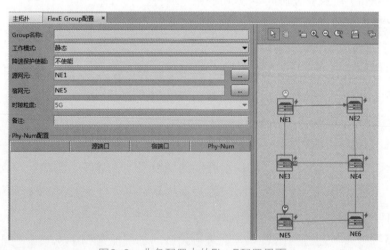

图6-3　业务配置中的FlexE配置界面

（2）拓扑管理

拓扑管理是指以拓扑图方式显示被管网元之间连接的状态，用户可通过浏览拓扑视图实时了解整个网络的组网情况和监控运行状态。可以显示物理拓扑、L2Link

拓扑、L3Link 拓扑、FlexELink 和 FlexEGroup 拓扑等，如图 6-4 所示。

用户可同时将多个逻辑域、网元、连接设为过滤条件进行过滤，找出限定范围的拓扑，如图 6-5 所示。

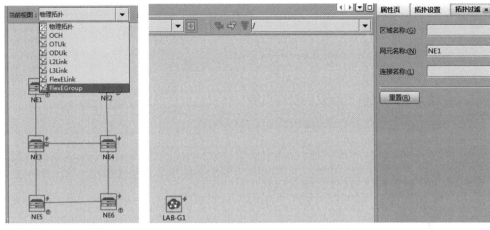

图6-4　拓扑分类显示　　　　　　　　　图6-5　拓扑过滤

（3）告警管理

告警管理可实时监测设备运行过程中产生的故障和异常状态，并提供告警的详细信息和分析手段，为快速定位故障、排除故障提供有力支持。

网络管理系统依据告警的严重程度及告警所处状态两种方式对告警进行分类。

网络管理系统依据告警的严重程度不同，将告警分为以下 4 个级别。

① 紧急告警：使业务中断并需要立即进行故障检修的告警。

② 主要告警：影响业务并需要立即进行故障检修的告警。

③ 次要告警：不影响业务，但需要进行故障检修以阻止故障恶化的告警。

④ 提示告警：不影响现有业务，但有可能成为影响业务的告警，可根据实际需要决定是否及时进行检修故障。

网络管理系统依据告警所处状态不同，将告警分为以下两类。

① 当前告警：保存在网络管理系统当前告警数据库中的告警数据。相同对象多次产生的相同告警，在当前告警中只显示为一条记录。查询每一条告警记录，可以查看告警日志。

② 历史告警：已清除的当前告警，在设定的时延后，转为历史告警。历史告警将由当前告警数据转到历史告警数据库中。

告警显示是网络管理系统的一个重要功能，网络管理系统提供多种告警显示方式，以便及时将网络的运行情况通知给用户。

① 告警浏览：可以在网络管理器窗口中浏览选中设备的当前告警及历史告警。通过查看告警的维护信息可以获取告警的产生原因、处理建议、维护经验等信息。

通过查看告警详细信息，可以获取告警名称、定位等信息。

② 告警板提示：在系统首页的告警板中，可以显示全网各级别当前告警的总数。

③ 告警声光提示：当设备有告警产生时，会有声音提示，同时其对应的告警指示灯会依据告警级别的不同显示为不同颜色，如图 6-6 所示（在实际界面中，红色为紧急告警，橙色为主要告警，黄色为次要告警，蓝色为提示告警）。

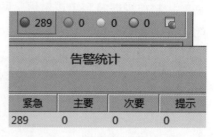

图6–6　告警级别分类显示

图 6-6 中一共有 289 条紧急告警，无其他级别的告警。

（4）性能管理

在网络正常运行的过程中，由于内部与外部的原因，网络性能可能会受影响，从而引发网络故障。为保证当前网络下拥有足够完善的性能，需要规划、监控与衡量网络效率，如吞吐率、利用率、错误率等指标。通过性能管理可以提前发现性能劣化的趋势，并在故障发生前排除这些隐患，规避网络故障风险。

在网络管理系统中可以显示当前性能和历史性能。

① 当前性能：当前 15min（如图 6-7 所示）、当前 24h（如图 6-8 所示）的性能数据。

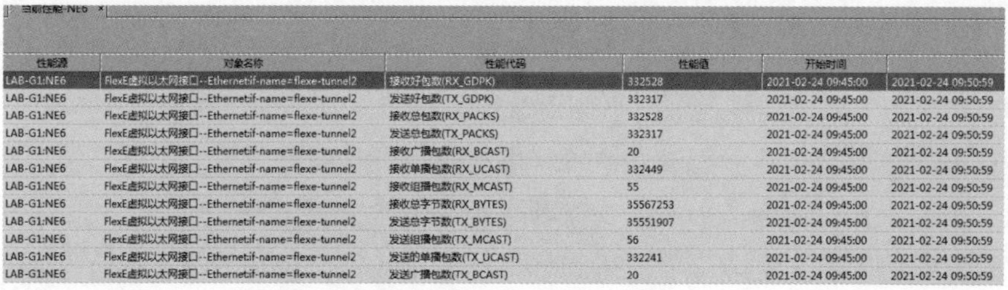

性能源	对象名称	性能代码	性能值	开始时间	
LAB-G1:NE6	FlexE虚拟以太网接口--Ethernet:if-name=flexe-tunnel2	接收好包数(RX_GDPK)	332528	2021-02-24 09:45:00	2021-02-24 09:50:59
LAB-G1:NE6	FlexE虚拟以太网接口--Ethernet:if-name=flexe-tunnel2	发送好包数(TX_GDPK)	332317	2021-02-24 09:45:00	2021-02-24 09:50:59
LAB-G1:NE6	FlexE虚拟以太网接口--Ethernet:if-name=flexe-tunnel2	接收总包数(RX_PACKS)	332528	2021-02-24 09:45:00	2021-02-24 09:50:59
LAB-G1:NE6	FlexE虚拟以太网接口--Ethernet:if-name=flexe-tunnel2	发送总包数(TX_PACKS)	332317	2021-02-24 09:45:00	2021-02-24 09:50:59
LAB-G1:NE6	FlexE虚拟以太网接口--Ethernet:if-name=flexe-tunnel2	接收广播包数(RX_BCAST)	20	2021-02-24 09:45:00	2021-02-24 09:50:59
LAB-G1:NE6	FlexE虚拟以太网接口--Ethernet:if-name=flexe-tunnel2	接收单播包数(RX_UCAST)	332449	2021-02-24 09:45:00	2021-02-24 09:50:59
LAB-G1:NE6	FlexE虚拟以太网接口--Ethernet:if-name=flexe-tunnel2	接收组播包数(RX_MCAST)	55	2021-02-24 09:45:00	2021-02-24 09:50:59
LAB-G1:NE6	FlexE虚拟以太网接口--Ethernet:if-name=flexe-tunnel2	接收总字节数(RX_BYTES)	35567253	2021-02-24 09:45:00	2021-02-24 09:50:59
LAB-G1:NE6	FlexE虚拟以太网接口--Ethernet:if-name=flexe-tunnel2	发送总字节数(TX_BYTES)	35551907	2021-02-24 09:45:00	2021-02-24 09:50:59
LAB-G1:NE6	FlexE虚拟以太网接口--Ethernet:if-name=flexe-tunnel2	发送组播包数(TX_MCAST)	56	2021-02-24 09:45:00	2021-02-24 09:50:59
LAB-G1:NE6	FlexE虚拟以太网接口--Ethernet:if-name=flexe-tunnel2	发送的单播包数(TX_UCAST)	332241	2021-02-24 09:45:00	2021-02-24 09:50:59
LAB-G1:NE6	FlexE虚拟以太网接口--Ethernet:if-name=flexe-tunnel2	发送广播包数(TX_BCAST)	20	2021-02-24 09:45:00	2021-02-24 09:50:59

图6–7　当前15min性能举例

性能源	对象名称	性能分组	性能代码	英文性能代码	性能值	开始时间	
LAB-G1:NE6	FlexE虚拟以太网接口--Ethernet:if-name=flexe-tunnel2	其他	接收好包数(RX_GDPK)	RX_GDPK	2961590	2021-02-24 00:00:00	2021-02-24 09:53:31
LAB-G1:NE6	FlexE虚拟以太网接口--Ethernet:if-name=flexe-tunnel2	其他	发送好包数(TX_GDPK)	TX_GDPK	3311441	2021-02-24 00:00:00	2021-02-24 09:53:31
LAB-G1:NE6	FlexE虚拟以太网接口--Ethernet:if-name=flexe-tunnel2	以太网性能	接收总包数(RX_PACKS)	RX_PACKS	2961590	2021-02-24 00:00:00	2021-02-24 09:53:31
LAB-G1:NE6	FlexE虚拟以太网接口--Ethernet:if-name=flexe-tunnel2	以太网性能	发送总包数(TX_PACKS)	TX_PACKS	3311441	2021-02-24 00:00:00	2021-02-24 09:53:31
LAB-G1:NE6	FlexE虚拟以太网接口--Ethernet:if-name=flexe-tunnel2	以太网性能	接收广播包数(RX_BCAST)	RX_BCAST	166	2021-02-24 00:00:00	2021-02-24 09:53:31
LAB-G1:NE6	FlexE虚拟以太网接口--Ethernet:if-name=flexe-tunnel2	其他	接收单播包数(RX_UCAST)	RX_UCAST	2960868	2021-02-24 00:00:00	2021-02-24 09:53:31
LAB-G1:NE6	FlexE虚拟以太网接口--Ethernet:if-name=flexe-tunnel2	以太网性能	接收组播包数(RX_MCAST)	RX_MCAST	554	2021-02-24 00:00:00	2021-02-24 09:53:31

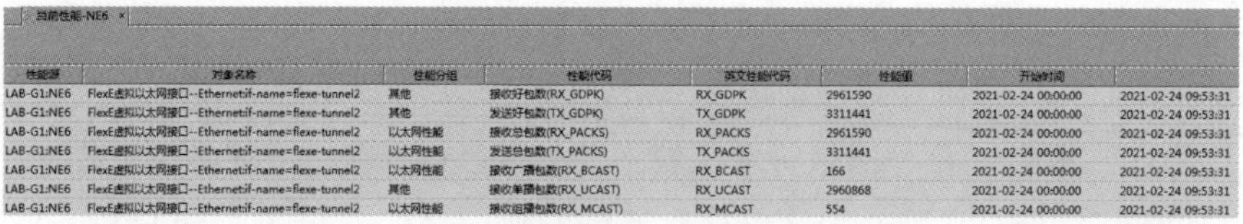

图6–8　当前24h性能举例

② 历史性能：根据设置的性能采集任务，将历史性能存储至专用的性能存储服务器中。

用户通过分析性能数据，直观了解其变化情况，掌握网络运行情况及变化趋势，预防网络事故的发生，合理优化网络。

（5）安全管理

安全管理的目的在于限制非法用户登录网络管理系统，以及限制合法用户在网络管理系统的非法操作，以保护网络安全运行。网络管理系统通过用户管理、分权分域管理、访问控制以及用户安全等一系列的安全策略，最大限度地保证网络安全。同时，对用户登录、用户操作和网络运行过程中产生的日志进行管理。

在规划网络用户时，需要将合适的权限授予合适的用户，并引导用户在正确的场景下使用网络。网络管理系统支持分权分域管理，只允许用户将所属域权限范围内的操作下发到网元。

① 分域：将整张网络中的网元（设备）划分到不同的域。通过授权用户或用户组的域权限，使用户能够操作所属域中的网元。通过分域，可以实现不同运维部门的人员管理不同范围内的网元。如图 6-9 所示，通过分域的方式将整个网络拓扑分成 11 个逻辑域，包含 TEST、SPN201……SPN210，每个逻辑域管理若干个网元。

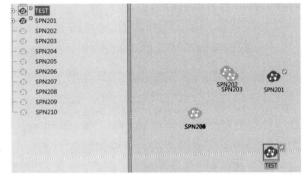

图6-9　分域管理举例

② 分权：设置授权用户或用户组的操作权限，使其操作权限具有差异性。通过分域基础上的分权，同一区域内不同职责（岗位）的管理人员，对区域内管理对象的操作权限不同。如图 6-10 所示，通过分权的方式，admin 账号可管理全网对象，即所有的逻辑域。

如图 6-11 所示，SPN201 账号只能管理逻辑域 SPN201。

图6-10　分权管理举例（1）　　　　　图6-11　分权管理举例（2）

如图 6-12 所示，当用 SPN201 账号登录网络管理系统后，只能看到逻辑域 SPN201 下的拓扑（NE7 和 NE8）。

图6-12　分权管理举例（3）

❷ 网络管理系统组网部署模式

5G 承载网网络管理系统采取 C/S（Client/Server）结构，可选择物理机或虚拟机作为硬件平台。部署模式可分为集中式部署和分布式部署。

（1）集中式部署模式

该模式只使用一个网管服务器，所有进程都在这个服务器上运行。集中式部署采用多客户端、单服务器的组网方案。该模式适用于以下场景：用户与网管服务器、设备处于异地，或多个用户须同时访问网管服务器。客户端必须通过访问服务器的数据库来行使网络管理系统的各种功能。在客户端的操作等同于在其所连服务器上的操作。

如图 6-13 所示，服务器须至少具备两块硬件网卡。

① 数据库网卡：该网卡与数据库软件捆绑。客户端的网卡与服务器的数据库网卡之间通过互联网或运营商私网互联。客户端通过访问服务器的数据库网卡 IP 调用服务器的数据库资源。因此，可实现多人通过不同的客户端同时对网络进行查询和配置等操作，并且当多客户端配置的数据参数出现冲突时，网络管理系统会有提示弹出。

② 网络管理面网卡：该网卡与网络管理系统的管理程序绑定。网元的管理 IP 与网管服务器的管理面网卡之间通过外部数据通信网络（DCN，Data Communication Network）相连或物理直连。网管服务器通过访问设备的管理 IP

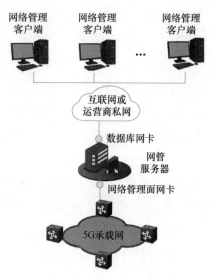

图6-13 集中式部署模式

执行告警查询、性能查询、配置下发等操作。设备通过访问网管服务器的管理面网卡 IP，实现告警上报。虽然该方案简单、成本较低，但是不具备高可靠性，对风险的抵抗能力较低，因此，仅适用于早期的移动承载网。

（2）分布式部署模式

分布式部署模式中，由多个服务器共同承担网管服务器端的功能。

如图 6-14 所示，网络管理服务可以部署到不同的服务器中，其中数据采集、告警、性能、事件、对象访问、业务配置等压力较大的服务支持多实例配置，并分布在多个服务器上。例如，图 6-14 中的性能分析系统（PAS，Performance Analyse System）服务器用来存储历史性能，北向服务器用于与运营商的 OSS、综合网络管理系统、控制器等通信。该模式可使网络管理系统的服务负载均衡，并增加管理容量，从而提高网络管理系统性能，突破大容量下单个服务的性能瓶颈。

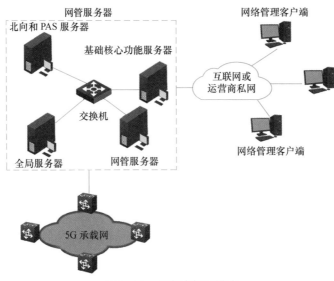

图6-14　分布式部署模式

6.1.2　网络管理系统与设备通信原理

通信设备通常分散在各个站点，其覆盖范围从几十千米到几千千米，网络维护人员需要对分散到各地的设备进行集中管理。通过数据通信网（DCN，Data Communication Network），在网络管理中心就能完成对各个设备的统一管理和运维，从而降低管理成本，提升管理效率。

DCN 是指网络管理系统和网元（NE，Net Element）传送管理信息的网络。借助 DCN，网络管理系统通过南向接口与设备进行对接。

接下来介绍一些和 DCN 相关的基本概念。

❶ 内部 DCN 和外部 DCN

如图 6-15 所示，根据 DCN 在通信网络中所处的位置不同，还可将 DCN 分为内部 DCN 和外部 DCN。操作与维修中心（OMC，Operation and Maintenance Center）即网管服务器所在的运营商网络管理中心或核心机房。

（1）内部 DCN

5G 承载网网元之间的 DCN 被称为内部 DCN。

内部 DCN 通常利用网元间的互联链路来传送网络管理信息和控制信息。网元间网络侧互连接口（NNI，Network-Network Interface）既传递

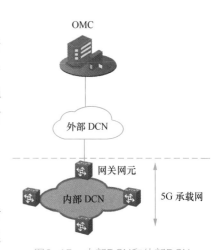

图6-15　内部DCN和外部DCN

业务报文，又传递 DCN 报文。这种网络管理系统与设备通信的方式被称为带内网络管理。

如图 6-16 所示，为了区分业务报文和 DCN 报文，5G 承载网定义 NNI 上的 VLAN 4093 子接口传递 DCN 报文，该子接口属于 DCN 接口，而 NNI 主接口用来传递 5G 业务流和协议报文（如 IS-IS、PCEP 等协议）。通过 VLAN 4093 子接口构建的逻辑拓扑组成内部 DCN。

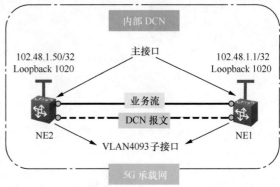

图6-16　内部DCN

承载网设备采用 Loopback 1020 接口作为网元管理面 IP。利用 Loopback 1020 接口的永久连接正常（UP）特性可以确保网络管理系统的监控更稳定。一般 Loopback 1020 接口 IP 的掩码为 32 位，表明任意两个设备的网元管理面 IP 不在同一网段。承载网设备通过内部 DCN 实现彼此间 Loopback 1020 接口的 IP 连通性。

（2）外部 DCN

OMC 和 5G 承载网网关网元（外部 DCN 接入站点）之间的 DCN 称为外部 DCN。当网络管理系统与网关网元不在同一机房站点时，须借用外部 DCN 传递监控信息。

外部 DCN 大多由路由器、交换机等设备互连构成。一般情况下，网络管理系统的网络管理面网卡 IP 与设备的 Loopback 1020 接口 IP 不在同一网段，网络管理系统、外部 DCN 与设备之间的通信通常需要借助静态路由。

2 网关网元与非网关网元

（1）网关网元

由于 5G 承载网内的网元个数众多，每一个网元不可能都和网络管理系统直连，也不可能都和外部 DCN 互连，这样会浪费大量的端口资源。网络管理系统访问的首跳承载网网元被命名为该承载网的网关网元（GNE，Gateway NE）。

网络管理系统和 GNE 之间三层路由可达，可以建立 TCP 连接，网络管理系统应用层可以直接和 GNE 的应用层建立通信。

如图 6-17 所示，左边为"有外部 DCN"的场景，GNE 一般使用"管理网口（F口）"或"业务接口"与外部 DCN 相连。右边为"无外部 DCN"的场景，GNE 的 F 口与网络管理系统通过网线或二层交换机直连。

（2）非网关网元

网络管理系统不能直接访问的网元被称作非网关网元（NGNE，Non-Gateway NE）。

GNE 作为承载网的出口，负责中转所有 NGNE 网元与网络管理系统之间的 DCN 报文。

如前文所述，NGNE 一般使用"业务接口的 VLAN 4093 子接口"和 GNE 建立 DCN 连接。NGNE 和 NGNE 之间也通过"业务接口 VLAN 4093 子接口"建立连接。

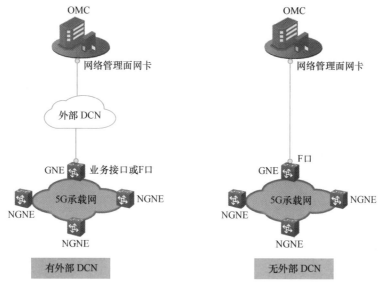

图6-17　GNE和NGNE

❸ 网络管理系统与设备通信机制

如前文所述，网管服务器与 GNE 之间可以是直连的，也可以通过外部 DCN 连接。下面仅介绍直连（"无外部 DCN"）场景。

如图6-18所示，服务器的管理面网卡与5G承载网的GNE的F口之间是网线直连的。服务器的管理面网卡 IP 与 GNE 的 F 口 IP 在同一网段。但是，设备的 Loopback 1020 接口 IP 为 32 位的掩码，即任意两个设备的网元管理面 IP 不在同一网段。因此，服务器的管理面网卡 IP 和网元的 Loopback 1020 接口 IP 不在同一网段，它们之间的通信属于跨网段的通信。网络管理系统可以通过访问设备的 Loopback 1020 接口 IP 来管理设备。

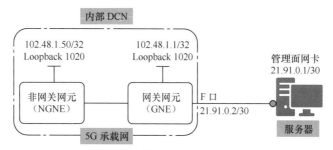

图6-18　网络管理系统与设备通信机制

那么，网络管理系统与设备之间的跨网段通信是如何实现的呢？

在5G承载网内部，GNE 和相邻 NGNE 通过光纤互连，并自动形成开放式最短路径优先（OSPF，Open Shortest Path First）邻居关系。OSPF 是一种动态路由协议，设备主控单元的管理面自动运行该协议。GNE 与 NGNE、NGNE 与 NGNE 之间通过 OSPF 协议交换路由信息。在同一个路由域内，每个网元均能学习其他网元的 Loopback 1020 接口的 IP 地址路由，并将其存储到本地的 OSPF 路由表中（管理面路由表）。

在服务器上配置静态路由（目的网段为 5G 承载网网元 Loopback 0 的 IP 的聚合网段），使其下一跳为 GNE 的 F 口 IP 地址。

服务器访问 NGNE（102.48.1.50），其 DCN 报文经历的流程如下。

（1）服务器查询本地 IP 路由表，发现无匹配 102.48.1.50 的明细路由，但是有一条聚合路由可使用，于是根据聚合路由的指示，将 DCN 报文发送给 GNE（21.91.0.2）。

（2）GNE 收到 DCN 报文后，经过 TCP/IP 的解封装，发现目的 IP 为 102.48.1. 50，不是自己的 IP，便查询管理面路由表，发现有匹配 102.48.1.50 的路由，其下一跳为 102.48.1.50，出接口为互连的 DCN 接口。于是 GNE 将 DCN 报文从该出接口发送出去。

（3）NGNE 收到 DCN 报文后，经过 TCP/IP 的解封装，发现目的 IP 为 102.48. 1.50，是自己的网元管理 IP，上送主控单元的 CPU 处理。

NGNE 访问服务器（21.91.0.1），其 DCN 报文经历的流程如下。

（1）NGNE 查询管理面路由表，发现有匹配 21.91.0.1 的明细路由，下一跳为 102.47.1.1，出接口为互连的 DCN 接口。于是 NGNE 将 DCN 报文从该出接口发送出去。

（2）GNE 收到 DCN 报文后，经过 TCP/IP 的解封装，发现目的 IP 为 21.91.0.1，不是自己的 IP，便查询管理面路由表，发现有匹配 21.91.0.1 的路由，下一跳为 21.91.0.1，出接口为 F 口，于是 GNE 将 DCN 报文从该出接口发送出去。

（3）服务器收到 DCN 报文后，经过 TCP/IP 的解封装，发现目的 IP 为 21.91.0.1，是自己的管理面网卡 IP 地址，将报文上送应用层的网络管理系统的程序处理。

【任务实施】

6.1.3 网络管理系统创建拓扑

创建网络拓扑是按照工程实际组网情况，在网络管理系统配置设备组网数据，以便通过网络管理系统对设备进行配置和管理。

❶ 检查网络管理系统进程服务

网络管理系统相关进程服务启动正常才能确保网络管理系统软件正常启动。单击"开始"→"管理工具"→"服务"。如图 6-19 所示，查看网管服务器主机的服务是否启动："UnmBus""UNMCMAgent""UNMCMService""UnmNode1""UnmPasNode"和"UnmServiceMonitor"。

图6-19　服务器上的网络管理系统相关服务

注：不需要在网络管理系统的客户端主机上安装网络管理系统相关服务。

② 登录网络管理系统

（1）双击网管服务器桌面上的图标。

（2）输入用户名及密码。

（3）设置服务器：填入网管服务器数据库网卡 IP。

③ 配置管理程序

正确配置管理程序才能使网络管理系统正常监控设备，如图 6-20 所示。

图6-20　配置管理程序

设备管理 IP：服务器连接设备的管理面网卡 IP。

④ 创建逻辑域

为方便管理，用户可以创建逻辑域（自定义一个便于管理网元的逻辑区域），后续在逻辑域中创建网元，即可将同一地区或属性相似的网元对象放到同一个逻辑域中进行管理。

逻辑域即一系列网元的集合，逻辑域下面可以嵌套逻辑域，例如，以地名"北京"创建一个逻辑域，逻辑域"北京"下面又可创建子逻辑域"一区""二区"等，如图 6-21 所示。

图6-21　逻辑域

后续可以基于逻辑域进行拓扑查看、告警查询等操作。

⑤ 创建网元

在网络管理系统中管理实际设备时，必须先在网络管理系统中创建各设备对应的网元，相关参数包括与设备匹配的网元类型、子框类型、网元名称、IP 地址等。

网元类型和子框类型：须选择 5G 承载网设备。

网元名称：根据现网机房站点进行命名。

IP 地址：填写网元管理面 IP 地址，即网元的 Loopback 1020 接口 IP 地址，掩码为 32 位。

需要注意的是：网元名称要求体现机房位置信息，且要求在同一网络管理系统的数据库内唯一，如"设备编号—机房名称—网络层次—设备型号"。例如，某逻辑域下有一个新建网元，名称为"1000—金融街—接入—650U5"，即表明其设备编号为 1000（第 1000 台入网的设备），机房名为金融街，网络层次为接入，设备型号为 650U5。

⑥ 配置机盘

为了管理工程中的实际机盘，必须在网络管理系统中添加机盘（主要指业务盘）。如图 6-22 所示，创建网元后，网络管理系统的设备框图里仅有主控单元。

添加机盘有"手动添加"和"自动发现"两种方式。

一般工程中采用"自动发现"的方式。前提条件是网络管理系统能够 Ping 通网元的管理 IP 地址。通过检测物理配置对网元的槽位进行轮询。待检测完成后，检测结果显示设备上实际所插与网络管理系统配置的单盘类型差异，通过"同步"操作新增网络管理系统中的机盘配置。

如果采用"手动添加"方式，须根据工程上机盘的实际配置，选择槽位和机盘类型。如图 6-23 所示，完成机盘配置后，设备框图的某些槽位出现了相应的机盘。

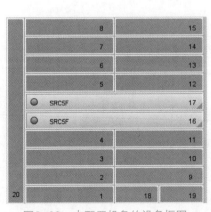

图6-22　未配置机盘的设备框图

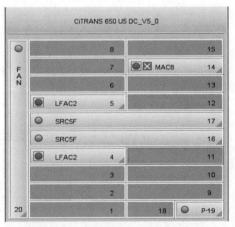

图6-23　配置机盘后的设备框图

⑦ 配置拓扑连线

根据网元实际连线情况建立网元间的连接，后续创建业务时将依据此连接进行业务路径规划。配置拓扑连线可选"手动添加"和"自动发现"两种方式。前者在设备脱管/上管的情况下均可执行，后者须在设备上管且实际物理连纤已完成的情况下执行。

6.1.4　配置设备管理 IP

承载网设备在出厂时拥有唯一的 12 位 SN 码（Serial Number），SN 码在设备出厂时已被下载至设备内，同时也会被粘贴到子框表面，因此，SN 码相当于设备的硬件地址（类似于计算机的 MAC 地址）。网元管理 IP 和设备 SN 码一样都是全网唯一的，保证了内部 DCN 的路由稳定性。

首先，网络管理人员在网络管理系统中为每个设备设定一个 Loopback 1020 接口 IP，然后查询到设备的 SN 码，将该 IP 与 SN 码进行绑定，并将绑定关系通过 DCN 报文下发给设备。设备收到 DCN 报文后，如果发现报文里的 SN 码为自己的，便修改自己的 Loopback 1020 接口 IP 为网络管理系统下发的网元管理 IP。通过这种方式，每个网元的网元管理 IP 就设置成功了，随后网络管理系统可以通过访问设备的 Loopback 1020 接口 IP，完成告警、性能查询和配置下发等工作。

配置网元 IP 地址有本地和远程两种方式：与网络管理系统直连的网元可以使用 "配置本地网元 IP" 的方式；不与网络管理系统直连的网元可以使用 "配置远程网元 IP" 的方式。

接下来，以图 6-24 为例，介绍相关概念。

（1）本地网元：是指通过网线直接与网络管理系统连接的网元（连接端口为 F 口），如图 6-24 中的 NE1。

（2）远程网元：是指与网络管理系统非直连的网元，例如图 6-24 中的 NE2～NE6。

（3）源网元：如果已经被网络管理系统监控的网元 A 通过 SN 码发现了网元 B，则 A 为 B 的源网元。

（4）相邻网元：是指与源网元存在光路连接或网线连接的网元，中间不经过其他网元。

如果 NE1 先被网络管理系统监控，则 NE1 可以作为源网元，发现相邻网元 NE2 和 NE3。接着，当 NE3 已被网络管理系统监控，则可作为源网元，发现相邻网元 NE4 和 NE5。同理，如果 NE4 比 NE3 先被网络管理系统监控，NE2 比 NE4 先被网络管理系统监控，则 NE4 可以作为源网元，发现相邻网元 NE3 和 NE6。

在网络管理系统中，配置设备管理 IP 的流程如下。

步骤 1：配置本地网元的 IP 地址。

将网络管理系统与 NE1 直连，获取本地网元 NE1 的 SN 码，通过网络管理系统完成 IP 地址配置后，将 SN 码与 IP 地址参数的对应关系下载到本地网元。若能正常 Ping 通网元的 IP 地址，则表示该网元配置成功。

步骤 2：配置远程网元的 IP 地址。

当某网元 IP 配置完成并与网络管理系统正常通信时，即可将其作为源网元，继续完成其相邻网元的 IP 配置，从而完成全网 IP 配置。

本地网元 NE1 的 IP 配置成功后，通过 NE1 发现相邻网元 NE2、NE3 的 SN 码，对相邻网元进行 IP 地址配置后，将 SN 码与 IP 地址参数的对应关系下载到相邻网元。

重复进行步骤 2，直至发现所有网元，完成全网网元的 IP 配置。若能正常 Ping 通远程网元的 IP 地址，则表示该网元配置成功。

步骤 3：校时

全网的网元 IP 配置成功后，需要在网络管理系统中执行校时操作（同步网络管理系统与网元时间），才能正常监控并管理所有网元及其单盘。

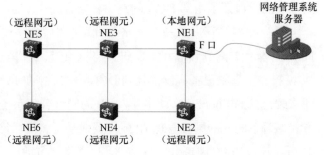

图6-24　本地网元与远程网元

任务习题 ▶▶

1. 简述网络管理系统的基本功能和部署模式。

2. 简述网络管理系统与设备通信的原理。

6.1.5　实训单元——设备开通配置

实训目的 ▶▶

熟悉设备开通的流程和步骤，掌握设备开通的方法。

实训内容 ▶▶

基于实训环境，完成承载网设备的开通操作。

实训准备 ▶▶

1. 实训环境准备

（1）6 个承载网设备，组成核心层、汇聚层、接入层；一台二层交换机；网管服务器主机、客户端主机。

（2）软件：承载网设备网络管理软件。

2. 相关知识点要求

(1) IP 地址及子网掩码的概念。

(2) 5G 承载网设备硬件知识、网络管理系统功能、网络管理系统与设备通信原理。

实训步骤 ▶▶

1. 网络管理系统登录和网元创建。

2. 配置网元管理 IP。

3. 通过 Telnet 方式登录设备。

4. 同步设备物理板卡。

5. 对设备校时。

评定标准 ▶▶

1. 全部网元能被网络管理系统监控，网络管理系统能 Ping 通每个网元，网络管理系统中能显示网元的告警、性能和状态。

2. 网络管理系统中各网元的板卡配置与设备面板上的实际配置一致。

实训小结 ▶▶

实训中的问题: _____

_____

_____

问题分析: _____

_____

_____

问题解决方案: _____

_____

_____

思考与拓展 ▶▶

1. 本地网元和远程网元管理 IP 的配置方法有什么不同?

2. 如果网络管理系统中显示的板卡与设备面板上的实际配置不一致，如何解决？

6.1.6　实训单元——手工核查物理连纤

熟悉人工排查网元之间实际物理连纤的方法，掌握在网络管理系统中手动连纤的方法。

基于实训环境，手工核查网络管理系统与设备物理连纤的一致性。

实训准备 ▶▶

1. 实训环境准备
   （1）6 个承载网设备，组成核心层、汇聚层、接入层；一台二层交换机；网管服务器主机、客户端主机。
   （2）软件：承载网设备网络管理软件。
2. 相关知识点要求
5G 承载网设备硬件知识、网络管理系统功能、网络管理系统与设备通信原理。

实训步骤 ▶▶

1. 通过 Telnet 方式登录设备。
2. 查看 OSPF 邻居关系。
3. 在网络管理系统手动添加连纤。

评定标准 ▶▶

1. 手工核查物理连纤的结果完全正确。
2. 网络管理系统中网元之间的连纤配置与设备面板上的实际配置一致。

实训小结 ▶▶

实训中的问题：_____

问题分析：_____

_____

_____

问题解决方案：_____

_____

_____

思考与拓展 ▶▶

1. 通过什么命令能显示网元之间的 OSPF 邻居关系?
2. 为什么根据网元之间的 OSPF 邻居关系能确定设备之间的物理连纤?

6.1.7　实训单元——网元配置文件保存

实训目的 ▶▶

熟练掌握保存网元配置文件及设置网元启动文件的方法。

实训内容 ▶▶

基于实训环境，完成配置文件的备份及启动文件的设置。

实训准备 ▶▶

1. 实训环境准备
   （1）6 个承载网设备，组成核心层、汇聚层、接入层；一台二层交换机；网管服务器主机、客户端主机。
   （2）软件：承载网设备网络管理软件。
2. 相关知识点要求
5G 承载网设备硬件、网络管理系统功能。

实训步骤 ▶▶ ─────── • • •

1. 登录网络管理系统。
2. 保存网元配置。
3. 设置网元启动配置文件。

评定标准 ▶▶ ─────── • • •

1. 成功保存各网元的配置文件，并且正确命名。
2. 成功设置各网元的下次启动配置文件。

实训小结 ▶▶ ─────── • • •

实训中的问题：_____
_____
_____

问题分析：_____
_____
_____

问题解决方案：_____
_____
_____

思考与拓展 ▶▶ ─────── • • •

1. "本次启动的配置文件"和"下次启动的配置文件"的概念有什么区别？
2. 设置下次启动配置文件后，执行了主控单元的主备倒换，是否会对此配置结果产生影响？请结合任务 3 的实训单元进行验证。

任务 2　业务连通性测试

【任务前言】

完成设备开通后，网络维护人员将完成 FlexE、IP、SR 等业务配置。在 5G 基站正式割接到承载网之前，须测试验证上述业务配置是否正确，以保证业务的稳定性。那么，如何进行业务连通性的测试呢？有没有什么简便的方法呢？带着这样的问题，我们进入本任务的学习。

【任务描述】

本任务主要介绍 LSP Ping 的原理及测试方法，并通过实训单元，学生能够掌握业务连通性测试的相关技能。

【任务目标】

- 了解 LSP Ping 的原理。
- 能够通过 LSP Ping 完成隧道连通性测试。

知识储备

6.2.1　LSP Ping 原理

在传统 IP 网络中，我们利用 IP Ping 进行网络连通性检测，用 IP Traceroute 进行错误定位和路径跟踪。

在 MPLS 网络中，IP Ping 并不能对 MPLS LSP 的连通性进行有效的检测。IP Ping 通只能说明 IP 转发是正常的，而不能说明 LSP 是没有问题的。在 IP 路由正常而 LSP 中断的情况下，IP Ping 的报文依旧可以通过 IP 转发到达目的地。

MPLS LSP Ping/Traceroute 虽然同样是基于 Echo Request 和 Echo Reply 的模式，但是 LSP Ping/Traceroute 并不是使用 ICMP 来实现，而是使用 IPv4/IPv6 的 UDP 来实现的。

LSP Ping 使用 MPLS Echo Request 和 MPLS Echo Reply 这两种消息来检测 LSP 的连通性。MPLS Echo Request 中携带需要检测的 FEC 信息，和其他属于此 FEC 的报文一样沿 LSP 发送，从而实现对 LSP 的检测。

MPLS LSP Ping 使用 UDP 实现，其中 Echo Request 的 UDP 端口为 3503，需要说明的是，只有使能 MPLS 的路由器才能够识别该端口号。我们以图 6-25 为例说明 MPLS LSP Ping 的一般过程。

图6-25　MPLS LSP Ping的一般过程

假设我们在路由器 RT A 上操作 LSP Ping 3.3.3.3（3.3.3.3 为路由器 RT C 的 Loopback 接口地址），过程如下。

步骤 1：在路由器 RT A 上，应用程序先查找这条 LSP 是否存在。如果不存在，则直接返回错误信息，停止 Ping；否则进入步骤 2。

步骤 2：在路由器 RT A 上，应用程序对 Echo Request 消息进行初始化，在 IP 头部填入 127.0.0.1 的地址作为目的地址，同时将 3.3.3.3 填入 Echo Request 消息的内部字段中，然后查找标签转发表，压入标签栈，将消息发送给路由器 RT B。

步骤 3：在路由器 RT B 上，采用和该 FEC 相同的转发策略，将 Echo Request 消息当作普通 MPLS 数据报文进行转发。

步骤 4：如果在上述过程中 MPLS 转发失败，MPLS LSP Ping 应用程序会进行相应处理，回应的 Echo Reply 携带相应的错误码。

步骤 5：如果在上述过程中 MPLS 转发正常，则该 Echo Request 消息到达路由器 RT C。

步骤 6：在路由器 RT C 上，应用程序检查 Echo Request 消息中的内部字段，如果发现其中包含的目的 IP 地址（3.3.3.3）为自己的 Loopback 0 接口地址，则回应正确的 Echo Reply，整个 LSP Ping 过程结束，完成 LSP 的连通性检测。

从前面的例子我们可以发现 Echo Request 消息的目的 IP 地址是 127 开头的地址，该地址是一个环回地址。这样做的目的是防止 LSP 断路时 Echo Request 消息仍可进行 IP 转发，从而保证 LSP 的连通性测试是正确的。

如果 LSP Ping 失败，可以采用 LSP Traceroute 对故障进行定位。

MPLS LSP Traceroute 通过连续发送一个 TTL（生存时间）递增值为 1 的 Echo Request 消息，使 LSP 沿途的每一个 LSR 都能收到 TTL 超时的 Echo Request 消息，同时回送具有相应返回码的 Echo Reply 消息给发送者。这样发送者就会得到该 LSP 沿途每一个节点的信息。

我们以图 6-26 为例说明 MPLS LSP Traceroute 的一般过程。

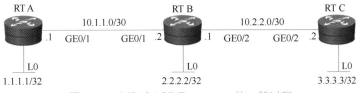

图6-26　MPLS LSP Traceroute的一般过程

假设我们在路由器 RT A 上操作 LSP Traceroute 3.3.3.3（3.3.3.3 为 RT C 的 Loopback 接口地址），过程如下。

步骤 1：在路由器 RT A 上，应用程序先查找这条 LSP 是否存在，如果不存在，则直接返回错误信息，停止 Traceroute；否则进入步骤 2。

步骤 2：在路由器 RT A 上，应用程序对 Echo Request 消息进行初始化，将在 IP 头部填入 127.0.0.1 的地址作为目的地址，同时将 3.3.3.3 填入 Echo Request 消息的内部字段中。Echo Request 消息还包含 LSP 的下一跳地址和出标签，然后查找标签转发表中的对应项，将其压入标签栈并将 TTL 设置为 1，将消息发送给路由器 RT B。

步骤 3：在路由器 RT B 上，将 Echo Request 中的 TTL 减 1，使其为 0，发现 TTL 超时，应用程序检查是否存在该 LSP，并且比较 Echo Request 消息中的下一跳地址和出标签是否正确。如果上述检查为真，则回应正确的 Echo Reply 消息；如果上述检查不为真，则返回带有错误码的 Echo Reply 消息。

步骤 4．在路由器 RT A 上，应用程序对 Echo Reply 消息进行相关处理，对第二个 Echo Request 消息进行初始化，初始化过程基本和步骤 1 中的初始化一样，但是 TTL 为 2，然后发送给路由器 RT B。

步骤 5：在路由器 RT B 上，将 TTL 减 1，采用和该 FEC 相同的转发策略，将 Echo Request 消息当作普通 MPLS 数据报文发送给路由器 RT C。

步骤 6：在 RT C 上，进行和步骤 3 相同的做法，返回 Echo Reply 消息给路由器 RT A，因为路由器 RT C 已经是该 LSP 的出口节点。至此，整个 LSP Traceroute 过程结束，路由器 RT A 得到该 LSP 沿途每一个节点的信息。

6.2.2　LSP Ping 检测隧道连通性

执行 LSP Ping 命令有两种途径：主控单元协议栈和网络管理系统。此处仅介绍网络管理系统的相关操作，前提条件是网络管理系统能正常管理、配置及监测全网。

如图 6-27 所示，在 5G 承载网中，在 NE5 和 NE1 之间配置隧道（Tunnel），该隧道配备 SR-TP 1:1 保护。其中，NE5 为源节点，NE1 为目的（宿）节点。从源节点到宿节点为正方向，从宿节点到源节点为反方向。如表 6-1 所示，这条隧道拥有 4 条 LSP。

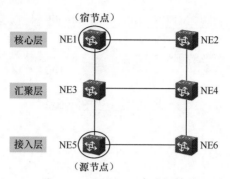

图6-27　LSP Ping实验拓扑

表 6-1　SR-TP 1:1 保护关系

方向	主用、备用关系	LSP 路径
正向路径	主用	NE5 → NE3 → NE1
	备用	NE5 → NE6 → NE4 → NE2 → NE1
反向路径	主用	NE1 → NE3 → NE5
	备用	NE1 → NE2 → NE4 → NE6 → NE5

在设备开通测试中，要求检测隧道的连通性。

在网络管理系统中，选择待测的隧道（NE5 至 NE1），点击右键，在菜单中选择"Ping"，如图 6-28 所示。

图6-28　隧道的LSP Ping

在弹出的"Ping"对话框中，单击"开始"按钮。

等待"Ping"完毕，若 LSP Ping 通，说明通道通畅。如果 LSP Ping 不通，则可进一步通过 LSP Trace route 清楚了解业务的转发路径，从而找到故障点。

简述 LSP Ping 的原理和测试方法。

6.2.3　实训单元——LSP 隧道连通性测试

实训目的

熟悉 LSP 隧道连通性测试的流程，掌握 LSP 隧道连通性测试的方法。

实训内容

针对已配置的隧道完成 LSP 隧道连通性测试。

实训准备

1. 实训环境准备
   （1）6 个承载网设备，组成核心层、汇聚层、接入层；一台二层交换机；网管
    服务器主机、客户端主机。
   （2）软件：承载网设备网络管理软件。
2. 相关知识点要求
   （1）LSP Ping 的技术原理。
   （2）5G 承载网组网架构和关键技术。

实训步骤

1. 筛选出待测试的隧道。
2. 对隧道执行 Ping 操作。
3. 记录实验结果。

评定标准

在指定时间内完成隧道的 Ping 测试，包含主用路径和备用路径的测试。

实训小结

实训中的问题：＿＿＿＿＿＿＿＿＿＿＿＿＿＿＿＿＿＿
＿＿＿＿＿＿＿＿＿＿＿＿＿＿＿＿＿＿＿＿＿＿＿＿
＿＿＿＿＿＿＿＿＿＿＿＿＿＿＿＿＿＿＿＿＿＿＿＿

问题分析：＿＿＿＿＿＿＿＿＿＿＿＿＿＿＿＿＿＿＿
＿＿＿＿＿＿＿＿＿＿＿＿＿＿＿＿＿＿＿＿＿＿＿＿
＿＿＿＿＿＿＿＿＿＿＿＿＿＿＿＿＿＿＿＿＿＿＿＿

问题解决方案：＿＿＿＿＿＿＿＿＿＿＿＿＿＿＿＿＿
＿＿＿＿＿＿＿＿＿＿＿＿＿＿＿＿＿＿＿＿＿＿＿＿
＿＿＿＿＿＿＿＿＿＿＿＿＿＿＿＿＿＿＿＿＿＿＿＿

思考与拓展

1. 一条带 SR-TP 1:1 保护的隧道包含几条 LSP？
2. 尝试 LSP Traceroute 操作，并详细记录 LSP 经过的路径和使用的标签。

任务 3　可靠性倒换测试

【任务前言】

相比其他通信网络，5G 承载网规模更大，维护难度也更大，且 5G 业务对网络可靠性的要求也更高，因此，在设备开通和业务加载之后，网络维护人员应对承载网进行定期的倒换测试，防网络故障隐患于未然。

【任务描述】

本任务主要介绍承载网设备主控单元 1:1 保护的原理及倒换测试方法，以及 SR-TP 1:1 保护的原理及倒换测试方法。并通过实训单元，网络维护人员可以掌握可靠性倒换测试的相关技能。

【任务目标】

- 了解主控单元 1:1 保护和 SR-TP 1:1 保护的技术原理。
- 能够用网络管理系统完成承载网设备主控单元的 1:1 保护倒换测试。
- 能够用网络管理系统完成承载网隧道的 SR-TP 1:1 保护倒换测试。

 知识储备

6.3.1　主控单元 1:1 硬件保护原理

当设备正常运行时，设备有两块主控板卡（一主一备），仅主用盘的主控单元工作，备用盘的主控单元处于热备份状态。若满足倒换触发条件，主用盘无法工作，倒换命令将通过盘间通信发送给备用盘，备用盘切换为主用状态，以保证设备正常运行。此保护被称为主控单元的 1:1 保护或 1:1 冗余备份。

主用盘是处于工作（Primary）状态的机盘，备用盘是处于备用（Backup）状态的机盘。主、备用状态可以通过面板的相应指示灯来判断，也可以通过网络管理系统获知。

主备倒换的倒换触发条件如下（满足其中一条即可）。

（1）主用盘硬件或软件发生故障。

（2）主用盘被人为拔出。

（3）主用盘硬复位：在面板上按下 Reset 键。

（4）人为下发倒换命令：强制倒换或人工倒换。

（5）在主用盘面板上按下"SW"按钮。

该保护为非返回式的保护，即当原主用盘故障解除后，原主用盘也只能进入备用状态，不会抢占当前主用盘的工作状态，除非触发新的主备倒换。

为了保证备用盘切换为工作状态时能正常工作，必须使其与主用盘进行配置数据同步。备用主控单元上电后，会自动与主用主控单元进行配置数据同步。只有备用主控单元与主用主控单元之间的配置数据同步完成后，主控单元的 1:1 保护才能生效。配置同步期间，手动的主备切换（包括控制命令切换、面板按键切换）操作无效。

6.3.2　SR-TP 1:1 隧道保护原理

SR-TP 1:1 保护通过备用 LSP 来保护主用 LSP 上传送的业务。当主用 LSP 发生故障时，业务倒换到备用 LSP，以保证业务正常传送。SR-TP 1:1 保护通过 OAM 检测 LSP 的连通性，从而判断是否进行保护倒换。

SR-TP 1:1 是隧道层或 LSP 层的保护技术，属于同源同宿的保护。当一端倒换时，通过 APS（自动保护倒换）类型的 OAM 协商，另一端也会发生倒换，因此，该技术属于双向倒换。

倒换触发条件如下（满足其中一条即可）。

（1）主用 LSP 路径故障：中间节点掉电或中间光缆故障、接口故障等。

（2）人为下发倒换命令：强制倒换或人工倒换。

该保护为返回式或非返回式的保护。默认为返回式，即当原主用 LSP 路径故障解除后，经过 WTR（等待回复）时间后，原主用 LSP 路径会恢复为主用状态。也可通过网络管理系统将返回模式设置为非返回式，即当原主用 LSP 路径故障解除后，原主用 LSP 路径只能进入备用状态，除非触发新的 SR-TP 1:1 倒换。

【任务实施】

6.3.3　测试主控单元 1:1 硬件保护

5G 承载网设备均支持安装两块主控单元，满足倒换触发条件时，备用盘将取代原主用盘进入工作状态。

人为触发主控单元 1:1 保护倒换主要通过以下两种方式。

（1）使用主用盘面板上的"SW"按钮，使主用盘切换为备用盘。

（2）通过网络管理系统下发倒换命令。

此处仅介绍第二种方式。

测试前，先通过网络管理系统或设备面板指示灯确认主控单元的主、备用槽位。如图 6-29 所示，17 槽位的主控单元为主用，16 槽位的主控单元为备用。

进入网络管理系统，针对某网元，当主备状态显示为 READY 时，通过"主控单元保护软切换控制命令"执行倒换操作，如图 6-30 所示。

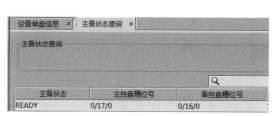

图6-29　倒换前的主备状态查询

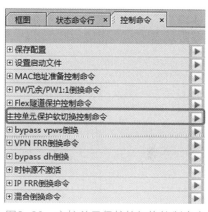

图6-30　主控单元保护软切换控制命令

查看主控单元主备状态。由于主备切换，原主用盘的进程会复位，因此，需要等待一会儿再查看倒换后的状态。如图 6-31 所示，当前 16 槽位的主控单元为主用，17 槽位的主控单元为备用，说明倒换成功；"主备状态"显示为 READY，说明倒换完毕。

图6-31　倒换后的主备状态查询

6.3.4　测试 SR-TP 1∶1 隧道保护

如图 6-27 所示，5G 承载网中，在 NE5 和 NE1 之间配置隧道，该隧道配备 SR-TP 1:1 保护。其中，NE5 为源节点，NE1 为宿节点。从源节点到宿节点为正方向，从宿节点到源节点为反方向。这条隧道拥有 4 条 LSP（参考表 6-1）。

在网络管理系统中选择"隧道内保护状态"，查看源节点为 NE5、宿节点为 NE1 的隧道，如图 6-32 所示。其中，主 LSP 状态、备 LSP 状态和倒换状态均为"normal"，说明主、备 LSP 均正常，未发生倒换。

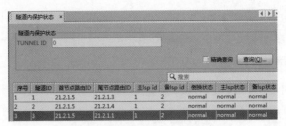

图6-32　倒换前的隧道内保护状态

可通过拔纤或网络管理系统下发的方式触发倒换。此处仅介绍网络管理系统下发的方式。

在网络管理系统中，筛选出待切换的隧道，单击右键选择"保护倒换"，如图 6-33 所示。

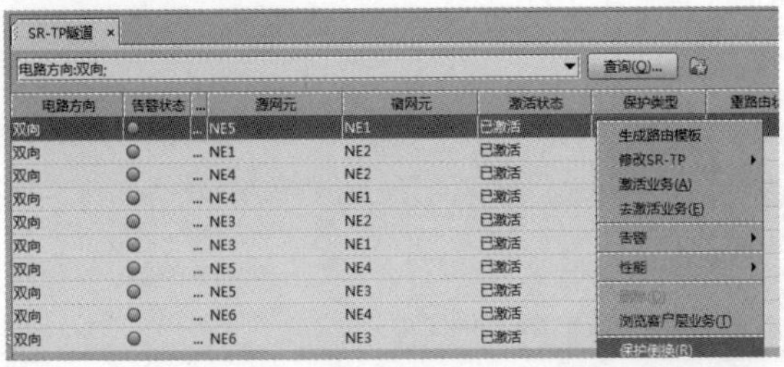

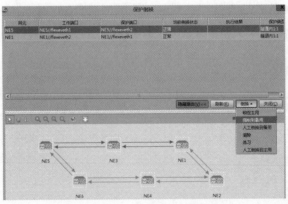

图6-33　隧道的保护倒换界面

单击"倒换"按钮，选择"人工倒换到备用"或"强制到备用"，如图 6-34 所示。

图6-34　隧道的倒换命令按钮

查看倒换后的隧道内保护状态（倒换状态为 forced-switch，即强制倒换），说明倒换成功，如图 6-35 所示。

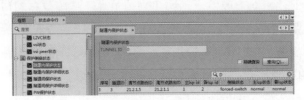

图6-35　倒换后的隧道内保护状态

1. 简述主控单元 1:1 硬件保护的原理和倒换测试方法。
2. 简述 SR-TP 1:1 隧道保护的原理和倒换测试方法。

6.3.5　实训单元——主控单元保护倒换测试

熟悉 5G 承载网设备主控单元倒换测试的流程和步骤，掌握主控单元倒换测试的方法。

实训内容

完成 5G 承载网设备主控单元的倒换测试。

实训准备

1. 实训环境准备
   （1）6 个承载网设备，组成核心层、汇聚层、接入层；一台二层交换机；网管服务器主机、客户端主机；至少一台承载网设备具备两块主控单元。
   （2）软件：承载网设备网络管理软件。
2. 相关知识点要求
   （1）5G 承载网设备硬件架构。
   （2）主控单元 1:1 硬件保护原理。

实训步骤

1. 确认倒换前的主备状态。
2. 执行倒换操作。
3. 确认倒换结果。

评定标准

通过网络管理系统下发命令，成功完成一个网元的主控单元倒换操作。

实训小结

实训中的问题：_____

_____

_____

问题分析：_____

_____

_____

问题解决方案：_____

_____

_____

思考与拓展

1. 主控单元的倒换触发条件有哪些？
2. 执行主控单元倒换必须具备哪些前提条件？

6.3.6 实训单元——LSP 保护倒换测试

实训目的

熟悉 5G 承载网设备 SR-TP 1:1 倒换测试的流程和步骤，掌握 SR-TP 1:1 倒换测试的方法。

实训内容

对一条配置 SR-TP 1:1 保护的隧道执行 LSP 倒换操作。

实训准备

1. 实训环境准备

   （1）6 个承载网设备，组成核心层、汇聚层、接入层；一台二层交换机；网管服务器主机、客户端主机。

（2）软件：承载网设备网络管理软件。

2. 相关知识点要求

（1）MPLS 技术基础和原理。

（2）SR-TP 1:1 保护原理。

实训步骤

1. 确认倒换前的主备状态。
2. 执行倒换操作。
3. 确认倒换结果。

评定标准

通过网络管理系统下发命令，成功完成一条隧道的 SR-TP 1:1 倒换操作。

实训小结

实训中的问题：_____

_____

_____

问题分析：_____

_____

_____

问题解决方案：_____

_____

_____

思考与拓展

1. 隧道的 SR-TP 1:1 倒换有哪些触发条件？
2. 通过激光器关断操作，对一条隧道执行 SR-TP 1:1 倒换操作。

任务 4 输出验收报告

【任务前言】

网络的验收是用户对网络施工工作的认可，主要内容是检查网络是否符合设计要求和相关规范，验收工作体现于网络施工的全过程。那么，网络验收具体是怎么实施的呢？输出的验收报告包括哪些内容呢？带着这样的问题，我们进入本任务的学习。

【任务描述】

本任务主要介绍 5G 承载网验收的几个阶段以及各个阶段验收的主要内容，以帮助网络维护人员胜任 5G 承载网的建设工作。

【任务目标】

- 能够完成 5G 承载网设备的到货验收。
- 能够完成 5G 承载网的初验。
- 能够完成 5G 承载网的终验。

【任务实施】

6.4.1 设备到货验收

一般情况下，设备厂商会提供一份验收清单。验收时应妥善保存设备的随机文档、质保单和说明书，软件和驱动程序应单独存放于安全的地方，便于日后使用。

此项验收也称为硬件设备到货的开箱验收或单独购买系统软件时的开包验收。验收包括以下主要内容。

（1）检验到货的硬件设备和单独购买的软件的货号及数量是否符合设备定货清单。

（2）检验到货的设备硬件是否损坏，软件是否为合同指定版本。

（3）检验按合同定购的设备及软件是否按时到货。

验收的结果应该提供一份由参与验收的用户、设备和软件供应商签名的硬件设备及系统软件验收清单，并标注当前的日期。

6.4.2　5G 承载网初验

5G 承载网在完成网络搭建后，在交付试运行前，需要进行初步验收，即初验。初验包括以下主要内容。

（1）按照网络设计的拓扑结构，检查网元类型、光路连接、光功率、电压、温度等是否满足要求。

（2）按照网络设计的参数指标，如开通、业务连通性、保护倒换等，测试网络是否满足要求。

初步验收结果要提交一份由用户和供应商以及第三方的技术顾问签名的初步验收报告。报告应附上网络的测试情况，同时还应给出明确的结论。

（1）通过初步验收。

（2）基本通过初步验收，但要求在某一期限内解决某些遗留的问题。

（3）尚未通过初步验收，确定在某一时间再次进行初步验收。

6.4.3　5G 承载网终验

5G 承载网在完成初步验收后，将交付试运行 3 个月，如果没有重大故障发生，特别是没有系统中断的现象发生，在用户允许的前提下，供应商、用户和第三方的技术顾问可进行网络的最终验收，即终验。

最终验收的依据是网络设计时的各种技术要求，以及在试运行期间网络的运行日志。

最终验收的内容是通过对运行日志的分析，评判系统的稳定性、可靠性以及系统的容错能力等指标是否达到要求。

最终验收的结果要求提供由参加最终验收的各方签名的最终验收报告，附上试运行期间的有代表性的运行日志的数据记录，并且给出最终验收的明确结果。

（1）通过最终验收。

（2）未通过最终验收。

（3）延迟 1 ～ 2 个月以后再进行最终验收。

6.4.4　输出初验报告

初步验收（初验）作为整个验证过程中最核心的一环，涉及全面的网络测试环节，包括设备开通测试、业务连通性测试、保护倒换测试等。相关的测试结果将作为初验报告的重要组成部分。

表 6-2 是初验报告的表格范例。

表 6-2 初验报告范例

验收项目	×× 省 5G	合同编号	202001013456	验收阶段	初验
验收单位	中国移动	供应商	×× 公司	顾问 / 监理	×× 公司
测试项目一	设备开通	测试结果	详见报告	结论	测试通过
测试项目二	业务连通性	测试结果	详见报告	结论	测试通过
测试项目三	保护倒换	测试结果	详见报告	结论	测试通过
测试项目四	……	测试结果		结论	……
验收结论： 通过初验					
测试人员签字：　　　　　客户签字：　　　　　顾问 / 监理签字：					

1. 工程初验的测试内容主要包括哪些?

2. 什么时候执行终验?

项目 7 | 5G 承载网维护

项目简介

  为了保障承载网安全、高效、稳定地运行，需要定期对网络设备及网络管理系统进行维护，并将维护结果存于维护记录表中。维护结果可帮助运行维护部门发现并及时解决当前网络存在的问题，排除网络运行隐患，也可对全网运行质量进行评估和优化。

- 能够完成承载网现场维护。
- 能够完成承载网网管中心维护。
- 能够完成承载网维护记录表的编写。
- 能够完成承载网架构的评估与优化。

项目目标

项目导图

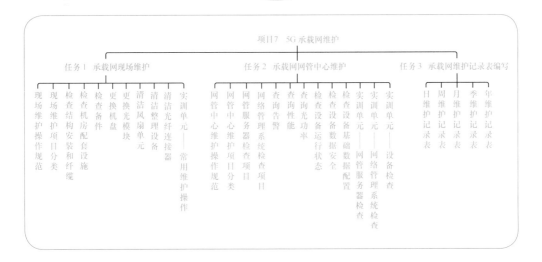

任务 1　承载网现场维护

【任务前言】

承载网维护为什么要分为现场维护及网管中心维护呢？对于本项任务涉及的承载网现场维护，具体包含哪些维护项目及方法呢？在维护实施过程中，又有哪些安全操作注意事项需要谨记呢？

【任务描述】

本任务首先介绍承载网现场维护的操作规范，然后基于上述知识储备开始具体维护任务的实施，包括现场维护中的例行检查项目以及常用维护操作。通过本任务的学习，学员能够具备承载网现场维护的工作技能。

【任务目标】

- 能够描述承载网现场维护规范。
- 能够熟练使用承载网现场维护工具。
- 能够完成承载网现场维护的常用维护操作。

 知识储备

承载网维护的意义如下。

（1）定期检查并记录设备运行状态，了解设备当前运行状况。

（2）定期检查并清洁风扇和防尘网等硬件设施，保证设备稳定运转。

（3）定期对设备运行数据进行备份，为后期升级等工作做好准备。

（4）定期维护中发现的网络问题可为网络评估与优化及网络变更提供依据。

承载网维护包括现场维护和网管中心维护，现场维护指针对硬件的维护，包括设备、机盘、光模块、光纤等。网管中心维护指针对网络管理系统软件的维护。在实际的网络中，通常需要同时进行现场维护和网管中心维护。

7.1.1　现场维护操作规范

1 现场维护安全操作注意事项

承载网维护工程师在对设备进行维护的过程中应遵循操作安全规范，避免造成意外的人身伤害和设备损害。本节介绍现场维护过程中的注意事项，主要包含安全和警告标识、静电防护、机盘插拔、光纤及光接口安全操作和电气安全等方面的内容。

（1）安全和警告标识

承载网设备子框和单板上贴有安全和警告标识，操作人员操作时须遵循标识的提示进行操作，各标识含义如表 7-1 所示。

表 7-1　安全和警告标识

标识	位置	含义
防止静电 E.S.D	子框	静电防护标识，提示操作人员操作时需要佩戴防静电腕带或手套，避免人体携带的静电损坏设备
	子框	子框接地标识，提示操作人员子框接地的位置
拔纤工具挂环 HANGING EYE	子框	拔纤工具挂环标识，提示操作人员拔纤工具的位置
WARNING	风扇单元	风扇告警标识，严禁在风扇高速运转时碰触叶片
禁止带电插拔 NO PLUG UNDER POWER ON	电源盘	禁止带电插拔盘标识，警告禁止带电插拔承载网设备的电源盘
CLASS 1 LASER PRODUCT	光接口盘	激光等级标识，禁止双眼裸视尾纤剖面，以防止激光束灼伤眼睛。必要时需要佩戴防护眼镜

（2）现场维护工具

维护中经常会用到光功率计、拔纤器、防静电腕带等工具，具体如表 7-2 所示。

表 7-2　工具清单

工具外观	工具名称	用途
	光功率计	用于测试光接口的收发光功率
	专用拔纤器	用于插拔光纤
	无纺镜头纸	用于清洁光纤接头
	十字螺丝刀	安装、拆卸机盘和子框电源线
	防静电腕带	防止人体静电损坏设备上的敏感元器件
	防静电袋	用于搁置替换机盘
	吹风机	用于清洁防尘网
	粘胶纸带 / 标签纸	用于标记相关配件
	毛刷	用于清洁相关配件
	吸尘器	用于清洁相关配件

（3）静电防护

人体静电可能会损坏机盘、子框上的元器件，因此，不允许直接用手触摸。在接触设备、机盘、集成电路（IC，Integrated Circuit）等之前必须佩戴防静电手套或防静电腕带。在佩戴防静电腕带时，将其一端佩戴在手腕上，并确保金属扣和皮肤充分接触，将另一端扣在子框的防静电接地扣上。防静电手套外观及防静电腕带佩戴示意如图 7-1 所示。

防静电手套外观

防静电腕带佩戴

图7-1　防静电手套及防静电腕带佩戴示意

提示：
①防静电腕带随设备发放。
②机房地面不得使用地毯或其他容易产生静电的材料。
③在存储机盘时，应将机盘放入防静电袋。
④光纤清洁之后若不马上回插至光接口，须盖上防尘帽。

（4）机盘插拔
①插拔机盘前须佩戴防静电手套或防静电腕带，并且保持双手干燥和清洁。
②接触机盘时，切勿触摸机盘上的元器件和接线槽等。
③插入机盘前，确认机盘上未接入线缆及光纤。
④插入机盘前，确认机盘插入方向，勿倒置机盘。
⑤插入机盘时，勿用力过大，以免弄歪背板上的插针。
⑥拔出机盘前，须记录机盘接口与纤缆的对应关系。
⑦拔出机盘前，确认已断开机盘上的线缆及光纤。
⑧机盘拔插的间隔时间建议大于 30s。

警告：
严禁带电插拔电源盘。

（5）光纤及光接口安全操作

在现场维护过程中，以不正确的方式操作光纤及光纤连接器可能会对操作者造成人身伤害，因此，我们在连接光纤和清洁光纤连接器时必须注意以下事项。

① 使用专用拔纤器

插拔光纤和光模块应使用专用拔纤器。设备出厂时专用拔纤器已通过弹簧绳固定在承载网设备子框上，形似镊子，并配有弹簧绳，如图 7-2 所示。

专用拔纤器由拔光模块端和拔光纤端两部分组成，使用时用拔纤器夹住光纤接头或光模块即可方便地进行光纤插拔。如图 7-3 所示。

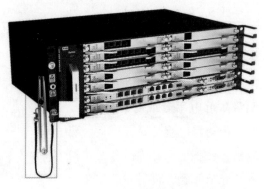

图7-2　专用拔纤器

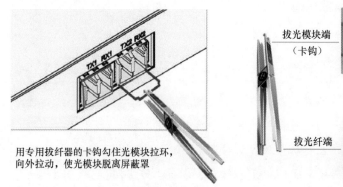

用专用拔纤器的卡钩勾住光模块拉环，向外拉动，使光模块脱离屏蔽罩

图7-3　专用拔纤器组成及使用示意

② 连接光纤

连接光纤前使用光功率计检查光功率，光功率符合光接口模块功率要求后方可连接。光功率计使用方法如图 7-4 所示。

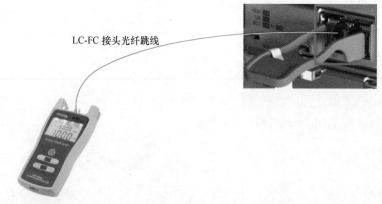

LC-FC 接头光纤跳线

图7-4　光功率计使用方法

连接光纤前应检查光纤接头与光接口是否匹配，如果不匹配，需要使用光纤转接头转接后连接到光接口，光纤转接头也可称为光纤适配器或法兰。常见的光纤接头与转接头如图 7-5 所示，其中承载网设备光模块适配 LC 型光纤接头。

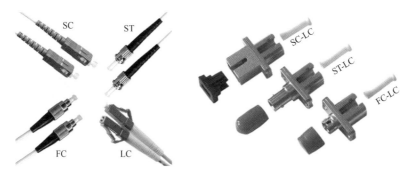

图7-5　常见的光纤接头及光纤转接头

在尾纤输出功率未知的情况下，应避免直接将其插入机盘光接口，可通过虚插或增加衰减器的方式避免强光损毁光模块。图 7-6 所示为 3dB 光衰减器。

③ 保护眼睛

光输出口或输出口所接尾纤端面会发出激光，不要用肉眼直视光模块发射端口或光纤连接器，以免眼睛受损，如图 7-7 所示。

图7-6　3dB光衰减器　　　　图7-7　避免眼睛直视光输出口

④ 避免光纤过度弯折

尾纤的过度弯曲、挤压均会对光功率产生影响，必须弯曲光纤时，曲率（最小弯曲）半径不得小于 38mm，如图 7-8 所示。

⑤ 保护光接口和光接头

未使用的光接口和尾纤上的光接头一定要盖上防尘帽，这样既可以预防操作人员无意中直视光接口或光接头损伤眼睛，又能避免灰尘进入光接口或污染光接头，如图 7-9 所示。

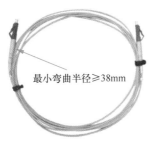

图7-8　光纤最小弯曲半径　　　　图7-9　光接头盖上防尘帽

⑥ 清洁

在清洁光纤接头或光纤连接器时，必须使用专用的清洁工具和材料。下面列举了常用的清洁工具，操作人员可以根据实际需要选配。图 7-10 所示为常见光纤清洁工具箱。

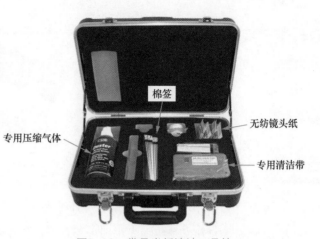

图7-10　常见光纤清洁工具箱

● 专用清洁溶剂（优先选用异戊醇，其次为异丙醇）。

● 无纺镜头纸。

● 专用压缩气体。

● 棉签（医用棉或其他长纤维棉）。

● 专用清洁带。

（6）电气安全

操作人员在例行维护中需要注意以下安全事项，以防止短路、不良接地等电气事故。

① 短路

● 发生短路时，短路瞬间电流过大容易造成设备损坏，留下安全隐患。

● 操作时，应避免金属屑和水等导电物体进入带电设备，以防止电气设备和元件损坏。

● 避免因人为疏忽或接线错误造成短路。

● 避免因管理不善，使小动物进入带电设备造成短路故障。

② 接地

● 确认机房内保护地排接线良好。

● 确认设备接地良好。

③ 设备电源

● 在拆除电源线前，确认电源处于断开状态。

● 电源线不可裸露在外，裸露部分须用绝缘胶布进行处理。

● 在前提条件许可的情况下，先断开电源，再进行其他操作。

❷ 现场维护原则及基本操作要求

（1）保证设备运行环境的清洁。

（2）保证环境温度、湿度、电压等在设备允许的范围内。

（3）不得随意拔插、复位机盘，更换线缆。

（4）定期检查备储物件，防止受潮霉变情况发生，并注意坏件的区分和分开保存，备件不足时需及时补充。

（5）维护过程中，必须佩戴防静电腕带或手套，避免人体静电损伤元器件，或被设备的尖角划伤。

（6）禁止雷雨天气操作设备和电缆。

（7）禁止直接接触或通过潮湿物体间接接触高压电源。

（8）禁止裸眼直视光纤接头或光纤连接器。

（9）维护过程中，严防金属屑或金属部件掉入子框，以免引起短路。

❸ 现场维护人员的职责和要求

（1）维护人员的职责

① 按照维护规程的要求，做好周期性的例行维护工作，并做好相关记录。

② 当有突发性事故发生时，必须遵循维护规程中的步骤进行处理，并立刻向主管部门或主管人员上报，必要时应及时请求其他部门配合，做到在最短时间内排除故障；同时做好重大故障处理过程及相关数据的记录，并定期归档。

（2）对维护人员的要求

① 熟悉机盘面板接口、指示灯含义、主要功能和性能指标。

② 熟悉设备的各种告警和性能，并能正确理解其含义。

③ 熟练使用各种现场维护工具和仪表。

④ 能够完成现场维护例行检查项目及日常维护操作。

7.1.2　现场维护项目分类

掌握现场维护操作规范后，我们开始具体学习现场维护项目。首先明确项目分类，现场维护任务的实施主要由例行检查项目以及常用维护操作两部分组成，具体分类如图 7-11 所示。下面分别对这 8 个子维护项目进行阐述。

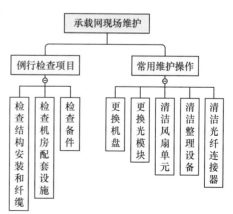

图7-11　现场维护项目分类

7.1.3　检查结构安装和纤缆

检查设备结构安装和纤缆布放，使设备能够安全、持续稳定地正常工作。

❶ 维护周期

每年。

❷ 检查内容

（1）机柜柜门上应有均匀的网孔。

（2）设备子框上下应预留足够的空间。

（3）设备所有空槽位均应安装假面板。

（4）机柜各部件的保护地连接牢固、螺钉拧紧、不影响柜门的开合及设备的安装。

（5）防静电腕带、拔纤工具须安装在机柜或子框指定位置。

（6）设备安装方向正确，风扇进风口和出风口不能有遮挡。

（7）机架内外线缆、尾纤均不得悬空布线。

（8）尾纤、线缆布放美观，不影响柜门的开合、不影响活动部件的操作。

（9）尾纤应用光纤绑扎带（尼龙搭扣）固定，且尾纤在光纤绑扎带（尼龙搭扣）环中可自由抽动，尾纤弯曲直径大于 38mm，禁止使用扎丝或尼龙扎带直接捆绑、固定尾纤。

（10）光纤（线缆）应通过分纤单元引到设备两侧，光纤（线缆）保持顺畅、有序。

❸ 参考标准

正确、美观、整齐的设备结构安装和线缆布放维护效果如图 7-12 所示。

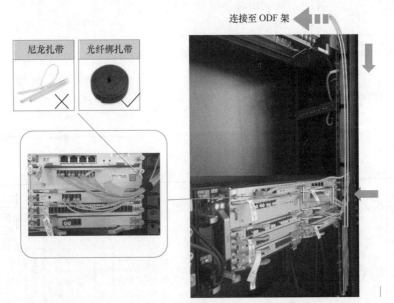

图 7-12　设备结构安装和纤缆布放维护效果

7.1.4　检查机房配套设施

通过检查机房内配套的 ODF 架，判定施工质量，降低人为故障发生的概率（如

图 7-13 所示）。

1 维护周期

每年。

2 操作步骤

（1）检查设备面板上的空余光口、ODF 架的空闲法兰，确保空余光口和空闲法兰上有防尘帽。

（2）检查 ODF 架接头，确保无松动现象。

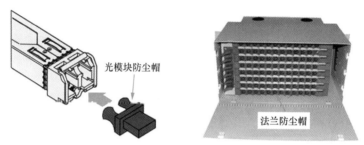

图7-13　检查机房配套设施

7.1.5　检查备件

当设备或机盘出现故障需要更换时，能够及时快速取出备件进行更换，有效缩短故障抢修时间。

1 维护周期

每年。

2 检查内容

（1）检查备件机盘软件版本，保证与在网设备同步升级更新。

（2）检查各备件的外观完整性，测试其功能是否正常，保证所有备件均能正常工作。

（3）将备件存放在干燥、干净的专用柜内，分类摆放，贴好标签，方便后期查找。

（4）重点机房应当现场配置备件，保障就近快速取用。

（5）对于缺少的备件应尽快向上级部门反映，及时补充。

（6）将备件逐一进行登记，方便管理。备件登记表如表 7-3 所示。

表 7-3　备件登记表

编号	入库时间	机盘盘号	机盘盘名	适用设备	存放位置	登记人	出库时间	领用人	备注
1									
2									

续表

编号	入库时间	机盘盘号	机盘盘名	适用设备	存放位置	登记人	出库时间	领用人	备注
3									
4									
5									

7.1.6 更换机盘

基于设备安装项目的学习，我们知道承载网设备的单盘主要由电源控制（PWR）、主控交叉盘以及业务盘组成。在日常维护中，一旦遇到机盘故障需要更换的情况，我们必须牢记更换每类单盘的操作规范。

① 更换 PWR 盘

按规范更换故障 PWR 盘，保证设备正常供电。

（1）操作步骤

① 佩戴好防静电腕带。

② 在电源分配柜（PDP，Power Distribution Panel）或配电柜上将待更换 PWR 盘对应的空气开关置于"OFF"。

③ 用十字螺丝刀拧松螺丝，拔出 PWR 盘上的电源线，拧松机盘上的松不脱螺钉，拔出待更换的电源盘（如图 7-14 的①、②）。

④ 插入新 PWR 盘（如图 7-14 的③、④），插入到位后拧紧松不脱螺钉，接好电源线。

⑤ 接通机柜上方 PDP 上该路的电源开关（将电源开关拨至"ON"）。

图7-14 更换PWR盘示意

（2）参考标准

设备上电后，观察新更换电源盘的指示灯，如果绿灯常亮，红灯不亮，则说明设备输入输出电压在正常范围，机盘运行正常。

② 更换主控交叉盘

承载网设备的主控交叉盘支持 1+1 主备保护，当其中一块出现故障时，须按规范更换故障主控交叉盘，保证业务正常运行，且与网络管理系统通信正常。

（1）操作步骤

① 佩戴好防静电腕带。

② 观察待更换机盘 STAT 指示灯，绿色快闪为主用盘，慢闪为备用盘。

③ 拆除连接在待更换主控交叉盘上的线缆。

④ 若更换主用主控交叉盘，可先短按面板上的 SW 键，实现主备倒换。

⑤ 倒换完成后，拔出待更换主控交叉盘（如图 7-15 的①、②）。

⑥ 插入新主控交叉盘（如图 7-15 的③、④）。

图7–15　更换主控交叉盘示意

（2）参考标准

① 观察机盘 ACT（工作状态）指示灯，如果指示灯显示为绿色并快闪，表明机盘运行正常。

② 通过网络管理系统对新主控交叉盘进行软件版本检查和配置。

❸ 更换业务盘

当业务盘出现故障时，及时将其更换，保证设备稳定运行。

（1）操作步骤

① 核实待更换业务盘的类型、位置及连接的线缆。

② 佩戴好防静电腕带。

③ 拆除机盘上连接的线缆。

④ 拔出待更换机盘（如图 7-16 的①、②）。

⑤ 插入新机盘（如图 7-16 的③、④）。

⑥ 重新连接线缆。

图7–16　更换业务盘示意

（2）参考标准

更换完成后，观察机盘 ACT 指示灯，如果指示灯显示为绿色并快闪，说明机盘运行正常。

7.1.7 更换光模块

设备在运行过程中，当光模块性能指标已无法满足业务需求或光模块损坏无法工作时，需要更换光模块，以保证设备正常工作。

❶ 操作步骤

（1）核实待更换光模块的类型（工作波长、传输距离等光模块信息如图 7-17 所示）、位置及连接的线缆。

（2）佩戴好防静电腕带。

（3）使用拔纤器的拔光纤端拆除待更换光模块接口上的光纤，做好光纤与光接口的对应标记，并给拔出的光纤盖上防尘帽。

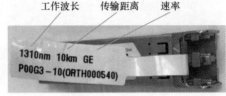

图7-17　光模块信息

（4）使用拔纤器的拔光模块端拔出待更换光模块（如图 7-18 的②、③），放入防静电袋。并在防静电袋上粘贴维护标签，记录本网元的名称和更换原因等。

（5）插入新光模块（如图 7-18 的④、⑤）。

（6）用光功率计检测输入光功率，保证输入光功率在正常范围内。

（7）取下光纤防尘帽，按照记录的对应纤缆关系，插入拔出的纤缆。

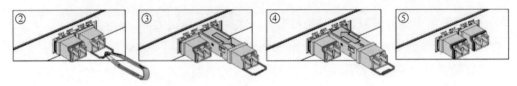

图7-18　更换光模块示意

❷ 参考标准

在网络管理系统中查看发送和接收光功率，光功率若在正常范围内，说明光模块更换成功。

> 注意：
> 光模块不使用时务必要及时塞上防尘帽，以免灰尘进入光模块而影响其性能。

7.1.8 清洁风扇单元

风扇单元负责设备整体散热，运行异常时，需要及时更换，保证设备正常散热，避免因散热异常造成设备故障。在日常维护中，须定期清洁风扇上的灰尘等，保证风扇转动匀速正常。

1 维护周期

每季度。

2 操作步骤

（1）佩戴防静电腕带［插头已正确扣在 ESD（静电放电）扣上］。

（2）用十字螺丝刀拧松风扇单元面板上的松不脱螺钉（如图 7-19 的①）。

（3）双手拉住风扇面板的拉手，将风扇单元向外缓缓抽出 5cm 距离，使风扇单元脱离背板，待风扇停止转动后，将风扇单元完全抽出子框（如图 7-19 的②）。

（4）在 1min 内将新的备用风扇单元插入子框原位置（如图 7-19 的③）。

（5）拧紧松不脱螺钉（如图 7-19 的④）。

（6）观察更换风扇单元面板指示灯，ACT 指示灯应该为绿色常亮。

（7）将换下的风扇单元放入防静电袋，并在防静电袋上贴维护标签，记录风扇单元的名称及更换原因等，然后运出机房。

（8）在机房外采用吸尘器和毛刷，边刷边吸，清洁风扇单元的灰尘，经过除尘后的风扇单元可作为备用风扇使用。

图7-19　更换及清洁风扇单元示意

3 参考标准

（1）风扇告警指示灯正常：ACT 指示灯为绿色常亮。

（2）风扇单元运转正常、无异响。

> 注意：
> ① 风扇单元插入前应进行检查，确保风扇单元内无异物。
> ② 在 1min 内完成风扇单元更换，以保证系统正常散热。

7.1.9　清洁整理设备

清洁承载网设备机柜、子框表面灰尘，避免设备因积灰而影响运行。整理走线架和配线架等配套设备。

1 维护周期

每年。

2 操作步骤

（1）用干净、干燥的防静电软毛刷轻轻地刷去机柜/设备表面灰尘，同时将吸尘器的吸嘴对准毛刷，边刷边吸。

（2）整理走线架和配线架，确保线缆连接可靠、布放整齐、捆扎有序，无老化，线缆标签无脱落。

7.1.10 清洁光纤连接器

光纤连接器端面上的细小灰尘或其他污染物会影响光信号的质量，导致系统性能下降，对网络的稳定运行造成隐患。清洁光纤连接器，避免由于器件不洁造成业务传输质量降低，甚至引起业务中断等故障。

1 操作步骤

（1）佩戴防静电手腕或手套。

（2）通过网络管理系统的"单盘控制命令"执行激光器"关"，然后拔出待清洁的光纤。

（3）在拔出光纤后的光接口上加盖防尘帽。

（4）使用镜头纸或光纤连接器清洁光纤连接器端面，如图 7-20 所示。

（5）拔下光接口上的防尘帽，插入清洁后的光纤。

（6）通过网络管理系统的"单盘控制命令"执行激光器"开"。

2 参考标准

在网络管理系统中查看发送和接收的光功率，光功率若在正常范围内，说明光纤连接器已清洁。

图7-20　清洁光纤连接器端面

> 注意：
> ① 拔出的光纤在清洁之前，勿接触任何物品。
> ② 光纤清洁之后若不马上回插至光接口，须盖上防尘帽。

任务习题 ▶▶ ⋯ ·

1. 简述承载网现场插拔机盘的操作注意事项。
2. 简述保证电气安全的注意事项。

7.1.11   实训单元——常用维护操作

实训目的 ▶▶ ⋯ ·

基于承载网现场维护规范，熟练掌握常用现场维护项目的操作流程及注意事项。

实训内容 ▶▶ ⋯ ·

使用5G承载网实训仿真软件或实际设备，实施现场维护过程中的常用维护操作。

实训准备 ▶▶ ⋯ ·

1. 实训环境准备
    （1）硬件：可登录实训系统仿真软件的计算机终端。
    （2）软件：实训系统仿真软件。
2. 相关知识点要求
    （1）5G承载网设备子框结构及各机盘槽位分布。
    （2）5G承载网设备机盘面板接口、指示灯含义及主要功能。
    （3）5G承载网现场维护操作规范及常用维护操作流程。

实训步骤 ▶▶ ⋯ ·

1. 更换承载网设备典型机盘。
2. 更换承载网设备光模块。
3. 清洁承载网设备风扇单元。
4. 清洁承载网设备光纤连接器。

评定标准 ▶▶ ⋯ ·

能够基于任务实施流程描述，正确且高效地使用实训系统仿真软件完成现场维护常用操作。

实训中的问题：＿＿＿＿＿＿＿＿＿＿＿＿＿＿＿＿＿＿
＿＿＿＿＿＿＿＿＿＿＿＿＿＿＿＿＿＿＿＿＿＿＿＿＿＿
＿＿＿＿＿＿＿＿＿＿＿＿＿＿＿＿＿＿＿＿＿＿＿＿＿＿

问题分析：＿＿＿＿＿＿＿＿＿＿＿＿＿＿＿＿＿＿＿＿＿
＿＿＿＿＿＿＿＿＿＿＿＿＿＿＿＿＿＿＿＿＿＿＿＿＿＿
＿＿＿＿＿＿＿＿＿＿＿＿＿＿＿＿＿＿＿＿＿＿＿＿＿＿

问题解决方案：＿＿＿＿＿＿＿＿＿＿＿＿＿＿＿＿＿＿＿
＿＿＿＿＿＿＿＿＿＿＿＿＿＿＿＿＿＿＿＿＿＿＿＿＿＿
＿＿＿＿＿＿＿＿＿＿＿＿＿＿＿＿＿＿＿＿＿＿＿＿＿＿

思考与拓展

1. 现场维护的常用工具有哪些？
2. 简述清洁风扇单元的操作步骤。

 承载网网管中心维护

【任务前言】

在任务 1 中我们学习了承载网现场维护的相关内容，主要涉及设备硬件，那么 5G 承载网的维护只需要维护设备硬件吗？承载网所承载的 5G 三大场景的业务是不是也需要进行维护呢？业务一旦中断，设备是不是应该产生相关告警提示呢？这些告警是不是应该被收集并展示出来呢？全网所有设备的运行状态是否正常，是否也需要有一个监管者呢？带着上述疑问，在任务 2 中，我们来一探承载网的管理员——网络管理系统的全貌。

【任务描述】

本项任务首先介绍承载网网管中心维护的操作规范，然后基于上述知识储备开始具体维护任务的实施，包括网管检查项目及设备检查项目。通过本项任务的学习，学员能够熟练使用网络管理监控设备运行情况。

【任务目标】

- 能够描述网管中心维护操作注意事项及原则。
- 能够完成网管服务器相关的维护检查项目。
- 能够熟练使用网络管理系统对设备进行维护检查。

 知识储备

7.2.1　网管中心维护操作规范

① 网管中心维护安全操作注意事项

（1）网管服务器正常工作时不应退出。退出网管服务器对业务无影响，但会中断其对设备的监控。

（2）网管服务器为专用设备，不可挪作他用；不可外接来历不明的存储设备，避免病毒的侵害。

（3）不可随意删除网管服务器中的文件，不可向其内部拷入无关的文件。

（4）不可通过网管服务器访问互联网，否则会加大网卡上的数据流量，从而影响正常的网络管理数据传输或带来其他意外，如图 7-21 所示。

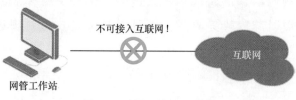

图7-21　不可接入互联网

（5）不可随意修改网管服务器的协议设置、计算机名，否则可能造成网络管理系统不能正常运行，具体如图 7-22、图 7-23 所示。

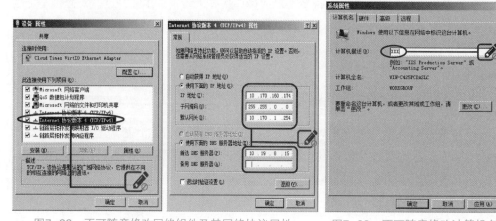

图7-22　不可随意修改网络组件及其网络协议属性　　　图7-23　不可随意修改计算机名

❷ 网管中心维护原则及基本要求

（1）网管中心维护原则

① 不得随意修改网络管理配置数据。对于必须修改网络管理配置数据的情况，应做好记录。

② 严禁在网络管理系统上安装、管理、配置和维护无关的软件。

③ 对于采集到的各项数据，应定期进行记录、分析和总结。

（2）网管中心远端维护操作要求

① 不得随意更改数据和数据库配置，改动前须进行数据备份并做好记录，修改数据后在一定时间内确认设备运行正常，才能删除备份数据。

② 定期观察数据库服务器的磁盘容量使用情况，及时扩容。

③ 就近存放维护过程中需要的软件和资料，以便在需要时及时获取。

❸ 网管中心维护人员的职责和要求

（1）维护人员的职责

① 按照维护规程的要求，做好周期性的例行维护工作，并做好相关记录。

②当有突发性事故发生时，必须遵循维护规程中的步骤进行处理，并立刻向主管部门或主管人员上报，必要时应及时请求其他部门配合，做到在最短时间内排除故障；同时做好重大故障处理过程及相关数据的记录，并定期归档。

③不得随意使用网络管理系统更换机盘、软件升级或增删配置；凡进行机盘更换、设备软件更新或修改网络管理配置数据操作，均应做好记录，以便日后维护使用。

（2）对维护人员的要求

①熟悉 5G 承载网的原理及组网方案。

②熟悉设备架构及工作原理。

③熟悉网络管理系统的架构及运行环境、网络管理系统界面的各项常用操作。

④能够完成网络管理系统检查项目及设备检查项目。

7.2.2　网管中心维护项目分类

掌握网管中心维护操作规范后，我们开始具体维护项目的学习。网管中心维护项目分类如图 7-24 所示。

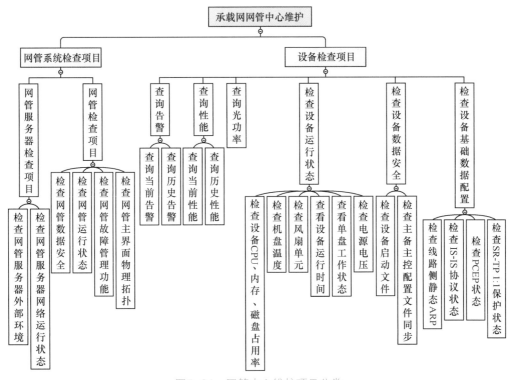

图7-24　网管中心维护项目分类

7.2.3 网管服务器检查项目

1 检查网管服务器外部环境

为网管服务器创建合格的外部环境，可有效提高网络管理系统的运行效率，延长服务器使用寿命。

（1）维护周期

每周。

（2）操作步骤

①检查网管服务器外部卫生条件：防尘、防潮、防磁、散热措施。

②检查并确保各部件的电源线、地线，均连接牢固、极性正常、接触良好。

③按照硬件连接图检查硬件连接线和网络线缆。

通过前述项目的学习，我们知道在 5G 时代，服务端与设备网络之间需要通过两条链路连通。一条链路（网线或光纤）连通设备网络的管理面，另一条链路（光纤）连通设备网络的控制面，实现管理面与控制面的完全隔离。服务器连接如图 7-25 所示，其中设备网卡 1 连通管理面，设备网卡 2 连通控制面。

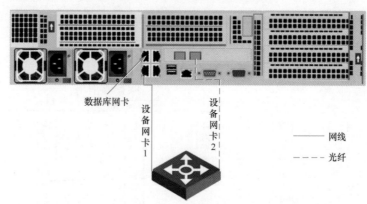

图7-25　服务器连接

（3）参考标准

外部物理环境符合规范、电源供电配置 UPS（不间断电源）、接地良好、硬件连接线正确且标签清晰明了。

2 检查网管服务器网络运行状态

主要通过检查网管服务器的网络运行状态，包括网卡规划与配置、网卡工作状态等内容，保证服务器的网卡运行正常、稳定，与数据库及设备连接正常，为网络管理正常、高效运行打下良好基础。

（1）维护周期

每周。

（2）操作步骤

①检查服务器"网络连接"配置，由图 7-25 可知，服务器一般包含 3 张网卡：数据库网卡、与设备管理面对接网卡、与设备控制面对接网卡。若当前服务器只有两张网卡，也可将管理面网卡与控制面网卡合为一张设备网卡，具体如图 7-26 所示。

图7-26　服务器网络连接

②检查服务器网卡配置

网卡配置的检查主要包括检查各网卡 IP 配置和路由配置两个部分。

● 检查各网卡 IP 地址、子网掩码、网关的配置是否与规划保持一致，主要有以下两种方式。

方式一：单击右键"数据库"或"设备"网卡，依次选择"状态→详细信息"来查看具体 IP 配置信息，如图 7-27 所示。

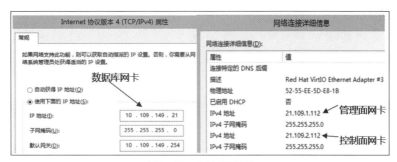

图7-27　网卡IP配置

方式二：使用 cmd 命令行，用 ipconfig /all 命令检查 IP 配置是否正确，如图 7-28 所示。

图7-28　使用cmd命令行查看IP配置

● 使用 cmd 命令行，用 route print 命令检查主机路由表是否正确，如图 7–29 所示。

③ 检查网卡工作状态是否正常。

● 使用 Ping 命令"Ping 网关 IP –l 10000–n 300"，Ping 大包至网关 5min，查看延时和分组丢失情况，确认网络状态是否正常，如图 7–30 所示。

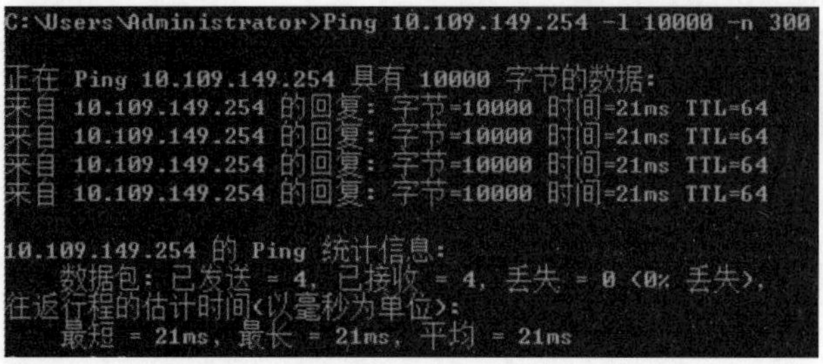

图7–29　使用cmd命令行检查主机路由表

图7–30　使用Ping命令检查网络状态

（3）参考标准

① 网络连接配置正确。

② 通过 ipconfig/all 命令查询到的 IP 应仅为数据库网卡 IP 和设备网卡 IP（管理面及控制面），无不明 IP。

③ 通过 route print 命令查询到的主机路由表中，仅包含为工程而添加的路由，无不明路由。

④ 使用 Ping 大包命令 Ping 的结果应无异常延时、抖动和分组丢失。

7.2.4　网络管理系统检查项目

1 检查网络管理系统数据安全

众所周知，软件有价，数据无价，保证网络管理系统的数据安全是承载网维护的重中之重。保证网络管理系统各种备份文件按要求建立，可防止意外数据丢失（如网管软硬件系统崩溃）时能及时恢复，也可方便问题处理与排查时查询。日常维护中需备份的文件主要为网络管理配置文件，该文件包含业务配置数据、设备、告警、日志及操作等信息。

（1）维护周期

每日。

（2）操作步骤

在网管服务器中，进入 D:\emsback 目录下检查是否存在备份的网络管理配置文件。网络管理系统默认每天凌晨 3 时自动导出一份配置文件到默认路径 D:\UNM2000\emsback 下。告警、性能、日志、安全、网络管理配置等数据均通过该方式自动备份，如图 7-31 所示。

（3）参考标准

网络管理配置文件备份文件命名如 20200312_030012_allback，应当与作业计划相符，无遗漏，并能导入数据库，且应存在外部介质或远程 FTP 服务器的定期备份。

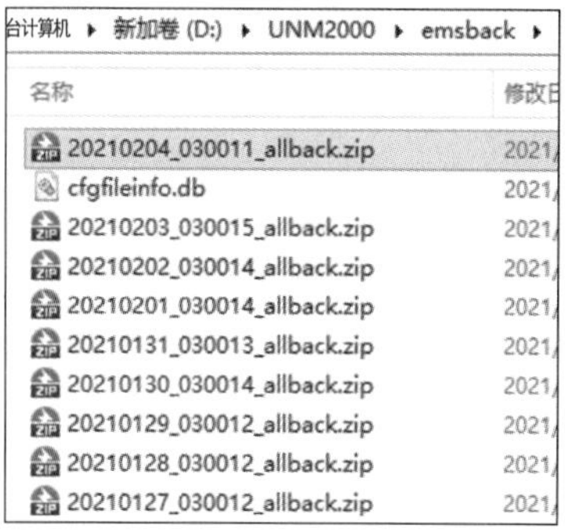

图7-31　网管自动备份文件

2 检查网管运行状态

确保网络管理软件及 MySQL 数据库运行稳定、无隐患。

（1）维护周期

每周。

（2）操作步骤

① 选择服务器系统"菜单"→"管理工具"→"服务"，查看以"UNM_"开头的服务、MySQL 数据库服务的运行状态是否显示为"正在运行"，如图 7-32 所示。

图7-32　网络管理服务的运行状态

② 检查网元在位情况，应无灰网元、无灰机框、无灰机盘。

③ 在网络管理界面，查看机盘告警、性能、状态，正常时应返回对应告警、性能、状态，如返回超时或失败，应查找原因。

（3）参考标准

① 网络管理及数据库关键服务状态应为"正在运行"，且 MySQL 数据库服务启动属性设置为"自动"。可使用批处理命令"startAllService.bat"一次开启所有网络管理相关服务。

② 可登录网元、单盘，在允许的权限内查看告警、性能、状态，无脱管情况发生。

3 检查网络管理系统故障管理功能

保证网络管理系统的故障管理功能健全、无隐患。

（1）维护周期

每月。

（2）操作步骤

① 检查设备告警与网络管理告警灯对应状态是否一致，对应关系如下（如图 7-33 所示）。

● 通信中断（包括网块通信中断、网元通信中断和盘通信中断），灰色（在实际界面中）；

● 紧急告警（指使业务中断并需要立即进行故障检修的告警），红色（在实际界面中）；

● 主要告警（指影响业务并需要立即采取故障检修的告警），橙色（在实际界面中）；

● 次要告警（指不影响业务，但需要采取故障检修以阻止恶化的告警），黄色（在实际界面中）；

● 提示告警（指不影响现有业务，但有可能成为影响业务的告警，可视需要采取故障检修），蓝色（在实际界面中）。

图7-33 网络管理告警统计

② 检查告警屏蔽设置功能

设置告警屏蔽规则可以屏蔽界面显示的某些告警，使用户聚焦重要告警，提高故障解决效率。

● 网络管理侧告警屏蔽：设置网络管理侧告警屏蔽后，被屏蔽的告警应不在界面上显示。右键单击对应告警，选择"屏蔽"；或在主菜单中选择"告警"→"设置"→"告警屏蔽规则"，通过设置告警屏蔽规则进行告警屏蔽，如图 7-34 所示。

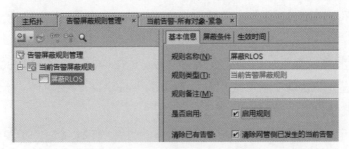

图7-34 网络管理侧告警屏蔽设置

● 设备侧告警屏蔽：设置设备侧告警屏蔽后，被屏蔽的设备告警应不上报到网络管理系统。在网元管理器的操作树中选择"告警"→"设备侧告警屏蔽"，勾选待屏蔽告警，并单击右键，在菜单中选择"设置屏蔽"，如图7-35所示。

图7-35　设备侧告警屏蔽设置

③ 检查告警声光设置功能

● 在主菜单中选择"系统"→"参数设置"→"告警设置"→"本地设置"→"告警颜色"，修改告警级别与告警灯颜色对应关系，如图7-36所示。

图7-36　告警颜色设置

● 在主菜单中选择"系统"→"参数设置"→"告警设置"→"本地设置"→"告警声音"，修改告警级别与声音的对应关系，如图7-37所示。

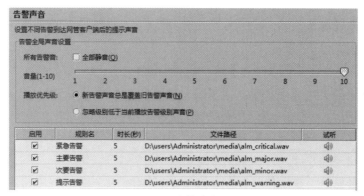

图7-37　告警声音设置

（3）参考标准

① 在网络管理界面上，网元、设备、机盘告警灯指示正常，与实际告警情况相匹配。

② 可进行网络管理侧、设备侧告警屏蔽。

③ 可设置声光告警上报，包括自定义声音、颜色。

④ 检查网络管理主界面物理拓扑

合理布置网元位置，便于美观和维护设备。

（1）维护周期

每季度。

（2）操作步骤

打开网络管理主界面物理拓扑（如图 7-38 所示），按照下面的参考标准进行检查。

（3）参考标准

① 网元之间连线无交叉的情况。

② 可以明显区分两个网元之间的多条连线。

③ 不同设备类型的网元采用不同的图标。

④ 整个网络拓扑在界面上的整体布局合理，没有明显的乱摆乱放现象。

7.2.5 查询告警

告警是网络中一些参数异常的提示信息，可分为当前告警和历史告警。设备通常通过指示灯告警，网络管理系统有完善的告警指示页面，可通过声音和图标闪烁等方式提示网络管理员对告警进行处理。

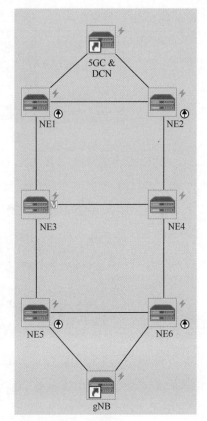

图7-38 网络管理主界面物理拓扑

● 当前告警：网络中未被清除，当前仍然存在，保存在网络管理系统当前告警库中的告警数据。

● 历史告警：已清除已确认状态的当前告警，经过自定义的延时时间后转为历史告警，保存在网络管理系统历史告警库中。

❶ 查询当前告警

定期浏览当前告警可有助于故障的及时发现和清除，保证网络稳定运行。

（1）维护周期

每日。

（2）操作步骤

① 查询逻辑域或网元告警：右键单击左侧"浏览树"中的逻辑域或网元对象，在弹出的快捷菜单中选择"告警事件"→"当前告警"，显示逻辑域或网元的当前告警界面。

② 查询单盘当前告警：进入网元管理器，右键单击框视图中的对应单盘，在菜单中选择"当前告警"，显示单盘的当前告警界面，如图 7-39 所示。

（3）参考标准

① 可查询当前告警、历史告警并设置查询条件；可进行告警确认；查询告警时可显示告警代码、名称、地址、发生时间、结束时间、确认状态等信息。

② 设备不应存在异常的当前告警，须重点关注输入光信号丢失（RLOS）/分组丢失过限（PK_LOS）/功率过低（IOP_LOW）、通信中断（MCOMFAIL）、保护倒换失败（SW_FAIL）、单盘 CPU（CPU_USE_PER_OVER）/内存（MEM_USE_PER_OVER）/磁盘占用率过高（DISK_USE_PER_OVER）等告警。若存在，

图7-39　查询单盘当前告警

需要及时处理。具体处理方法详见项目 8。网元当前告警如图 7-40 所示。

编号	图标	级别	名称	确认状态	清除状态	告警源	定位信息
34854		次要	等待恢复(SWTR)	未确认	设备清除	LAB-G1:NE6	SRC5F[16]::Inside-TP1::1---VP-tunnel-id=2
34853		紧急	光模块不在位(OTRX_ABS...	未确认	未清除	LAB-G1:NE6	LFAC2[04]::50GE_2(面板口)--Phy_Oif-name=flexe-50gi0/4/0/2)
34852		紧急	光模块不在位(OTRX_ABS...	未确认	未清除	LAB-G1:NE6	LFAC2[05]::50GE_2(面板口)--Phy_Oif-name=flexe-50gi0/5/0/2)
34851		紧急	连接信号丢失(LINK_LOS)	未确认	未清除	LAB-G1:NE6	MAC8[14]::GE_8(面板口)--Ethernetif-name=eth-1gi0/14/0/8)
34850		紧急	连接信号丢失(LINK_LOS)	未确认	未清除	LAB-G1:NE6	MAC8[14]::GE_7(面板口)--Ethernetif-name=eth-1gi0/14/0/7)
34849		紧急	连接信号丢失(LINK_LOS)	未确认	未清除	LAB-G1:NE6	MAC8[14]::GE_6(面板口)--Ethernetif-name=eth-1gi0/14/0/6)
34848		紧急	连接信号丢失(LINK_LOS)	未确认	未清除	LAB-G1:NE6	MAC8[14]::GE_5(面板口)--Ethernetif-name=eth-1gi0/14/0/5)
34847		紧急	连接信号丢失(LINK_LOS)	未确认	未清除	LAB-G1:NE6	MAC8[14]::GE_3(面板口)--Ethernetif-name=eth-1gi0/14/0/3)
34846		紧急	连接信号丢失(LINK_LOS)	未确认	未清除	LAB-G1:NE6	MAC8[14]::GE_2(面板口)--Ethernetif-name=eth-1gi0/14/0/2)
34845		紧急	连接信号丢失(LINK_LOS)	未确认	未清除	LAB-G1:NE6	MAC8[14]::GE_1(面板口)--Ethernetif-name=eth-1gi0/14/0/1)
33120		紧急	PCC通信中断(PCC_DOWN)	未确认	未清除	LAB-G1:NE6	NE6

图7-40　网元当前告警

❷ 查询历史告警

通过网络管理系统查询历史告警，获取设备在过去一段时间所出现的异常数据，指导当前的维护工作，对分析网络结构、制订优化方案具有参考价值。

（1）维护周期

每日。

图7-41　网元历史告警

（2）操作步骤

① 查询逻辑域或网元告警：右键单击左侧浏览树中的"逻辑域"或"网元对象"，在弹出的快捷菜单中选择"告警事件"→"历史告警"，显示逻辑域或网元的历史告警界面，如图 7-41 所示。

219

② 查询单盘历史告警：进入"网元管理器"，右键单击框视图中的对应单盘，在右键菜单中选择"历史告警"，显示单盘的历史告警界面。

（3）参考标准

设备不应存在重复出现的紧急告警或重要告警。系统近期如多次出现某紧急告警或重要告警，应做好记录，并分析系统可能存在的安全隐患，并及时排除安全隐患，降低设备安全运行的风险。

7.2.6 查询性能

性能是设备在网络中运行的质量统计数据，分析性能数据可以更好地帮助维护人员了解网络状态，优化网络结构，预防网络可能发生的故障。性能数据包括当前性能数据和历史性能数据。

● 当前性能数据：设备在当前网络中的性能数据，以 15min 或 24h 为时间标准进行数据取值。

● 历史性能数据：过去一段时间内网元检测到的性能数据，网络管理系统中存储的历史性能数据，设置查询的起止时间点，以 15min 或 24h 为时间标准进行数据取值。

① 查询当前性能

通过查询性能上报情况，判断设备是否稳定运行，及时排除隐患。通常须查询主控盘、业务接口盘的性能。

● 查询主控盘的性能：及时发现设备的温度及供电电压是否异常。

● 查询业务接口盘的性能：获取系统的误码计数等。

（1）维护周期

每日。

（2）操作步骤

① 查询逻辑域或网元性能：右键单击界面左侧浏览树中的"逻辑域"或"网元对象"，在弹出的快捷菜单中选择"性能"→"当前性能"，显示逻辑域或网元的当前性能界面，如图 7-42 所示。

② 查询单盘当前性能：进入"网元管理器"，右键单击框视图中的对应单盘，单击右键，在菜单中选择"当前性能"，显

图7-42 网元当前性能

示单盘的当前性能界面。

（3）参考标准

① 业务接口盘 CRC 错包计数（CRC_ERR）、坏包计数（RX_BDPK）均为 0，同时无对应的收坏包过限（RX_ERR）、分组丢失过限告警（PK_LOS）；输入 / 输出光功率处于正常范围。

② CPU/ 内存 / 磁盘利用率处于正常范围，无对应利用率过限告警。

网元当前性能（15min）如图 7-43 所示。

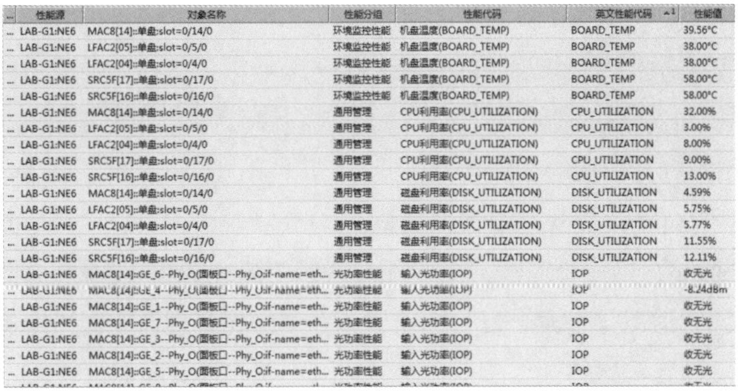

图7-43　网元当前性能（15min）

❷ 查询历史性能

维护人员可通过查询和分析设备的历史性能数据，了解网络运营效率，对网络未来的性能进行预测，为网络的进一步规划提供参考；需要保证性能采集相关的网络管理服务和数据库服务正常启动，并且建立性能采集任务。

（1）维护周期

每日。

（2）操作步骤

① 查询逻辑域或网元性能：右键单击界面左侧浏览树中的"逻辑域"或"网元对象"，在弹出的快捷菜单中选择"性能"→"当前性能"，显示逻辑域或网元的历史性能界面。

② 查询单盘历史性能：进入网元管理器，右键单击框视图中的对应单盘，单击右键，在菜单中选择"历史性能"，显示单盘的历史性能界面，如图 7-44 所示。

（3）参考标准

设备不存在多次出现的性能异常。系统的

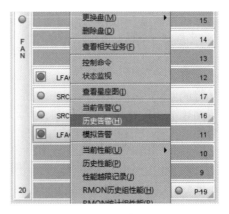

图7-44　查询单盘历史性能

221

某性能参数如近期多次出现异常，应做好记录，并分析系统可能存在的安全隐患，应及时排除隐患，降低设备运行的风险。

7.2.7　查询光功率

当光接口的接收、发送光功率异常时，可能会产生误码或损坏光器件。通过网络管理系统查询光接口盘的接收光功率和发送光功率，确保光接口的发送、接收光功率都在正常范围内，保证设备正常工作。

（1）维护周期

每月。

（2）操作步骤

下面介绍查询光功率的 3 种常见方式。

方式一：通过光模块状态查询光功率。

① 进入网元的"网元管理器"：在网络管理系统窗口左侧浏览树中，双击相应网元。

② 进入网元的"状态命令行"选项卡：在"网元管理器"窗口左侧操作树上选择"高级"→"状态命令行"。

③ 查询光模块状态：在"状态命令行"窗口下，选择"接口状态"→"光模块状态"，如图 7-45 所示。

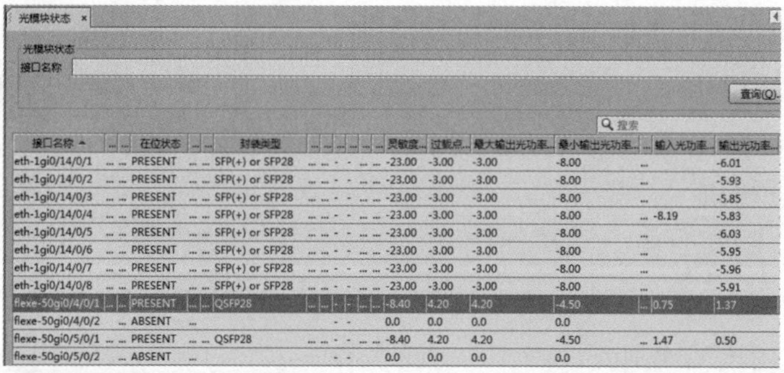

图7-45　查询光功率1

方式二：通过物理拓扑连线查询。

在物理拓扑视图下，右键单击任意两个网元之间的连线，选择"查看光功率"选项卡，如图 7-46 所示。

方式三：通过光接口盘查询。

① 进入网元的框视图：双击网络管理界面左侧浏览树中的网元，调出对应框视图。

② 进入单盘当前性能查看输入 / 输出光

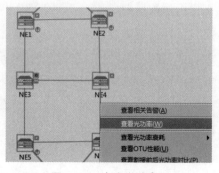

图7-46　查询光功率2

功率：右键单击框视图中的光接口盘，在右键菜单中单击“当前性能”→“当前15min性能”，弹出当前性能选项卡，在该窗口中查看对应光接口的输入/输出光功率，如图 7-47 所示。

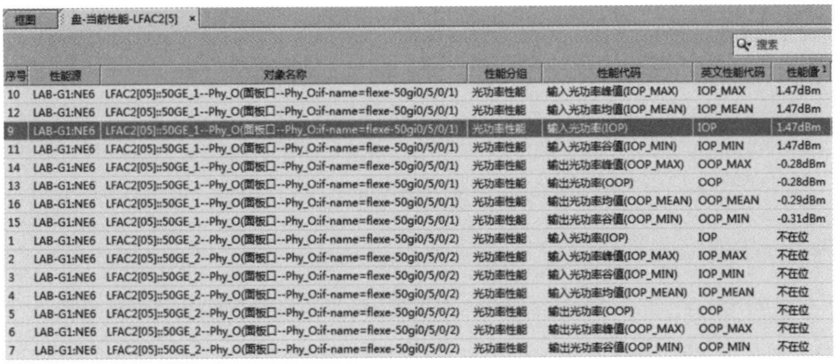
框图　盘-当前性能-LFAC2[5] ×　搜索

序号	性能源	对象名称	性能分组	性能代码	英文性能代码	性能值
10	LAB-G1:NE6	LFAC2[05]::50GE_1--Phy_O(面板口--Phy_O:if-name=flexe-50gi0/5/0/1)	光功率性能	输入光功率峰值(IOP_MAX)	IOP_MAX	1.47dBm
12	LAB-G1:NE6	LFAC2[05]::50GE_1--Phy_O(面板口--Phy_O:if-name=flexe-50gi0/5/0/1)	光功率性能	输入光功率均值(IOP_MEAN)	IOP_MEAN	1.47dBm
9	LAB-G1:NE6	LFAC2[05]::50GE_1--Phy_O(面板口--Phy_O:if-name=flexe-50gi0/5/0/1)	光功率性能	输入光功率(IOP)	IOP	1.47dBm
11	LAB-G1:NE6	LFAC2[05]::50GE_1--Phy_O(面板口--Phy_O:if-name=flexe-50gi0/5/0/1)	光功率性能	输入光功率谷值(IOP_MIN)	IOP_MIN	1.47dBm
14	LAB-G1:NE6	LFAC2[05]::50GE_1--Phy_O(面板口--Phy_O:if-name=flexe-50gi0/5/0/1)	光功率性能	输出光功率峰值(OOP_MAX)	OOP_MAX	-0.28dBm
13	LAB-G1:NE6	LFAC2[05]::50GE_1--Phy_O(面板口--Phy_O:if-name=flexe-50gi0/5/0/1)	光功率性能	输出光功率(OOP)	OOP	-0.28dBm
16	LAB-G1:NE6	LFAC2[05]::50GE_1--Phy_O(面板口--Phy_O:if-name=flexe-50gi0/5/0/1)	光功率性能	输出光功率均值(OOP_MEAN)	OOP_MEAN	-0.29dBm
15	LAB-G1:NE6	LFAC2[05]::50GE_1--Phy_O(面板口--Phy_O:if-name=flexe-50gi0/5/0/1)	光功率性能	输出光功率谷值(OOP_MIN)	OOP_MIN	-0.31dBm
1	LAB-G1:NE6	LFAC2[05]::50GE_2--Phy_O(面板口--Phy_O:if-name=flexe-50gi0/5/0/2)	光功率性能	输入光功率(IOP)	IOP	不在位
2	LAB-G1:NE6	LFAC2[05]::50GE_2--Phy_O(面板口--Phy_O:if-name=flexe-50gi0/5/0/2)	光功率性能	输入光功率峰值(IOP_MAX)	IOP_MAX	不在位
3	LAB-G1:NE6	LFAC2[05]::50GE_2--Phy_O(面板口--Phy_O:if-name=flexe-50gi0/5/0/2)	光功率性能	输入光功率谷值(IOP_MIN)	IOP_MIN	不在位
4	LAB-G1:NE6	LFAC2[05]::50GE_2--Phy_O(面板口--Phy_O:if-name=flexe-50gi0/5/0/2)	光功率性能	输入光功率均值(IOP_MEAN)	IOP_MEAN	不在位
5	LAB-G1:NE6	LFAC2[05]::50GE_2--Phy_O(面板口--Phy_O:if-name=flexe-50gi0/5/0/2)	光功率性能	输出光功率(OOP)	OOP	不在位
6	LAB-G1:NE6	LFAC2[05]::50GE_2--Phy_O(面板口--Phy_O:if-name=flexe-50gi0/5/0/2)	光功率性能	输出光功率峰值(OOP_MAX)	OOP_MAX	不在位
7	LAB-G1:NE6	LFAC2[05]::50GE_2--Phy_O(面板口--Phy_O:if-name=flexe-50gi0/5/0/2)	光功率性能	输出光功率谷值(OOP_MIN)	OOP_MIN	不在位

图7-47　查询光功率3

（3）参考标准

输入/输出光功率在规定或建议范围内，表明光模块正常工作，具体指标如表 7-4 所示（表中为双纤双向光模块）。

表 7-4　光模块指标

速率	距离（km）	中心波长范围（nm）	发光功率范围（AVG/dBm）	过载光功率（AVG/dBm）	最差灵敏度（AVG/dBm）	上限标准(AVG/dBm)	下限标准(AVG/dBm)
50GE	10	1304 ～ 1317.5	–4.5 ～ 4.2	4.2	–8.4	2.2	–5.4
	40		0.4 ～ 6.7	–3.4	–15.1	–5.4	–12.1
GE	10	1310	–8 ～ –3	–3	–20	–5	–17
	40	1310	–5 ～ 0	–3	–23	–5	–20
	80	1550	–2 ～ 3	–3	–25	–5	–22

7.2.8　检查设备运行状态

❶ 检查设备 CPU、内存、磁盘占用率

软件升级时须查询对应单盘的磁盘占用率，确认是否有剩余磁盘空间上传软件包或存储 log 日志。若剩余可用磁盘空间过小，将导致新增的 log 数据文件无法保存、升级文件包无法继续上传。当单盘状态回调、告警查询等外部事件反馈过慢时，须确认 CPU 或内存占用率是否过高。若 CPU 或内存占用率过高，会影响主控盘/业务盘的任务处理和事件调度，可能会导致主控盘无法及时处理新增配置、响应外部事件变化，严重时影响协议状态，导致业务中断。

（1）维护周期

每日。

（2）操作步骤

在 7.2.6 节中，我们介绍了可以在设备“当前性能”窗口下查看 CPU、内存以及磁盘占用率信息，在本节中我们将介绍如何在“状态命令行”窗口下查看上述信息，具体操作过程如下。

① 进入网元的“网元管理器”：在网络管理窗口左侧浏览树窗格中双击相应网元。

② 进入网元的“状态命令行”选项卡：在“网元管理器”窗口左侧操作树上选择“高级”→“状态命令行”。

- 查询磁盘占用信息状态：单击“磁盘占用信息状态”，在弹出的选项卡中单击“查询”，如图 7-48 所示。

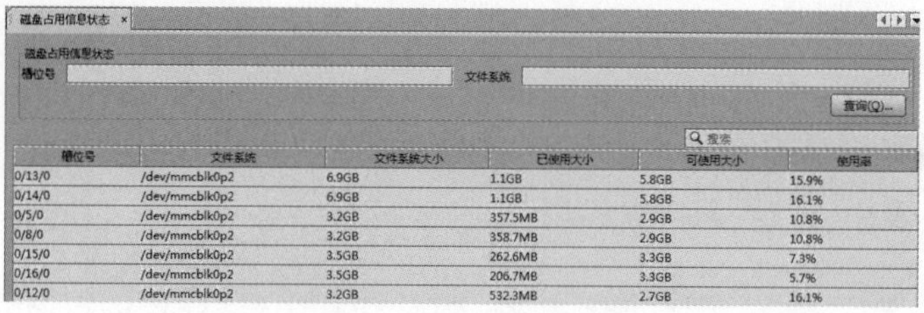

槽位号	文件系统	文件系统大小	已使用大小	可使用大小	使用率
0/13/0	/dev/mmcblk0p2	6.9GB	1.1GB	5.8GB	15.9%
0/14/0	/dev/mmcblk0p2	6.9GB	1.1GB	5.8GB	16.1%
0/5/0	/dev/mmcblk0p2	3.2GB	357.5MB	2.9GB	10.8%
0/8/0	/dev/mmcblk0p2	3.2GB	358.7MB	2.9GB	10.8%
0/15/0	/dev/mmcblk0p2	3.5GB	262.6MB	3.3GB	7.3%
0/16/0	/dev/mmcblk0p2	3.5GB	206.7MB	3.3GB	5.7%
0/12/0	/dev/mmcblk0p2	3.2GB	532.3MB	2.7GB	16.1%

图7-48　磁盘占用信息

- 查询 CPU 内存占用信息状态：单击“CPU 内存占用信息状态”，在弹出的选项卡中单击“查询”，如图 7-49 所示。

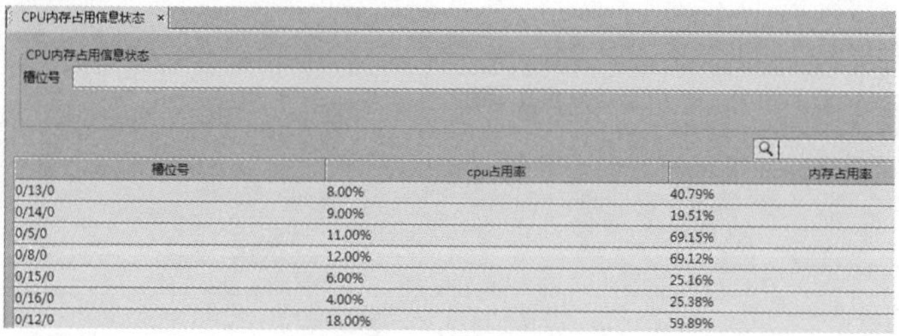

槽位号	cpu占用率	内存占用率
0/13/0	8.00%	40.79%
0/14/0	9.00%	19.51%
0/5/0	11.00%	69.15%
0/8/0	12.00%	69.12%
0/15/0	6.00%	25.16%
0/16/0	4.00%	25.38%
0/12/0	18.00%	59.89%

图7-49　CPU内存占用信息

（3）参考标准

① CPU 的占用率应低于 75%。

② 主控盘内存占用率应低于 75%，业务盘内存利用率应低于 85%。

③ 磁盘占用率应低于 70%。

❷ 检查机盘温度

机盘工作温度过高，致使系统处于高危状态。在此状态下长期运行，有可能引起误码、业务中断等问题，甚至导致机盘损坏，定期进行机盘温度检查，可以将故障消除在未发生前，有利于保障网络稳定运行。

（1）维护周期

每周。

（2）操作步骤

① 查询网元的"当前告警"，检查单盘是否存在机盘温度过限告警（TEMP_TCT）。

② 在网元的"状态命令行"选项卡下，选择"设备状态"→"芯片温度信息"。查询机盘当前温度、风扇调速门限、告警门限和回差值。芯片温度信息查询结果如图 7-50 所示。

槽位号	单盘名称	芯片编号	环境温度	调速温度	最大温度	回差值
0/4/0	lfac2	1	38	60	72	6
0/5/0	lfac2	1	38	60	72	6
0/14/0	mac8	1	38	57	64	7
0/16/0	src5f	1	56	60	70	7
0/17/0	src5f	1	57	60	70	7

图7-50　芯片温度信息查询结果

● 环境温度：表示当前盘温。

● 调速温度：表示风扇调速门限，当盘温大于或等于这个温度时风扇升档。

● 最大温度：表示告警门限，当盘温大于或等于这个温度时上报盘温越限的告警。

● 回差值：当调速温度与环境温度的差值大于或等于回差值时风扇开始降档，直至降至最低转速。

（3）参考标准

各单盘盘温正常，无机盘温度过限告警（TEMP_TCT）。

❸ 检查风扇单元

通过查看风扇单元调速模式、运行档位和风扇转速来判断风扇单元运转是否正常，防止因风扇单元故障导致设备温度过高，影响设备正常工作。当设备出现温度过高告警时，可查询风扇目前的运行档位，适当调高档位。

（1）维护周期

每周。

（2）操作步骤

① 查询网元的"当前告警"，检查是否存在风扇故障告警（FANALM）。

② 在网元的"状态命令行"选项卡下，选择"设备状态"→"风扇信息"，查询风扇的调速模式、风扇档位及转速信息。风扇信息查询结果如图 7-51 所示。

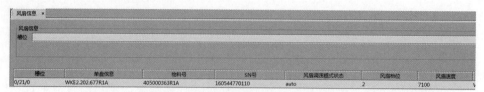

槽位	单盘信息	物料号	SN号	风扇调速模式状态	风扇档位	风扇速度
0/21/0	WKE2.202.677R1A	405000363R1A	160544770110	auto	2	7100

图7-51　风扇信息查询结果

（3）参考标准

各网元无 FANALM 告警，正常情况下，"风扇调速模式状态"应设置为"auto"。

④ 查看设备运行时间

查看设备的运行时间可以确定设备是否发生过掉电等故障。

（1）维护周期

每周。

（2）操作步骤

在网元的"状态命令行"选项卡下选择"设备状态"→"设备单盘信息"，在弹出的选项卡中单击"查询"，在回显信息中查询各单盘的上线时间。单盘上线时间查询结果如图 7-52 所示。

槽位号索引	cpu编号	单盘上线时间	单盘名	单板角色信息	单盘注册信息	单盘初始化状态	单盘在位信息
0/4/0	1	0days 01:29:37	lfac2	Primary	Y	OK	Online
0/5/0	1	0days 01:29:35	lfac2	Primary	Y	OK	Online
0/14/0	1	0days 01:29:21	mac8	Primary	Y	OK	Online
0/16/0	1	0days 01:33:15	src5f	Primary	Y	OK	Online
0/17/0	1	0days 01:32:25	src5f	Backup	Y	OK	Online
0/19/0	1	0days 01:30:19	PWR	Primary	Y	OK	Online
0/20/0	1	0days 01:30:19	FAN	Primary	Y	OK	Online

图7-52　单盘上线时间查询结果

（3）参考标准

单盘上线时间应与实际运行时间一致。

⑤ 查看单盘工作状态

确保主控盘主备状态正常，交叉盘、业务盘工作状态正常，能有效地完成对设备的管理，无隐患。检查业务盘的盘在位状态，确保单盘正常工作。

（1）维护周期

每日。

（2）操作步骤

在网元的"状态命令行"选项卡下选择"设备状态"→"设备单盘信息"，在弹出的选项卡中单击"查询"，在回显信息中查看各盘的主备角色、注册信息、单盘初始化状态、单盘在位信息。设备单盘信息查询结果如图 7-53 所示。

槽位号索引	cpu编号	单盘上线时间	单盘名	单板角色信息	单盘注册信息	单盘初始化状态	单盘在位信息
0/4/0	1	0day 01:29:37	lfac2	Primary	Y	OK	Online
0/5/0	1	0day 01:29:35	lfac2	Primary	Y	OK	Online
0/14/0	1	0day 01:29:21	mac8	Primary	Y	OK	Online
0/16/0	1	0day 01:33:15	src5f	Primary	Y	OK	Online
0/17/0	1	0day 01:32:25	src5f	Backup	Y	OK	Online
0/19/0	1	0day 01:30:19	PWR	Primary	Y	OK	Online
0/20/0	1	0day 01:30:19	FAN	Primary	Y	OK	Online

图7-53　设备单盘信息查询结果

（3）参考标准

① 主控盘"单板角色信息"应为一主（Primary）一备（Backup）。

② 各盘的"单盘在位信息"均应为"Y"、"单盘初始化状态"均应为"OK"。

⑥ 检查电源电压

通过检查设备电源供电、防雷接地情况来判定设备的基本运行环境。

（1）维护周期

每周。

（2）操作步骤

① 首先定位主用主控盘，然后查询主用主控盘的"当前性能"，查看各电源盘的电压是否正常。电压查询结果如图 7-54 所示。图 7-54 中的电压为 19 槽位电源盘的电压。

序号	性能源	对象名称	性能分组	性能代码	英文性能代码	性能值
6	LAB-G1:NE6	SRC5F[16]::电源:slot=0/19/0	环境监控性能	机架供电电压(RACK_POWER)	RACK_POWER	-53V

图7-54　电压查询结果

② 查询网元的"当前告警"，查看是否有电源故障告警（POWERALM）、电压过低告警（VOLT_LOW）、电压过高告警（VOLT_HIGH）、业务盘 –48V 电压关断告警（SHUT_DOWN_48V）、电源故障告警。

（3）参考标准

电压标准：标准直流电压 –48V，正常范围 –57 ～ –40V，且各网元无 POWERALM、VOLT_LOW、VOLT_HIGH、SHUT_DOWN_48V 等电源故障类告警。

7.2.9　检查设备数据安全

通过对前面的学习，我们知道了网络管理的配置文件，其文件名为以时间顺序

命名的 .zip 文件，而在设备开通与连通性测试章节中我们也了解了设备底层的配置文件，其文件名为"网元 IP.cfg"。上述网络管理及设备配置文件的组合即为 5G 承载网的数据集合。在本节中，我们将介绍如何检查设备数据安全，主要包括设备启动文件检查及主备主控配置文件同步检查。

（1）检查设备启动文件：每次重启设备，均会加载设备底层的 cfg 文件。因此，对于日常通过网络管理系统修改配置后保存的 cfg 文件，需要将其设置为下次设备重启后加载的文件，这样才能够保证业务数据的完整性。

（2）检查主备主控配置文件同步：当主控盘故障时，会触发备盘倒换为主盘，若此时配置文件不同步，会造成业务中断。因此，通过检查以确保主备主控盘的 cfg 文件同步。

❶ 检查设备启动文件

（1）维护周期

每日。

（2）操作步骤

在网元的"状态命令行"选项卡下选择"启动配置状态"→"启动配置信息"，在弹出的选项卡中单击"查询"，在回显信息中查看"下次启动的配置文件名"。启动配置文件如图 7-55 所示。

图7-55　启动配置文件

（3）参考标准

"配置文件名"和"下次启动的配置文件名"应与底层规划配置一致，即文件名为"网元 IP.cfg"。

❷ 检查主备主控配置文件同步

（1）维护周期

每日。

（2）操作步骤

在网元的"状态命令行"选项卡下选择"设备状态"→"主备状态信息"，在弹出的选项卡中单击"查询"，在回显信息中查看"主备状态"。主备状态查询如图 7-56 所示。

图7-56   主备状态查询

（3）参考标准

"主备状态"应为"READY"，此时表明主备主控盘之间的配置文件已同步。

7.2.10 检查设备基础数据配置

① 检查线路侧静态 ARP

线路侧 flexe_tunnel 接口必须正确绑定静态 ARP，确保网元间数据转发正常。

（1）维护周期

每月。

（2）操作步骤

① 在网元的"状态命令行"选项卡下选择"ARP 状态"→"ARP 邻居表项"，进入对应选项卡。

② 在选项卡输入查询条件查询指定条目，或单击选项卡"查询"查看网元所有接口 ARP 表项，如图 7-57 所示。

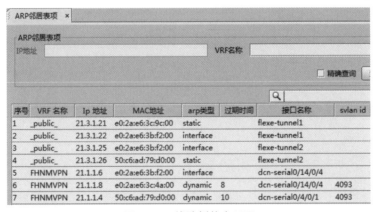

图7-57   线路侧静态ARP

（3）参考标准

每个线路侧 flexe_tunnel 接口必须有 ARP 条目，且"arp 类型"为"static"。若"arp 类型"为"dynamic"，请将动态 ARP 转换为静态 ARP。

❷ 检查 IS-IS 协议状态

5G 承载网中所有设备到控制器的连通需要 IS-IS 协议的支持，因此，需要定期检查 IS-IS 当前会话状态是否为"up"、检查协议 up 时间是否正常。

（1）维护周期

每日。

（2）操作步骤

① 在网元的"状态命令行"选项卡下，选择"IS-IS 状态"→"IS-IS 邻居状态"，进入对应选项卡。

② 在选项卡输入查询条件查询指定 IS-IS 实例条目的邻居状态，或单击选项卡"查询"查看网元所有 IS-IS 实例条目的邻居状态，如图 7-58 所示。

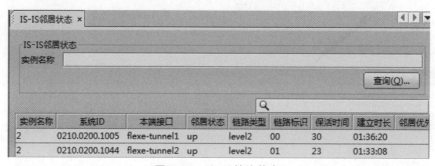

图7-58　IS-IS 协议状态

（3）参考标准

① IS-IS 各实例的邻居数目与规划配置一致。

② IS-IS 各实例的"邻居状态"均为"up"、"建立时长"与实际协议 up 时间一致。

❸ 检查 PCEP 状态

所有部署 SR-TP 隧道的设备均需配置与网络管理侧 PCE 服务器的连接，建立连接后，PCE 服务器将实现 SR-TP 隧道自动路径计算。因此，在日常例行维护中，须定期检查 PCE 服务器与各设备的 PCEP 连接状态。

（1）维护周期

每日。

（2）操作步骤

查询全网网元 PCEP 连接状态：

① 在网络管理系统窗口主菜单选择"配置"→"PCEP 信令查询"，进入"PCEP 信令查询"选项卡。

② 单击选项卡的"查询"按钮，查看 PCE 服务器与各设备的 PCEP 连接状态，如图 7-59 所示。

序号	实例名称	服务器IP地址	邻居地址	会话状态	会话Up时间	保活时间(S)	保持时间(S)	发送消息数量
1	1	21.109.2.112	21.2.1.5	up	2021-02-04 16:38:11	30	120	21
2	1	21.109.2.112	21.2.1.2	up	2021-02-04 16:38:17	30	120	24
3	1	21.109.2.112	21.2.1.1	up	2021-02-04 16:38:39	30	120	21
4	1	21.109.2.112	21.2.1.6	up	2021-02-04 16:38:40	30	120	19
5	1	21.109.2.112	21.2.1.3	up	2021-02-04 16:39:27	30	120	21
6	1	21.109.2.112	21.2.1.4	up	2021-02-04 16:39:47	30	120	19

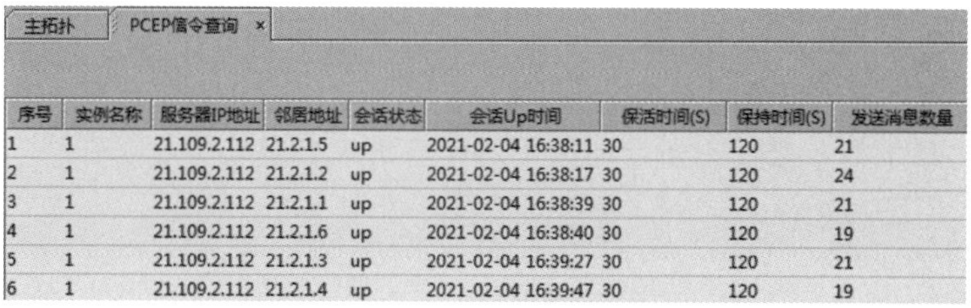

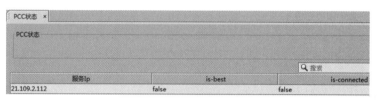

图7–59　PCEP信令查询

查询单个网元 PCEP 连接状态。

在网元的“状态命令行”选项卡下，选择“PCC 状态”，查看该网元与 PCE 服务器的连接状态，如图 7-60 所示。

服务Ip	is-best	is-connected
21.109.2.112	false	false

图7–60　PCC状态

（3）参考标准

① PCE 服务器应与各网元建立 PCEP 连接，即图 7-59 应该出现每个网元对应的状态条目；否则应查找网元是否配置了 PCEP 连接。

② 每个条目的“会话状态”应为“up”，“会话 up 时间”应与实际 up 时间一致；否则应查找网元与 PCE 服务器间路由是否中断。

③ 如果只有一个控制器，则“is-best”和“is-connected”的状态都应该是 true。如果“is-best”为 true，则表示是优先级最高的控制器；如果“is-connected”为 true，表示已和控制器建立 PCEP 连接。

4 检查 SR–TP 1:1 保护状态

检查 SR-TP 1∶1 的保护状态，确保无倒换、无备用故障等倒换类告警，主备路径保护状态正常。

（1）维护周期

每日。

（2）操作步骤

① 查询全网的“当前告警”，检查各 SR-TP 1:1 保护组，应无倒换（SWR）、等待恢复（SWTR）、倒换失败（SW_FAIL）、备用故障（BACKUP_FAULT）、锁定到主用（LOCK_MAIN）、强制倒换（FORCE_SWITCH）、人工倒换（MANUAL_SWITCH）告警，确保无倒换、无备用故障等倒换类告警，且主备路径保护状态正常。

② 检查 SR-TP 1:1 保护状态：确保主备 LSP 状态正常。

● 在"状态命令行"选项卡下，选择"保护倒换状态"→"隧道内保护状态"，进入对应选项卡。

● 在选项卡输入查询条件查询指定条目保护状态，或单击选项卡"查询"查看网元所有 LSP1:1 保护组状态。隧道内保护状态如图 7-61 所示。

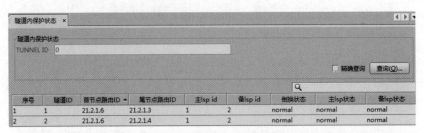

图7-61 隧道内保护状态

（3）参考标准

① 各 SR-TP 1:1 保护组应无 SWR、SWTR、SW_FAIL、BACKUP_FAULT、LOCK_MAIN、FORCE_SWITCH、MANUAL_SWITCH 告警。

② "倒换状态""主 lsp 状态""备 lsp 状态"均为"normal"。

任务习题

1. 简述网管中心维护的安全操作注意事项。
2. 简述网管中心维护的设备检查项目包含哪些内容。

7.2.11 实训单元——网管服务器检查

实训目的

基于承载网网管中心维护规范，熟练掌握网管服务器检查项目的操作流程及注意事项。

实训内容

使用 5G 承载网网络管理软件，实施网管中心维护过程中的网管服务器检查项目。

实训准备

1. 实训环境准备

（1）硬件：可登录 5G 承载网网管服务器的计算机终端。

（2）软件：5G 承载网网管服务器操作系统 Windows Server 2012。

2. 相关知识点要求

（1）5G 承载网网管服务器与设备通信网络构建原理。

（2）5G 承载网网管服务器各检查项目的操作步骤。

实训步骤

1. 检查网管服务器网络连接设置。

2. 检查网管服务器网卡配置。

3. 检查网管服务器网卡工作状态。

评定标准

能够基于任务实施流程描述，正确且高效地完成网管服务器检查项目。

实训小结

实训中的问题：_____

_____

_____

问题分析：_____

_____

_____

问题解决方案：_____

_____

_____

思考与拓展

1. 5G 承载网网管服务器一般有几张网卡？每张网卡的作用是什么？

2. 5G 承载网网管服务器上一般包含哪些主机路由条目？

7.2.12 实训单元——网络管理系统检查

基于承载网网管中心维护规范，熟练掌握网络管理系统检查项目的操作流程及注意事项。

使用 5G 承载网网络管理软件，实施网管中心维护过程中的网络管理系统检查项目。

实训准备

1. 实训环境准备
   （1）硬件：可登录 5G 承载网网络管理软件的计算机终端。
   （2）软件：5G 承载网网络管理软件。
2. 相关知识点要求
   （1）5G 承载网网络管理系统架构、功能及使用方法。
   （2）5G 承载网网络管理系统检查各项目的操作方法。

实训步骤

1. 检查网络管理系统数据安全。
2. 检查网络管理系统运行状态。
3. 检查网络管理系统故障管理功能。

评定标准

能够基于任务实施流程描述，正确且高效地使用网络管理软件完成网络管理系统检查项目。

实训小结

实训中的问题：_____

_____

_____

问题分析: _____

_____

_____

问题解决方案: _____

_____

_____

思考与拓展 ▶▶ ────── • • •

1. 网络管理系统的配置文件默认自动导出的路径是什么?
2. 网络管理侧告警屏蔽和设备侧告警屏蔽的区别是什么?

7.2.13 　实训单元——设备检查

实训目的 ▶▶ ────── • •

基于承载网网管中心维护规范,熟练掌握设备检查项目的操作流程及注意事项。

实训内容 ▶▶ ────── • •

使用 5G 承载网网络管理软件,实施网管中心维护过程中的设备检查项目。

实训准备 ▶▶ ────── • •

1. 实训环境准备
   (1)硬件: 可登录 5G 承载网网络管理软件的计算机终端,且能正常监管承载网设备。
   (2)软件: 5G 承载网网络管理软件。
2. 相关知识点要求
   (1)5G 承载网业务配置方法。
   (2)5G 承载网设备检查各项目的操作方法。

实训步骤

1. 查询承载网设备历史告警。
2. 查询承载网设备当前 24h 性能。
3. 查询承载网设备单盘收发光功率。
4. 检查承载网设备运行状态。
5. 检查承载网设备数据安全。
6. 检查承载网设备基础数据配置。

评定标准

能够基于任务实施流程描述，正确且高效地使用网络管理软件完成设备检查项目。

实训小结

实训中的问题：_____

_____

_____

问题分析：_____

_____

_____

问题解决方案：_____

_____

_____

思考与拓展

1. 请简述如何通过"状态命令行"判断设备的 IS-IS 协议是否存在故障。
2. 请简述如何通过"状态命令行"查看承载网设备主备用主控盘所在的槽位。

任务 3 承载网维护记录表编写

【任务前言】

在学习现场维护或网管中心维护时，我们知道不同项目的维护周期是不一样的，有的检查项目需要每日维护，而有的只需每年维护。对于这些维护项目，如果按照维护周期的不同进行分类，采用不同的维护周期表记录维护结果，可以使纷繁复杂的检查项目清晰明了。

【任务描述】

本任务将现场维护及网管中心维护项目按照日、周、月、季、年的维护周期进行分类，并形成相应的维护记录表模板，学员应能够将任务 1 和任务 2 的检查结果填到对应的维护记录表中，用于记录存档。

【任务目标】

熟练根据不同周期维护记录表进行承载网维护，并保存对应结果。

 知识储备

7.3.1 日维护记录表

承载网日维护项目是每天必须进行的维护项目。用户随时通过网络管理系统掌握设备运行情况，及时排除故障和消除隐患，确保业务稳定，维护完成后须详细记录故障现象和处理方法。日维护记录表如表 7-5 所示。

表 7-5 日维护记录表

维护记录表 – 日					
维护日期：			工程名称：		
记录人：			审核人：		
项目名称	维护对象	维护子项	检查内容	结果	不正常原因
检查网络管理系统数据安全	网络管理系统	配置文件备份	1. 备份配置文件以"yy-mm-dd-name. dcg"命名，备份无遗漏，并能导入数据库； 2. 配置文件默认在 D:\ 网络管理系统 \emsback 目录下	□正常 □不正常	
检查设备数据安全	主控盘	cfg 配置文件	1. 保证"配置文件名"和"下次启动的配置文件名"与底层规划配置一致； 2. 保证主备盘配置同步，主备主控盘同步状态应为"READY"	□正常 □不正常	
检查设备 CPU、内存、磁盘占用率	主控盘 / 业务盘	CPU 占用率	CPU 的占用率低于 75%	□正常 □不正常	
		内存占用率	主控盘内存占用率低于 75%，业务盘内存利用率低于 85%	□正常 □不正常	
		磁盘占用率	磁盘占用率低于 70%	□正常 □不正常	
查询告警	网络管理系统	查询当前告警	设备不存在异常的当前告警	□正常 □不正常	
		查询历史告警	设备不存在重复出现的紧急告警或重要告警	□正常 □不正常	
查询性能	网络管理系统	查询当前性能	设备不存在异常的当前性能	□正常 □不正常	
		查询历史性能	设备不存在重复出现的异常性能	□正常 □不正常	
检查 SR-TP 1:1 保护状态	保护组	—	1. 各 SR-TP 1:1 保护组，应无 SWR、SWTR、SW_FAIL、BACKUP_FAULT、LOCK_MAIN、FORCE_SWITCH、MANUAL_SWITCH 告警； 2. 在各 SR-TP 1:1 保护组状态详情中，"倒换状态""主 lsp 状态""备 lsp 状态"均为"normal"	□正常 □不正常	
检查 IS-IS 协议状态	协议	—	1. IS-IS 各实例的邻居数目与规划配置一致； 2. IS-IS 各实例的"邻居状态"均为"up"，"建立时长"与实际协议 up 时间一致	□正常 □不正常	
检查 PCEP 状态	协议	—	1. PCE 服务器应与各网元建立 PCEP 连接； 2. "会话状态"应为"up"，"会话 up 时间"应与实际 up 时间一致	□正常 □不正常	

检查单盘状态信息	主控盘、业务盘、电源盘、风扇单元	—	1. 各盘无机盘温度过限告警（TEMP_TCT）； 2. 各盘"单板角色信息"均为 Primary； 3. 各盘的"单盘在位信息"均应为"Y"，"单盘初始化状态"均为"OK"； 4. 主控盘"单板角色信息"应为一主（Primary）一备（Backup）	□正常 □不正常	
发现问题及处理情况记录					
遗留问题说明					

7.3.2　周维护记录表

每周对设备的运行状态、环境进行检查，掌握设备运行情况，及时排除故障、消除隐患，确保设备稳定运行。承载网周维护记录表如表 7-6 所示。

表 7-6　周维护记录表

维护记录表 - 周				
维护日期：		工程名称：		
记录人：		审核人：		
项目名称	维护对象	检查内容	结果	不正常原因
检查网管服务器外部环境	网络管理系统	1. 创造防尘、防潮、防磁、散热良好的合格外部环境； 2. 线缆连接牢固正确、极性正常、接触良好	□正常 □不正常	
检查网管服务器网络运行状态	网络管理系统	1. 服务器"网络连接"配置是否正常； 2. 服务器各网卡 IP 及路由配置是否正常； 3. 各网卡工作状态是否正常，使用 Ping 大包命令 Ping 的结果有无时延和分组丢失	□正常 □不正常	
检查网络管理系统运行状态	网络管理系统	1. 网络管理系统及数据库关键服务状态应为"正在运行"； 2. MySQL 数据库服务启动属性设置为"自动"； 3. 告警、性能、状态获取正常	□正常 □不正常	
查看设备运行时间	设备	检查设备运行时间是否正常	□正常 □不正常	

续表

检查电源电压	设备	检查设备是否有电源供电告警、防雷告警来判定设备的基本运行环境情况	☐正常 ☐不正常	
检查机盘温度及风扇单元	设备	1. 检查机盘温度是否正常，有无"盘温过高告警"； 2. 检查风扇单元调速模式、运行档位以及风扇转速来判断风扇单元运转是否正常	☐正常 ☐不正常	
发现问题及处理情况记录				
遗留问题说明				

7.3.3 月维护记录表

每月对承载网设备进行相关项目的维护，通过定期检查网络管理系统、机房内各种线缆的连接，确保网络管理系统信息安全。承载网月维护记录表如表 7-7 所示。

表 7–7 月维护记录表

维护记录表 – 月				
维护日期：		工程名称：		
记录人：		审核人：		
项目名称	维护对象	检查内容	结果	不正常原因
检查网络管理系统故障管理功能	网络管理系统	故障管理功能健全，无隐患。检查内容包括网络管理系统的告警状态、告警信息导出、告警上报是否正常等	☐正常 ☐不正常	
查询光功率	设备	确保光功率发送、接收均在规定范围内，排除光线路隐患	☐正常 ☐不正常	
检查线路侧静态 ARP	规划配置	线路侧 L3 接口是否均绑定静态 ARP	☐正常 ☐不正常	
发现问题及处理情况记录				
遗留问题说明				

7.3.4 季维护记录表

每季度对承载网设备进行相关项目的维护，通过定期检查网络管理系统远程功能、设备接地，清洁风扇单元等，确保设备的正常运行。承载网设备季维护记录表如表 7-8 所示。

表 7-8　季维护记录表

维护记录表 – 季				
维护日期：		工程名称：		
记录人：		审核人：		
项目名称	维护对象	检查内容	结果	不正常原因
检查网络管理系统主界面物理拓扑	网络管理系统	检查网元位置、网络连纤是否布置合理	□正常 □不正常	
清洁风扇单元	风扇单元	检查是否定期清洁风扇单元	□正常 □不正常	
发现问题及处理情况记录				
遗留问题说明				

7.3.5　年维护记录表

每年对承载网设备进行相关项目的维护，检查性能采集是否开启，保持设备清洁卫生和检查备品备件，保证设备能更好地运行及采集运行数据。承载网年维护记录表如表 7-9 所示。

表 7-9　年维护记录表

维护记录表 – 年				
维护日期：		工程名称：		
记录人：		审核人：		
项目名称	维护对象	检查内容	结果	不正常原因
检查结构安装和纤缆	设备	检查设备结构安装及纤缆布放的规范性	□正常 □不正常	
检查机房配套设施	机房	通过检查机房内配套的 ODF 架和标签信息等项目，判定施工质量，降低人为故障发生的概率	□正常 □不正常	
清洁设备	设备	清洁承载网设备和机柜表面灰尘，整理走线架和配线架等配套设备，避免灰尘落入设备或配套设备老化影响设备运行	□正常 □不正常	
检查备件	备件库	检查备件库中的备件外观是否完好、数量充足、机盘软件版本是否与现网保持同步等	□正常 □不正常	
发现问题及处理情况记录				
遗留问题说明				

1. 承载网络维护记录表分为哪几类？

2. 清洁风扇单元属于哪一类周期的维护记录表表项？

3. 如何判断设备 PCEP 状态是否正常？

项目8 5G 承载网故障处理

项目简介

当发生网络故障时，网络所提供的服务将会中断或受到其他影响。网络故障处理就是在网络中定位故障触发的根本原因，并根据原因消除故障影响，恢复网络服务。承载网日常运行维护中，常见的故障处理任务涵盖异常告警处理、路由协议故障处理、PCEP 故障处理、SR-TP 隧道故障处理和案例报告编写。

- 能够完成告警查询、告警定位、告警原因分析和异常告警处理。
- 能够完成路由协议邻居查询、路由查询、配置检查和故障处理。
- 能够完成 PCEP 状态查看、配置检查和故障处理。
- 能够完成 SR-TP 隧道信息查询、状态检查、配置检查和故障处理。
- 能够完成故障案例报告的编写。

项目目标

项目导图

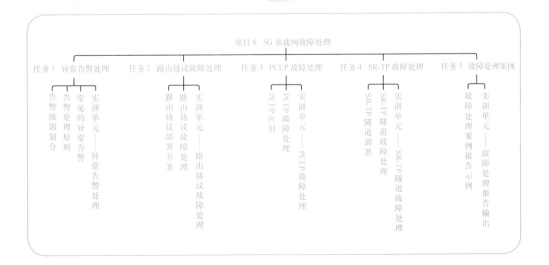

项目 8 5G 承载网故障处理

| 任务 1 异常告警处理 | 任务 2 路由协议故障处理 | 任务 3 PCEP 故障处理 | 任务 4 SR-TP 故障处理 | 任务 5 故障处理案例 |

- 告警级别划分
- 告警处理原则
- 常见的异常告警
- 实训单元——异常告警处理

- 路由协议部署方案
- 路由协议故障处理
- 实训单元——路由协议故障处理

- PCEP 应用
- PCEP 故障处理
- 实训单元——PCEP 故障处理

- SR-TP 隧道部署
- SR-TP 隧道故障处理
- 实训单元——SR-TP 隧道故障处理

- 故障处理案例报告输出
- 实训单元——故障处理报告示例

任务 1　异常告警处理

【任务前言】

网络故障的发生常常伴随有异常告警的出现，这些告警的含义是什么？产生告警的原因有哪些？怎样处理异常告警？带着这样的问题，我们一起进入本任务的学习。

【任务描述】

本任务主要介绍承载网设备常见异常告警产生的原因和相应的处理方法，使读者掌握承载网异常告警处理的技能。

【任务目标】

- 掌握告警级别的划分原则。
- 掌握告警处理的基本流程。
- 能够完成异常告警的查询。
- 能够完成异常告警的处理。

 知识储备

8.1.1　告警级别划分

告警级别反映告警的严重程度、重要性和紧迫性。

网络管理系统将告警划分为 4 个级别，各级别的定义、处理方法及网络管理系统单盘指示灯颜色如表 8-1 所示。

表 8-1　告警级别说明

级别	定义	处理方法	告警指示灯颜色
紧急	带有全局性的、会导致设备瘫痪的故障告警和事件告警	需要立即紧急处理，否则系统会有瘫痪危险	红色

续表

级别	定义	处理方法	告警指示灯颜色
主要	局部范围内的单盘或线路故障告警和事件告警	需要及时处理，否则会影响重要功能实现	橙色
次要	一般性的、描述各单盘或线路是否正常工作的故障告警和事件告警，如单盘复位、公用资源申请失败 / 占用超时等	提醒维护人员及时查找告警原因，消除故障隐患	黄色
提示	提示性事件告警，如倒换告警等	无须立即处理，只要对设备的运行状态有所了解即可	蓝色

8.1.2　告警处理原则

在告警处理过程中，须按照处理原则有序进行，以达到在最短时间内消除告警、排除故障的目的。

① 先抢通后修复

（1）原则说明

先抢通后修复是指通过将业务倒换到备用通道或机盘的方式使业务尽快恢复，而后进行故障修复。该原则的先决条件是系统中有与故障通道相关联的备用通道或与故障机盘相关联的备用机盘。

（2）适用范围

此原则主要适用于影响业务的告警处理。

② 先外部后设备

（1）原则说明

先外部后设备是指处理告警时先排除外部的可能因素，比如断纤、终端设备故障、电源故障或机房环境恶劣等，再查找设备原因。

（2）适用范围

此原则适用于外界因素影响下产生的告警处理。

③ 先高级后低级

（1）原则说明

先高级后低级是指在分析告警时，应首先分析高级别的告警，如紧急告警、主要告警；然后分析低级别的告警，如次要告警、提示告警。处理告警时，先处理影响业务的告警，如果这些告警是由更高一级的告警引起的，则先处理更高一级的告警。

（2）适用范围

此原则适用于高、低级别告警同时存在的告警处理。

④ 先多数后少数

（1）原则说明

先多数后少数是指先处理网络管理系统呈现的数量较多的同类型告警，同类型的告警往往处理方法也相同，降低网络管理系统的告警数量，对监控维护人员分析判断有效告警提供帮助。

（2）适用范围

此原则适用于较多同类型告警同时存在的告警处理。

【任务实施】

8.1.3 常见的异常告警

常见异常告警如表 8-2 所示。

表 8-2 常见异常告警

告警类别	告警代码	中文名称	告警指示灯颜色
保护相关	BACKUP_FAULT	备用故障	蓝色
	LOCK_MAIN	锁定到主用	蓝色
	SW_FAIL	倒换失败	红色
	SWR	倒收	黄色
环境相关	DCVOLDOWN	直流电压过低	红色
	DCVOLOVER	直流电压过高	红色
	TEMP_TCT	机盘温度过限	红色
硬件相关	CARD_ABSENT	盘不在位	红色
	FAIL	本盘失效	红色
	COMFAIL	单盘通信中断	灰色
	POWERALM	电源故障	红色
	CPU_USE_PER_OVER	CPU 占用率过高	蓝色
	DISK_USE_PER_OVER	磁盘占用率过高	红色
	MEM_USE_PER_OVER	内存占用率过高	蓝色
	FANALAM	风扇告警	红色
端口相关	OTRX_ABSENT	光模块不在位	红色
	RLOS	输入光信号丢失	红色
	LASER_TF	激光器发送失效	红色

续表

告警类别	告警代码	中文名称	告警指示灯颜色
端口相关	LASER_OFF	激光器软关断	红色
	IOP_HIGH	输入光功率过高	橙色
	IOP_LOW	输入光功率过低	橙色
	LINK_LOS	连接信号丢失	红色
	CRC_ERR	CRC 校验错误	黄色
	PK_LOS	分组丢失率过限	红色
	FLEXE_LOF	FlexE 开销帧丢失	红色
	FLEXE_RPF	FlexE 远端物理层故障	红色
	VP_LOC	VP 层隧道连接确认信号丢失	红色

❶ BACKUP_FAULT

（1）含义

备用故障告警。当保护的备用路径故障时，产生该告警。

（2）可能原因

备用路径故障。

（3）处理步骤

① 进入网络管理系统查看 BACKUP_FAULT 告警，确认产生该告警的网元、机盘和定位信息。

② 根据告警定位信息中的业务名称、保护组 ID 等信息，确认保护组的备用路径。

③ 当保护基于 OAM 检测机制时，在业务管理中查看告警业务的"故障检测设置"信息，确保源、宿网元备用路径 APS 帧已使能，如图 8-1 所示。

路由图	路由表	保护属性	故障检测设置	QoS	其他属性	相关L2VPN	相关L3VPN	绑定的Wrapping环

○ 无　　● OAM

路径	网元	OAM ID	MP类型	LSP TTL/EXP	MEG信息	APS帧	CV帧	CSF帧	FDI帧
工作路径	U3-10	3	MEP	255/7	123456/789ABC/2/1	不使能	3.33ms	不使能	不使能
工作路径	E30-2	11	MEP	255/7	123456/789ABC/1/2	不使能	3.33ms	不使能	不使能
保护路径	U3-10	4	MEP	255/7	123456/789ABC/2/1	使能	3.33ms	不使能	不使能
保护路径	E30-2	12	MEP	255/7	123456/789ABC/1/2	使能	3.33ms	不使能	不使能

图8-1　保护路径APS帧使能

④ 检查备用路径经过的机盘是否存在信号失效或信号劣化告警，如 RLOS、LINK_LOS、SD 等。

● 是：清除告警机盘的 RLOS、LINK_LOS、SD 等告警。若告警仍存在，转到步骤⑤。

● 否：转到步骤⑤。

⑤ 检查备用路径光纤线路是否故障。

● 是：协调维护人员清除光纤线路故障。若告警仍存在，转到步骤⑥。

● 否：转到步骤⑥。

⑥ 检查备用路径经过的机盘和网元是否存在硬件故障，如接口故障、机盘故障、网元掉电等。若存在，则清除硬件故障。

❷ LOCK_MAIN

（1）含义

锁定到主用告警。当通过网络管理系统对保护对下发了"锁定到主用"命令时，产生该告警。

（2）可能原因

通过网络管理系统对保护对下发了"锁定到主用"命令。

（3）处理步骤

① 进入网络管理系统查看 LOCK_MAIN 告警，确认产生该告警的网元、机盘和定位信息；确认告警业务的标签值、工作路径、保护路径等信息。

② 在网络管理系统窗口中，单击菜单栏"多业务管理"→"分组业务"，根据定位的标签值、源网元、宿网元、经过网元等信息，过滤定位告警的业务或保护对条目。

③ 确认对告警的业务或保护对下发的"锁定到主用"命令为测试需要。

● 是：不需处理该告警。

● 否：右键单击该隧道，从快捷菜单中选择"保护倒换"，在弹出的"保护倒换"窗口单击"倒换"→"清除倒换"。

❸ SW_FAIL

（1）含义

倒换失败告警。当保护的主、备路径均发生故障，倒换不成功时，产生该告警。

（2）可能原因

① 保护倒换失败常伴随着 BACKUP_FAULT 告警。

② 主用和备用路径同时故障。

（3）处理步骤

① 进入网络管理系统查看 SW_FAIL 告警，确认产生该告警的网元、机盘和定位信息。

② 在业务管理中，根据告警定位信息中的业务名称、源网元、宿网元、经过网元等信息，确认隧道的主用和备用路径。

③ 检查主用和备用路径经过的机盘是否存在信号失效或信号劣化告警，如

RLOS、LINK_LOS、SD 等。

● 是：清除告警机盘的 RLOS、LINK_LOS、SD 等告警。若告警仍存在，转步骤④。

● 否：转步骤④。

④ 检查主用和备用路径光纤线路是否故障。

● 是：协调维护人员清除光纤线路故障。若告警仍存在，转步骤⑤。

● 否：转步骤⑤。

⑤ 检查主用和备用路径经过的机盘和网元是否存在硬件故障，如接口故障、机盘故障、网元掉电等，清除硬件故障。

④ SWR

（1）含义

倒收告警。当保护的主用路径故障，或通过网管对保护对下发了倒换命令，导致保护倒换至备用路径时，产生该告警。

（2）可能原因

① 主用路径故障，导致业务由主用路径倒换至备用路径。

② 通过网管对保护对下发了"强制到备用"或"人工倒换到备用"命令，导致业务由主用路径倒换至备用路径。

（3）处理步骤

① 进入网管查看 SWR 告警，确认产生该告警的网元、机盘和定位信息。

② 检查 SWR 告警发生时是否伴随着 MANUAL_SWITCH、FORCE_SWITCH 告警。

● 是：SWR 告警是因执行倒换相关命令引起的。待维护人员完成预期任务后，通过网络管理系统对告警保护对执行清除倒换操作。

● 否：转步骤③。

③ 右键单击该条告警，在菜单中选择"查询关联业务"即可定位到故障业务或保护条目。

④ 检查主用路径经过的机盘是否存在信号失效或信号劣化告警，如 RLOS、LINK_LOS、SD 等。

● 是：清除告警机盘的 RLOS、LINK_LOS、SD 等告警。若告警仍存在，转步骤⑤。

● 否：转步骤⑤。

⑤ 检查主用路径光纤线路是否故障。

● 是：协调维护人员清除光纤线路故障。若告警仍存在，转步骤⑥。

● 否：转步骤⑥。

⑥ 检查主用路径经过的机盘和网元是否存在硬件故障，如接口故障、机盘故障、网元掉电等，清除硬件故障。

⑤ DCVOLDOWN

（1）含义

直流电压过低告警。

（2）可能原因

外部供电的直流电压过低。

（3）处理步骤

① 进入网络管理系统查看 DCVOLDOWN 告警，确定该告警机盘所在的网元、机盘和定位信息。

② 检查外部供电电源电压是否过低。如果是，调整外部供电电压至符合要求。

⑥ DCVOLOVER

（1）含义

直流电压过高告警。

（2）可能原因

外部供电的直流电压过高。

（3）处理步骤

① 进入网络管理系统查看 DCVOLOVER 告警，确定该告警机盘所在的网元、机盘和定位信息。

② 检查外部供电电源电压是否过高，如果是，调整外部供电电压至符合要求。

⑦ TEMP_TCT

（1）含义

机盘温度过限告警。当系统检测到机盘的工作温度超过所设置的温度上限值时，上报该告警。

（2）可能原因

① 温度告警上限设置不符合实际情况。

② 风扇单元停止工作。

③ 机房制冷设备故障，导致环境温度过高。

④ 机盘故障。

（3）处理步骤

① 查询温度上限设置和单盘目前的工作温度，判断告警是否误报。

● 是：无须处理。

● 否：将温度告警上限值设为合理值。操作后，若告警仍存在，转步骤②。

② 查看风扇单元是否出现故障，是否存在 FANALAM 告警。

- 是：参照 FANALAM 处理方法消除该告警后，若告警仍存在，转步骤③。
- 否：转步骤③。

③（可选）检查防尘网上积累的灰尘是否过多而导致散热不及时。无防尘网转步骤④。

- 是：清洁防尘网。操作后，若告警仍存在，转步骤④。
- 否：转步骤④。

④检查设备工作环境温度是否正常。

- 是：转步骤⑤。
- 否：检查制冷设备是否故障，确保设备工作在适合温度。操作后，若告警仍存在，转步骤⑤。

⑤更换故障的单盘。

⑧ CARD_ABSENT

（1）含义

盘不在位告警。当网络管理系统配有该机盘，而对应的物理槽位上检测不到该机盘的信号时，产生该告警。

（2）可能原因

①机盘正在复位过程中。

②该槽位未插机盘。

③机盘未完全插入背板槽位。

④子框上实际插入的机盘与网络管理系统配置不一致。

⑤机盘故障。

（3）处理步骤

①进入网络管理系统查看 CARD_ABSENT 告警，确认产生该告警的机盘及槽位。

②等待几分钟，查看告警是否消除。

- 是：说明机盘可能刚刚完成复位，无须进行处理。
- 否：转步骤③。

③查看对应槽位上的物理机盘是否在位。

- 是：查看机盘与背板槽位是否接触良好。若机盘未插好，插好机盘，等待几分钟，待机盘启动后，若告警仍存在，转步骤④。
- 否：插入与告警机盘一致的机盘备件。等待几分钟，待机盘启动后，若告警仍存在，转步骤④。

④查看该槽位上对应的机盘与网络管理系统配置是否一致。若不一致，更换该机盘。

⑨ FAIL

（1）含义

本盘失效告警。检测到机盘硬件故障时，产生该告警。

（2）可能原因

① 存在 CARD_ABSENT 告警。

② 机盘与背板接触不良。

③ 机盘故障。

（3）处理步骤

① 进入网络管理系统查看 FAIL 告警，确认产生该告警的网元、机盘及槽位。

② 查看产生 FAIL 告警的机盘是否存在 CARD_ABSENT 告警。

● 是：清除 CARD_ABSENT 告警。CARD_ABSENT 告警清除后，若 FAIL 告警仍存在，转步骤③。

● 否：转步骤③。

③ 拔出告警机盘后重新插入，等待几分钟，待机盘重新启动，若告警仍存在，转步骤④。

④ 使用与告警机盘一致的机盘备件替换该告警机盘，待新机盘启动。

⑩ COMFAIL

（1）含义

单盘通信中断告警。

（2）可能原因

① 机盘故障。

② 机盘复位。

（3）处理步骤

① 在网络管理系统查看产生 COMFAIL 告警的机盘，确定是单块机盘还是多块机盘上报此告警。

● 如果是单块机盘单独上报此告警，转步骤②。

● 如果是多块机盘同时上报此告警，转步骤③。

② 查看该告警机盘是否正在执行复位，若是，等待复位完成。若告警仍存在，转步骤③。

③ 查看告警网元与其他网元之间是否通过交换机连接在一起。若是，改为光纤直接连接，再查看告警是否消除。

④ 对告警机盘进行拔插或更换机盘。

11 POWERALM

（1）含义

电源故障告警，指盘内监测关键电压（正常为 0.95V、1.0V、1.2V、1.8V、2.5V、3.3V、5V 等）超过了该盘允许的电压范围（一般为关键电压的 ±5% ～ ±10%，由机盘内部自动检测），机盘上报此告警。

（2）可能原因

机盘电源模块失效或老化。

（3）处理步骤

① 进入网络管理系统查看 POWERALM 告警，确认产生该告警的网元、机盘和定位信息。

② 更换告警机盘。

12 CPU_USE_PER_OVER

（1）含义

CPU 占用率过高告警。当主控盘 / 业务盘当前处理的任务量和事件调度频率过高，CPU 占用率超过配置门限时，产生该告警。

（2）可能原因

① 当前业务配置数量过多。

② 频繁进行消耗 CPU 资源的操作。

③ 接收大量动态协议报文，导致处理调度慢。

④ 网络中存在环路。

⑤ 主控协议栈调度异常。

（3）处理步骤

① 进入网络管理系统查看 CPU_USE_PER_OVER 告警，确认产生告警的网元、机盘等信息。

② 进入"状态命令行"窗口，检查告警机盘的 CPU 内存占用情况，如图 8-2 所示。

③ 查 看 CPU_USE_PER_OVER 告警是否出现后又消失。

● 是：且持续时间低于 90s，无须处理。

● 否：转步骤④。

④ 在 告 警 机 盘 上，减 少 消 耗 CPU 资源的操作，如避免频繁查看当

图8-2　设备状态查看

前配置数据、避免同时启动大量告警性能统计任务等。若告警仍存在，转步骤⑤。

⑤检查告警机盘上是否存在冗余业务（不使用的多余业务）。

● 是：删除告警机盘上的冗余业务。若告警仍存在，转步骤⑥。

● 否：转步骤⑥。

⑥检查告警机盘上各个协议状态是否正常，如协议状态震荡。

● 是：转步骤⑦。

● 否：排除协议状态震荡等问题。若告警仍存在，转步骤⑦。

⑦检查网络中是否存在二层环路。当网络中出现环路时，将产生广播风暴，并造成大量协议报文上送设备处理，导致 CPU 占用率高。

⑬ DISK_USE_PER_OVER

（1）含义

磁盘占用率过高告警。当主控盘 / 业务盘检测到磁盘空间的占用率超过配置门限时，产生该告警。

（2）可能原因

①冗余文件过多，如无用的升级文件、LOG 日志文件、配置文件等。

②磁盘存储卡异常，无法写入。

（3）处理步骤

①进入网络管理系统查看 DISK_USE_PER_OVER 告警，确认产生该告警的网元、机盘等信息。

②检查告警机盘的磁盘空间占用情况。

网络管理系统查询：进入告警网元的网元管理器，选择"高级"→"态命令行"→"单盘状态"，可查看各单盘的磁盘空间占用情况。

③清理告警机盘的磁盘存储空间，删除冗余的文件。若告警仍存在，转步骤④。

④清理磁盘存储空间的方式如下。

通过远程工具登录到告警机盘指定目录下，删除冗余文件。

⑭ MEM_USE_PER_OVER

（1）含义

内存占用率过高告警。当主控盘 / 业务盘当前处理的任务量较大，内存消耗量超过配置门限时，产生该告警。

（2）可能原因

①当前业务配置数量过多。

②频繁进行消耗内存资源的操作。

③ 内存泄露。

（3）处理步骤

① 进入网络管理系统查看 MEM_USE_PER_OVER 告警，确认产生告警的网元、机盘等信息。

② 检查告警机盘的内存占用情况。

在网络管理系统中查询：进入告警网元的网元管理器界面，选择"高级"→"状态命令行"，在弹出的"状态命令行"窗格选择"设备状态"，可查看设备的内存占用情况。

③ 在告警机盘上，减少消耗内存资源的操作，如避免频繁查看当前配置数据、避免同时启动大量告警性能统计任务等。若告警仍存在，转步骤④。

④ 检查告警机盘上是否存在冗余的业务。

● 是：删除告警机盘上的冗余业务。若告警仍存在，转步骤⑤。

● 否：转步骤⑤。

⑤ 通过远程工具登录告警机盘，查看所有进程的内存占用率，记录内存占用率较高的进程信息。若其中存在无用进程，可结束进程。

15 FANALAM

（1）含义

风扇告警。当任意风扇单元或子风扇发生异常停转故障时，主控盘 / 网元管理盘上报此告警。

（2）可能原因

① 风扇单元不在位或没插好。

② 风扇单元故障。

（3）处理步骤

① 进入网络管理系统查看 FANALAM 告警，确认产生该告警的网元、机盘和定位信息。

② 检查告警机盘所在子框的风扇单元是否不在位或没插好。

● 是：重新插好风扇单元，若告警仍存在，转步骤③。

● 否：转步骤③。

③ 更换风扇单元。

16 OTRX_ABSENT

（1）含义

光模块不在位告警。当机盘检测到光模块不在位时，产生该告警。

（2）可能原因

① 光模块不在位或未正确插入插槽。

② 光模块故障。

③ 机盘故障。

（3）处理步骤

① 通过网络管理系统或现场查看告警对应的接口是否插入光模块。

② 通过网络管理系统查看 OTRX_ABSENT 告警，确认产生该告警的网元、单盘、光口等信息。

③ 更换告警光口的光模块，若告警仍存在，转步骤③。

④ 更换告警机盘。

17 RLOS

（1）含义

输入光信号丢失告警。当光模块检测无光输入时产生此告警。

（2）可能原因

① 收无光门限设置过高。

② 光纤线路故障，如断纤或严重劣化。

③ 线路衰耗过大。

④ 本端光模块、机盘故障。

⑤ 对端设备发送故障，如对端光接口激光器关断、激光器发送失效、对端光模块故障、对端机盘故障。

（3）处理步骤

① 进入网络管理系统查看 RLOS 告警，确认产生告警的网元、机盘、线路及光口等信息。

② 查看该光接口的收无光门限是否设置过高，如果设置过高，修改设置。

③ 如果告警仍存在，检查线路衰耗是否过大，如果线路衰耗过大，改善线路光纤性能。

④ 在 ODF 架上使用光功率计检测告警光口的接收光功率是否正常。

● 若无光功率或光功率过低，说明光纤线路故障或是对端设备发送故障，转步骤⑤。

● 若光功率正常，说明本端 ODF 架侧至设备侧之间的光纤跳线损坏或本端光模块、机盘故障。

a. 检查光纤端面是否污损，如果污损，清洁光纤。

b. 检查光纤与光接口是否虚接或有断纤情况，如果有这些情况，重新连接光纤或更换光纤。

c. 检查告警光接口的光模块或机盘是否故障，如果存在故障，更换对应的模块或机盘。

⑤ 在对端 ODF 架上使用光功率计检测对应光接口的发送光功率是否正常。

● 若光功率正常，说明线路光纤中断或严重劣化，须检查恢复线路光纤或确保线路质量，告警应消除。

● 若无光功率或光功率过低，转步骤 6。

⑥ 检查对端机盘光接口是否有激光器关断告警。

● 若有激光器关断告警，须开启对应激光器，在机盘控制命令中对激光器下发"使能"命令。操作后，若告警仍存在，转步骤⑦。

● 若无激光器关断告警，转步骤⑦。

⑦ 检查对端机盘光接口是否有发送失效告警，若有，更换对端光模块或机盘。

18 LASER_TF

（1）含义

激光器发送失效告警。

（2）可能原因

输出光功率小于输出光功率临界值。

（3）处理步骤

① 进入网络管理系统查看 LASER_TF 告警，确认产生该告警的网元、机盘和线路号等信息。

② 检查并确保告警机盘输出端口的实际光功率在正常范围内。操作后，若告警仍存在，转步骤③。

③ 更换激光器光模块。操作后，若告警仍存在，转步骤④。

④ 更换告警机盘。

19 LASER_OFF

（1）含义

激光器软关断告警，表示通过网络管理系统控制，机盘激光器处于关闭状态。

（2）可能原因

① 在网络管理系统人为对机盘下发了激光器关断控制命令。

② 接口配置中配置端口关闭，产生 LASER_OFF 告警。

③ 单盘启动过程中，配置了端口延时开启，在延时开启的时间没有结束之前，激光器也是关闭的。

（3）处理步骤

① 进入网络查看 LASER_OFF 告警，确认产生该告警的网元、机盘和光口等信息。

② 查看是否下达了激光器关断控制命令。

● 进入告警网元的网元管理器界面，在设备树上选中告警机盘，在对应操作树下选择"高级"→"控制命令"。

● 在展开的盘控制命令窗格选择"激光器开关控制命令"，检查是否下发了激光器关断控制命令。

a. 若对应激光器设置为"不使能"，则重新下达控制命令为"使能"，如果告警仍存在，转步骤③。

b. 若对应激光器设置为"使能"，则转步骤3。

③ 是否配置了端口不使能。

● 进入告警网元的网元管理器界面，选择"基础配置"→"以太主接口"，弹出"以太主接口"窗格。

● 检查激光器对应接口的端口使能是否设置为"不使能"，如图8-3所示。

a. 是，修改为"使能"，若告警仍存在，转步骤④。

b. 否，转步骤④。

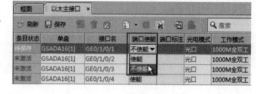

图8-3 端口使能

④ 检查激光器是否设置了延时开启功能。

● 进入告警网元的网元管理器界面，选择"基础配置"→"以太主接口"，弹出"以太主接口"窗格。

● 检查是否设置了激光器延时时间，如图8-4所示。

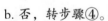

图8-4 激光器延时时间

a. 是，在延时时间结束后告警消失。

b. 否，取消延时。

20 IOP_HIGH

（1）含义

输入光功率过高告警。当输入光功率高于该光模块的过载点或大于用户配置的最高接收光功率时，产生此告警。

（2）可能原因

① 输入光功率过高，没有加适量的衰减器。

② 对端站光盘输出光功率过高。

③ 告警机盘故障。

（3）处理步骤

① 进入网络管理系统查看 IOP_HIGH 告警，确认产生告警的网元、线路等信息。

② 根据线路衰减及衰减器配置等情况，计算输入光功率的正常范围。查看光模块的光功率接收范围是否符合上述要求。

● 是：转步骤③。

● 否：选用合适的光模块类型。操作后，告警仍存在，转步骤③。

③ 使用光功率计测量告警光盘的输入光功率是否在正常范围内。

● 是：转步骤④。

● 否：增加适量的衰减调节使输入光功率在正常范围内，如果告警仍存在，转步骤④。

④ 更换光模块。操作后，如果告警仍存在，转步骤⑤。

⑤ 拔插告警机盘。操作后，如果告警仍存在，转步骤⑥。

⑥ 更换告警机盘。

21 IOP_LOW

（1）含义

输入光功率过低告警。光模块的输入光功率低于该光模块的灵敏度或小于用户配置的最低接收光功率时，产生该告警。

（2）可能原因

① 光模块不在位。

② 光功率门限值设置不正确。

③ 光纤连接器松动或未插紧，法兰盘未正确连接。

④ 光纤头不清洁。

⑤ 尾纤弯曲度过大、损坏或老化。

⑥ 本站机盘的接收光口增加了过大的衰减器。

⑦ 光信号在传输过程中衰减过大，没有得到足够的光放大补偿。

⑧ 对端站机盘的发送光口增加了过大的光衰减器或发送光模块故障，导致对端站机盘发送光功率过低。

⑨ 本端告警机盘故障。

（3）处理步骤

① 进入网络管理系统查看 IOP_LOW 告警，确认产生该告警的网元、机盘和线路号等信息。

② 检查告警机盘的光模块是否在位。

● 是：转步骤③。

● 否：选用合适的光模块类型。操作后，如果告警仍存在，转步骤③。

③ 在网络管理系统中，检查相关单盘端口的各项功率门限值设置是否合理。

● 是：转步骤④。

● 否：在网络管理系统，将相关单盘端口的各项功率门限值设置在合理的范围内。操作后，如果告警仍存在，转步骤④。

④ 检查告警机盘的尾纤，如果尾纤弯曲度过大、损坏或老化，调整或更换尾纤。操作后，如果告警仍存在，转步骤⑤。

⑤ 检查本站的法兰盘是否连接正确。

● 是：转步骤⑥。

● 否：正确使用法兰盘，并插紧相关的光纤连接器。操作后，如果告警仍存在，转步骤⑥。

⑥ 检查本站机盘的接收光口是否添加了过大的衰减器。

● 是：适量减小衰减器的衰减值或更换衰减器。操作后，如果告警仍存在，转步骤⑦。

● 否：转步骤⑦。

⑦ 使用光功率计测量本站机盘的输入光功率是否在正常范围内。

● 是：转步骤⑧。

● 否：清洁本站光纤接头和机盘接收光口，插紧相关的光纤连接器。操作后，如果告警仍存在，转步骤⑧。

⑧ 在网络管理系统查询对端机盘的输出光功率是否在正常范围内。

● 是：转步骤⑨。

● 否：清洁对端站光纤接头和机盘光口，插紧相关的光纤连接器。操作后，如果告警仍存在，转步骤⑨。

⑨ 检查对端站机盘的发送光口是否添加了过大的衰减器。

● 是：适量减小衰减器的衰减值或更换衰减器。操作后，如果告警仍存在，转步骤⑩。

● 否：转步骤⑩。

⑩ 更换对端相应机盘。操作后，如果告警仍存在，转步骤⑪。

⑪ 考虑本站机盘故障，更换告警机盘。

22 LINK_LOS

（1）含义

连接信号丢失告警。该告警表示以太网接口接收信号丢失，无法和对端建立以太网连接，具体情况有两种：本端线路口与对端线路口连接不畅；本端系统口与主控盘连接不畅。

（2）可能原因

① 光模块未连接光纤。

② 光纤线路故障。

③ 对接接口工作模式不一致。

④ 对端发送故障。

⑤ 本端接收故障。

（3）处理步骤

① 进入网络管理系统查看 LINK_LOS 告警，确认产生该告警的网元、机盘和线路号等信息。

② 检查端口状态是否为 up。进入告警网元的网元管理器界面，选择"高级"→"状态命令行"→"接口状态"，在"接口状态"窗口查看对应接口的状态。

- 是：机盘误告，更换告警机盘。若告警仍存在，转步骤③。
- 否：转步骤③。

③ 检查告警机盘光模块是否没有连接光纤或光纤松动，确认完成光纤连接并确保本端相关端口的激光器开关设为"使能"。操作后，若告警仍存在，转步骤④。

④ 使用光功率计检查对接光纤是否中断、损伤、弯曲导致线路衰耗过大或接收光功率低于单盘灵敏度。

- 是：更换光纤。操作后，若告警仍存在，转步骤⑤。
- 否：转步骤⑤。

⑤ 检查对接接口以太网参数是否配置一致，修改参数保证双方一致。操作后，若告警仍存在，转步骤⑥。

⑥ 检查两端的光模块是否正常，须考虑以下情况。

- 光模块类型是否正确，是否将百兆光模块插入千兆光口。
- 光模块是否故障。
- 光模块是否为设备原配光模块。
- 清除光模块问题。

 **CRC_ERR**

（1）含义

CRC 校验错误告警。CRC 校验错误表示收到的数据有错误包。当收到的 CRC 校验错误大于 CRC 校验门限时，产生该告警。

（2）可能原因

① CRC 校验门限设置不当。

② 光纤或线缆未连接好。

③ 光路质量差。

④ 主控盘复位。

（3）处理步骤

① 进入网络管理系统查看 CRC_ERR 告警，确认产生告警的机盘、网元、线路号、端口等信息。

② 查看 CRC 校验门限设置是否合理。默认 900s 内检测到一个以太网帧有 CRC_ERR，则上报告警。

● 是：转步骤③。

● 否：修改门限值并下载设备配置。操作后，若告警仍存在，转步骤③。

③ 查看告警机盘相关的光纤或线缆连接是否正常。

● 是：转步骤④。

● 否：排除线路连接故障。操作后，若告警仍存在，转步骤④。

④ 检查光路质量，是否存在光功率过低或过高、色散、非线性、光模块故障等，如果存在，排除光路故障。操作后，若告警仍存在，转步骤⑤。

⑤ 若告警仍存在，在网络管理系统查看主控盘是否发生复位。

24 PK_LOS

（1）含义

分组丢失率过限告警。如果在一定时间范围内，接口收分组丢失数超过了设定的门限值，产生该告警。

（2）可能原因

① 对接参数设置不正确。

② 告警单盘与对端设备间的物理连接问题，如光纤连接器污染、光纤跳线老化、单盘光模块或机盘故障等。

（3）处理步骤

① 通过网络管理系统查看 PK_LOS 告警，确认产生该告警的网元、单盘、线路等信息。

②检查最大帧长设置参数是否一致：进入告警网元所在网元管理器，依次单击"基础配置"→"以太主接口"，在弹出的"以太主接口"窗格中选择对应接口的"最大帧长度"进行帧长调整，默认值为 9600，并清空网元性能，观察 15min 确认告警是否再现。

③如果告警仍存在，可用环回法排查是本端问题还是对端问题，用尾纤环回上报 PK_LOS 告警的面板口业务信号。环回时应注意面板口接收功率在正常范围内，观察 PK_LOS 告警是否消除。

● 如果告警仍存在，更换本端的光模块或机盘后告警应消除。

● 如果告警消除，说明为对端输入故障，转步骤④。

④检查告警端口接收光功率是否正常。

● 如果接收光功率不在正常范围内，则进行光功率调整。

● 如果接收光功率正常，则转步骤⑤。

⑤检查告警端口对接的设备硬件是否存在故障，如果存在故障，则重新更换对端设备硬件。

25 FLEXE_LOF

（1）含义

FlexE 开销帧丢失告警。当 FlexE 开销帧首码块中的同步报头（10）、控制块类型（0x4b）、O 码（0x5）出现 5 次不匹配时，接收端进入帧失步（OOF）状态，帧失步状态持续 3ms 后进入 LOF 状态，产生该告警。

（2）可能原因

①输入光功率过高或过低。

②对接 FlexE 机盘间的光纤故障。

③机盘故障。

（3）处理步骤

①进入网络管理系统查看 FLEXE_LOF 告警，确定该告警机盘所在的网元、机盘和定位信息。

②检查告警端口接收光功率是否在正常范围内。

③若告警仍存在，检查光纤连接器。如果发现有污损，清洁或更换光纤连接器。

④若告警仍存在，更换告警机盘。

26 FLEXE_RPF

（1）含义

FlexE 远端物理层故障告警。在接收端，当 FlexE Group 的某物理成员接口检测到本端的 PHY 故障，在发送的 FlexE 开销帧中将 RPF 比特置位，用于通知远端接口本端 PHY 发生故障，远端设备对接 FlexE 物理接口产生该告警。

263

（2）可能原因

① 本端 FlexE 物理接口激光器关断。

② 远端线路侧机盘有 LINK_LOS、FLEXE_LOF 类告警。

（3）处理步骤

① 进入网络管理系统查看 FLEXE_RPF 告警，确定该告警机盘所在的网元、机盘和定位信息。

② 检查本端 FlexE 物理接口的发送端激光器是否关闭。若关闭，须设置为"打开"。

③ 检查该告警的远端站点线路侧是否有 LINK_LOS、FLEXE_LOF 等告警。若有，参考对应告警处理步骤清除上述告警。

27 VP_LOC

（1）含义

VP 层隧道连接确认信号丢失告警。在本端 VP 层 CV 帧使能的情况下，在 3.5 倍 CV 帧发送周期内未能收到从对端发送的 CV 帧时，产生 VP_LOC 告警。

（2）可能原因

① 设备底层 Tunnel（隧道）标签残留导致 Tunnel 标签配置错误。

② 对端 OAM 的 CV 帧发送未使能。

③ 网络出现严重拥塞。

④ 线路故障，如链路故障或设备故障。

（3）处理步骤

① 进入网络管理系统查看 VP_LOC 告警，确认产生告警的网元、机盘、Tunnel_ID 等信息，并根据定位 VP 层告警方法定位至故障 LSP。

② 单击相应条目，在下方"故障检测机制"→"OAM"选项卡中查看对端 VP 层 CV 帧发送是否使能。

● 是：转步骤④。

● 否：设置为使能并重新下发 LSP。操作后，若告警仍存在，转步骤④。

③ 解决网络出现严重拥塞的问题，须根据工程实际情况适当增大"CV 帧发送周期"的参数值。

④ 检查故障网元间的线路是否存在问题，如是否存在线路故障告警 IOP_LOW、IOP_HIGH、LINK_LOS、PK_LOS。参考对应告警处理步骤消除上述告警。

任务习题

1. SW_FAIL 是什么告警？它的含义是什么？该告警应如何处理？

2. RLOS 是什么告警？它的含义是什么？该告警应如何处理？

8.1.4　实训单元——异常告警处理

掌握告警级别的划分和告警处理的基本原则，能够完成异常告警的查询和定位，以及异常告警的处理。

查询 IOP_LOW 告警，分析该告警产生的原因，并清除此告警。

实训准备

1. 实训环境准备
   （1）6 个承载网设备，组成核心层、汇聚层、接入层；一台二层交换机；网管服务器主机、客户端主机。
   （2）软件：承载网设备网络管理软件。
2. 相关知识点要求
   （1）承载网告警级别判定及其分类。
   （2）承载网告警查询及处理方法。

实训步骤

1. 进入网络管理系统查看 IOP_LOW 告警，确定产生该告警的网元、机盘和线路号等信息。
2. 检查告警机盘的光模块是否在位。
3. 在网络管理系统，检查相关单盘端口的各项功率门限值设置是否合理。
4. 检查告警机盘的尾纤，如果尾纤弯曲度过大、损坏或老化，调整或更换尾纤。
5. 检查本站的法兰盘是否连接正确。
6. 检查本站机盘的接收光口是否添加了过大的衰减器。
7. 使用光功率计测量本站机盘的输入光功率是否在正常范围内。
8. 在网络管理系统查询对端机盘的输出光功率是否在正常范围内。
9. 检查对端机盘的发送光口是否添加了过大的衰减器。
10. 更换对端相应机盘。
11. 考虑本站机盘故障，更换告警机盘。

网络管理系统的功率门限值设置合理，成功消除 IOP_LOW 告警，调整设备上端口收光功率至正常范围内。

实训中的问题：_____
_____
_____

问题分析：_____
_____
_____

问题解决方案：_____
_____
_____

思考与拓展 ▶▶

网络管理系统为什么要设置各类门限值？

任务 2　路由协议故障处理

【任务前言】

承载网稳定运行需要使用哪些路由协议？这些路由协议如何部署配置？协议的运行状态要如何查看？协议异常时怎么处理？带着这样的问题，让我们一起进入本任务的学习。

【任务描述】

本任务主要介绍承载网路由协议部署方案和相关协议状态的检查方法，使读者具备承载网协议故障处理的工作技能。

【任务目标】

- 掌握承载网常用协议的部署方案。
- 能够完成承载网路由协议的故障排查。

 知识储备

8.2.1　路由协议部署方案

如图 8-5 所示，在管控平台上部署去往承载网所有设备的静态路由，网关网元 NE3 通过二层交换机连接至管控平台。NE3 的直连路由即为管控平台所属的子网，同时，在 NE1 ～ NE6 之间部署 IS-IS 路由协议实现承载网内部 IP 路由连通。NE3 在 IS-IS 1 的实例

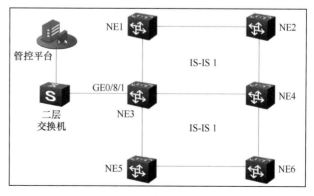

图8-5　IP路由协议部署拓扑

中重分发去往管控平台的直连路由，这些路由协议相互协作，使整个承载网与管控平台的 IP 路由连通。

8.2.2　路由协议故障处理

本节以图 8-6 所示的组网拓扑为例，阐述路由协议的排查方法。

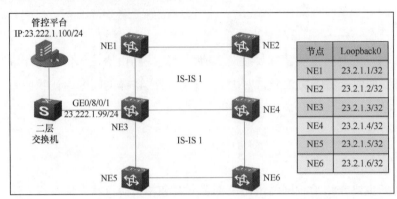

图8-6　组网拓扑

正常情况下，在管控平台上能 Ping 所有网元的 Loopback 0 接口的 IP，且在每个网元上以自己的 Loopback 0 接口 IP 为源地址能 Ping 通管控平台的控制面 IP。只要存在 Ping 不通的情况，说明承载网与管控平台的 IP 路由未连通。

（1）检查网络管理管控平台是否有到设备 Loopback 0 接口地址的路由，以及该路由是否配置正确。

① 在管控平台上，以管理员身份运行"命令提示符"，输入"route print"查看是否有网络设备的控制面路由，如图 8-7 所示。示例中所有节点的 Loopback 0 接口 IP 均在网段 23.2.1.0/24 内，网关网元 NE3 使用 GE0/8/0/1 通过二层交换机连接至管控平台，GE0/8/0/1 的接口 IP 为 23.222.1.99/24，与管控平台 IP 23.222.1.100/24 在同一子网内。

图8-7　查看管控平台上的路由

② 如果管控平台上没有去往承载网所有设备 Loopback 0 接口地址的路由，需要手动添加，添加命令如图 8-8 所示，23.2.1.0/24 涵盖承载网所有设备的 Loopback 0 接口 IP，23.222.1.99 为管控平台的网关 IP。

（2）检查管控平台与网关网元的 IP 连通性。

① 在管控平台上，以管理

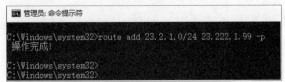

图8-8　承载网设备Loopback 0接口地址的路由添加命令

员身份运行"命令提示符",输入"ping 23.2.1.3",应能够正常 Ping 通,如图 8-9 所示,"23.2.1.3"为 NE3 的 Loopback 0 接口 IP。

图8-9　检查管控平台到网关网元的IP连通性

检查 GE0/8/0/1 口的 IP 是否与规划一致,即为 23.222.1.99/24。双击 NE3,打开网元管理器,选择"基础配置"→"以太主接口",查看 GE0/8/0/1 的 IP 地址,如图 8-10 所示。

图8-10　检查网关网元连接管控平台的接口IP

② 通过远程工具登录网关网元,输入"ping 23.222.1.100 a 23.2.1.3",若 0/8/0/1 口至管控平台的物理连接无异常,应能够正常 Ping 通。如图 8-11 所示,23.2.1.3 为 NE3 的 Loopback 0 接口 IP,23.222.1.100 为管控平台的 IP。

（3）检查 NE1 ~ NE6 的 IS-IS 路由表。在正常情况下,任一设备的 IS-IS 路由中应该有到其他所有设备和管控平台的路由。以 NE3 为例,其 IS-IS 路由表如图 8-12

```
router#ping 23.222.1.100 a 23.2.1.3
64 byte from 23.222.1.100: icmp_seq=0 ttl=128 time=10ms
64 byte from 23.222.1.100: icmp_seq=1 ttl=128 time=7ms
64 byte from 23.222.1.100: icmp_seq=2 ttl=128 time=20ms
64 byte from 23.222.1.100: icmp_seq=3 ttl=128 time=8ms
64 byte from 23.222.1.100: icmp_seq=4 ttl=128 time=5ms
----23.222.1.100 PING Statistics----
5 packets transmitted, 5 packets received, 0% packet loss
 round-trip (ms)  min/avg/max = 5/10/20
router#
```

图8-11　检查网关网元到管控平台的IP连通性

所示。其中,23.222.1.0/24 为到管控平台的路由,其余掩码为 32 的路由为到其他设备 Loopback 0 接口的路由。

① 若没有管控平台 23.222.1.0/24 的路由,检查 NE3 的 IS-IS 配置中是否重分发 (Redistribute)指向管控平台的直连路由。在 Telnet 到 NE3 上输入"show run", 显示的相关配置如图 8-13 所示。

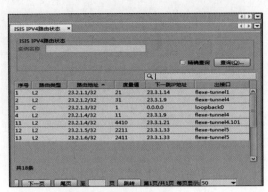

图8-12 IS-IS路由表　　　　　　　图8-13 网关网元路由重分发相关配置

② 若没有去其他承载网设备的 Loopback 0 地址的路由，则需要检查相关网元的 IS-IS 邻居关系是否正常。

（4）检查 NE1 ~ NE6 的 IS-IS 邻居，各网元 IS-IS 邻居关系如表 8-3 所示。

表 8-3　各网元 IS-IS 邻居关系

网元	IS-IS 邻居
NE1	NE2、NE3
NE2	NE1、NE4
NE3	NE1、NE4、NE5
NE4	NE2、NE3、NE6
NE5	NE3、NE6
NE6	NE4、NE5

① IS-IS 邻居查询：NE3 上有 3 个 IS-IS 邻居，分别是 NE1、NE4 和 NE5，如图 8-14 所示。

图8-14　网元IS-IS邻居查看

② 若 IS-IS 邻居未建立，检查 IS-IS 配置。

通过 "show isis interface" 查看接口状态，图 8-15 表明接口物理状态、协议状态均为"down"，原因可能是接口被人为"shutdown"或者链路故障。查看接口配置，如果接口被"shutdown"，则在接口下配置命令"no shutdown"；如果是链路故障，则进行相应的硬件方面的处理。

```
router#show isis interface flexe-tunnel 1
flexe-tunnel 1 is down, line protocol is down
    Routing Protocol: IS-IS (1000)
        Network Type: Point-to-Point
        Circuit Type: level-1-2
        Local circuit ID: 0x100
        Extended Local circuit ID: 0x00000007
        IP interface address:
            10.10.10.9/30
        IPv6 interface address:
        Level-2 Metric: 10/100, Priority: 64, Circuit ID: 0000.0000.0000.00
        Number of active level-2 adjacencies: 1
        Level-2 LSP MTU: 1492
        Next IS-IS Hello in 5 seconds
        socket create success.
        socket bind success.
        socket id 22.
        Bandwidth: 125000000.00 Bytes/sec
        Bidirectional Forwarding Detection [IPV4] is enabled
        The interface ipv6 isn't enabled
router#
```

图8-15　IS-IS互连接口连接失败

③ 检查 IS-IS 接口配置，如 IP 和 MAC 配置、接口相关的接口电路类型、网络类型、IS-IS 使能是否正确。

● 接口电路类型要匹配：例如，如果在 IS-IS 进程中，全局配置为 level-2，而接口电路类型是 level-1，则该接口无法正常发送 IS-IS 的 Hello 报文，邻接无法建立；如果实例为 level-1/2，而接口电路类型是 level-1 或 level-2 或 level-1/2，则可建立邻接关系。如图 8-16 所示。

● IS-IS 接口的类型如图 8-17 所示。本端和对端的 level 不能冲突：例如，如果本端为 level-1，另一端为 level-2，则邻接无法建立，但 level-1/2 的类型可以同时支持 level-1 和 level-2。如果一端配置为 level-1，另一端配置为 level-1/2，则可以建立 level-1 的邻接。

```
router isis 1
 net 47.0001.0040.0400.4004.00
 segment-routing global block 800000 809999
 is-type level-2
 metric-style wide level-2
 address-family ipv4 unicast
  redistribute static route-map control
  no adjacency-check
  mpls traffic-eng router-id 4.4.4.4
  default-information originate
 !
```

图8-16　IS-IS路由器的level类型

```
router isis 2
 net 47.0001.0000.0000.1114.00
 interface flexe-tunnel 2.101
  circuit-type level-2
  address-family ipv4 unicast

  network point-to-point
  wide-metric 20 level-2
  capability ti-lfa
 !
```

图8-17　IS-IS接口的level类型

● 检查接口是否使能 IS-IS 协议地址族（IPv4 单播地址族）。IS-IS 接口地址族类型如图 8-18 所示。

● 检查两端的网络类型是否一致。查看接口下的 IS-IS 网络类型，两端一致即可。要么同为 Broadcast，要么同为 Point-to-Point。如果网络类型不一致，则在实例接口下修改网络类型，网络类型默认值为 Broadcast，现网一般使用 Point-to-Point。IS-IS 接口网络类型如图 8-19 所示。

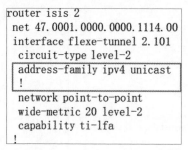

图8-18　IS-IS接口地址族类型

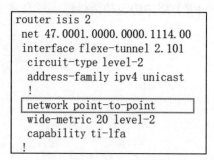

图8-19　IS-IS接口网络类型

1. 承载网在部署路由协议时，管控平台上应显示哪些路由，网关网元应显示哪些路由？

2. IS-IS 路由异常的原因？有哪些需要重点关注的 IS-IS 参数？

8.2.3　实训单元——路由协议故障处理

能够查询、配置和修改 IP 路由；能够查询 IS-IS 路由表、IS-IS 邻居、IS-IS 配置，并完成 IS-IS 故障处理。

检查管控平台的静态路由、网关网元的直连路由和所有网元的 IS-IS 路由，完成 IS-IS 邻居查询和 IS-IS 路由协议故障处理。

实训准备

1. 实训环境准备

（1）6 个承载网设备，组成核心层、汇聚层、接入层；一台二层交换机；网络管理管控平台主机、客户端主机。

（2）软件：承载网设备网络管理软件。

2. 相关知识点要求

（1）IP 路由基础知识和 IS-IS 路由协议原理。

（2）路由协议故障处理流程及方法。

实训步骤 ▶▶

1. 检查网络管理管控平台的静态路由配置。
2. 检查管控平台与网关网元的 IP 连通性。
3. 检查所有网元的 IS-IS 路由表。
4. 检查异常网元的 IS-IS 邻居关系。
5. 检查异常网元的 IS-IS 配置。

评定标准 ▶▶

管控平台能够 Ping 通所有设备 Loopback 0 接口的 IP，任意设备以自身 Loopback 0 接口 IP 作为源地址可以 Ping 通管控平台。

实训小结 ▶▶

实训中的问题：＿＿＿＿＿＿＿＿＿＿＿＿＿＿＿＿＿＿＿＿＿＿＿＿＿＿

＿＿＿＿＿＿＿＿＿＿＿＿＿＿＿＿＿＿＿＿＿＿＿＿＿＿＿＿＿＿＿＿＿＿

＿＿＿＿＿＿＿＿＿＿＿＿＿＿＿＿＿＿＿＿＿＿＿＿＿＿＿＿＿＿＿＿＿＿

问题分析：＿＿＿＿＿＿＿＿＿＿＿＿＿＿＿＿＿＿＿＿＿＿＿＿＿＿＿＿＿

＿＿＿＿＿＿＿＿＿＿＿＿＿＿＿＿＿＿＿＿＿＿＿＿＿＿＿＿＿＿＿＿＿＿

＿＿＿＿＿＿＿＿＿＿＿＿＿＿＿＿＿＿＿＿＿＿＿＿＿＿＿＿＿＿＿＿＿＿

问题解决方案：＿＿＿＿＿＿＿＿＿＿＿＿＿＿＿＿＿＿＿＿＿＿＿＿＿＿＿

＿＿＿＿＿＿＿＿＿＿＿＿＿＿＿＿＿＿＿＿＿＿＿＿＿＿＿＿＿＿＿＿＿＿

＿＿＿＿＿＿＿＿＿＿＿＿＿＿＿＿＿＿＿＿＿＿＿＿＿＿＿＿＿＿＿＿＿＿

思考与拓展 ▶▶

1. IS-IS 路由协议如何运行？ IS-IS 路由协议怎样计算路由？
2. 为什么 IS-IS 进程中要进行路由重分发？

任务 3　PCEP 故障处理

【任务前言】

当 SR-TP 隧道信息下发失败时，如何排除 PCEP 故障？如何查看 PCEP 的运行状态？带着这样的问题，让我们一起进入本任务的学习。

【任务描述】

本任务主要介绍承载网 PCEP 故障排查方法，使读者掌握承载网 PCEP 故障处理的技能。

【任务目标】

- 能够完成管控平台 PCEP 服务查询。
- 能够完成设备 PCEP 状态查询。
- 能够完成 PCEP 故障处理。

知识储备

8.3.1　PCEP 应用

PCEP 用于设备向控制器请求 SR-TP 隧道算路，以及控制器向设备下发 SR-TP 隧道信息。所有需部署 SR-TP 隧道的设备均需与控制器建立 PCEP 连接。如图 8-20 所示，管控平台使用 23.222.1.100/24 作为其 PCEP 通信地址，NE1 ～ NE6 使用 Loopback 0 接口 IP 作为设备 PCEP 的通信地址，管控平台与每一端承载网设备都需要建立 PCEP 连接。其中，NE1 ～ NE6 为 PCEP 的客户端设备（PCC），管控平台为 PCE。

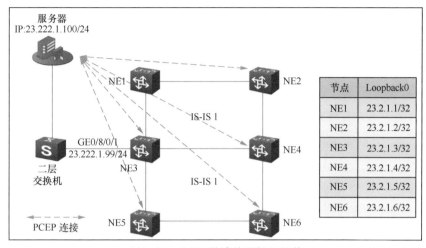

图8–20　PCEP故障处理组网拓扑

8.3.2　PCEP 故障处理

本节将以图 8-20 所示的组网拓扑为例，阐述 PCEP 的故障处理方法。

在正常情况下，所有设备的 PCC 状态中 is-best 为 true，is-connected 也为 true。

（1）检查设备的 PCC 的状态是否正常

检查网元 PCC 状态。如图 8-21 所示，管控平台的 IP 为 23.222.1.100，is-best 和 is-connected 均显示为 true 表示该设备与管控平台的 PCEP 连接正常。

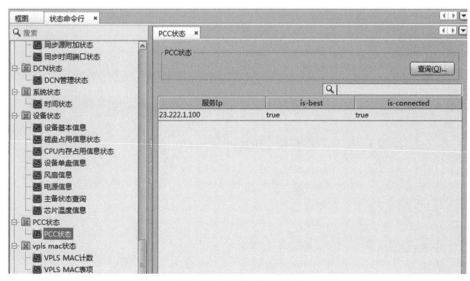

图8–21　PCEP状态检查

（2）检查设备 PCEP 相关配置

Telnet 到网元 NE2 正确的 PCEP 配置如图 8-22 所示。"23.2.1.2"为 NE2 控制面通信 IP（Loopback 0 接口的地址），"23.222.1.100"为管控平台的 IP。

（3）检查管控平台与设备的 IP 连通性

使用 Ping 命令检查管控平台与 NE2 的 IP 连
通性，如图 8-23 和图 8-24 所示。正常情况下，应
能够 Ping 通，若 Ping 不通，请参考任务 2 进行故障。

```
pcc
  bind local-ip 23.2.1.2
  connect server 23.222.1.100
!
```

图8-22　正确的PCEP配置

图8-23　检查管控平台到设备的IP连通性

图8-24　检查设备到管控平台的IP连通性

1. PCEP 的本地 IP 是什么？PCEP 连接管控平台的 IP 是什么？
2. 怎样查看设备的 PCEP 连接状态？PCEP 连接正常的状态是怎样的？

8.3.3　实训单元——PCEP 故障处理

实训目的

能够检查设备的 PCEP 状态和 PCEP 配置，并且能够验证管控平台与设备之间
的 IP 连通性。

实训内容

检查管控平台的 PCEP 服务、设备与管控平台的 PCEP 连接状态，查询设备

PCEP 配置，完成 PCEP 故障处理。

实训准备 ▶▶

1. 实训环境准备
   （1）6 个承载网设备，组成核心层、汇聚层、接入层；一台二层交换机；管
       控平台主机、客户端主机。
   （2）软件：承载网设备网络管理软件。
2. 相关知识点要求
   （1）PCEP 工作原理及其配置。
   （2）PCEP 故障处理流程及其故障处理方法。

实训步骤 ▶▶

1. 检查设备与管控平台的 PCEP 连接是否正常。
2. 检查异常网元的 PCEP 相关配置。
3. 验证异常网元与管控平台的 IP 连通性。

评定标准 ▶▶

管控平台能够 Ping 通所有设备 Loopback 0 接口的 IP，任意设备以自身
Loopback 0 接口 IP 作为源地址可以 Ping 通管控平台，且所有设备的 PCEP 连接状
态均显示为 true。

实训小结 ▶▶

实训中的问题：_____

_____

_____

问题分析：_____

_____

_____

问题解决方案：_____

1. 在 PCEP 连接建立之前，为什么要保证管控平台与设备之间的 IP 路由连通？

2. PCEP 连接失效时，会导致 SR-TP 隧道建立失败吗，为什么？ MPLS 隧道建立会受到 PCEP 连接影响吗，为什么？

任务 4　SR-TP 故障处理

【任务前言】

SR-TP 隧道发生故障时有哪些检查项目,应该如何处理?带着这样的问题,我们一起进入本任务的学习。

【任务描述】

本任务主要介绍承载网 SR-TP 隧道信息查询方法和 SR-TP 隧道相关配置的检查方法,使读者掌握承载网 SR-TP 隧道故障处理的技能。

【任务目标】

- 能够完成 SR-TP 隧道信息的查询。
- 能够完成 SR-TP 隧道配置的修改。
- 能够完成 SR-TP 隧道的故障处理。

知识储备

8.4.1　SR-TP 隧道部署

承载网在部署 SR-TP 隧道时,将部署 SR-TP 1:1 保护。SR-TP 1:1 保护即通过备用 LSP 来保护主用 LSP 上传输的业务。当主用 LSP 发生故障时,业务倒换到备用 LSP,从而保证业务正常传输。SR-TP 1:1 保护通过 VP OAM 检测 SR-TP 隧道(或 LSP)的连通性,从而判断是否进行保护倒换。

如图 8-25 所示,源、宿节点为 NE1 和 NE5,主用 LSP 路径为 NE1 → NE3 → NE5,备用 LSP

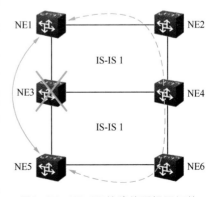

图8-25　SR-TP故障处理组网拓扑

路径为 NE1 → NE2 → NE4 → NE6 → NE5。当主用 LSP 路径出现故障时，业务将通过备用 LSP 路径传输业务。

8.4.2 SR-TP 隧道故障处理

本节将以图 8-25 所示的组网拓扑为例，阐述 SR-TP 隧道故障处理方法。

在正常情况下，SR-TP 隧道应该无告警，且对 SR-TP 隧道进行 Ping 测试，隧道应能够正常 Ping 通。

（1）定位发生故障的 SR-TP 隧道

通过网络管理系统查询相关 SR-TP 隧道，告警状态若为红色，表示该 SR-TP 隧道有告警，告警状态为绿色，则表示该 SR-TP 隧道正常。如图 8-26 所示，部署了 1:1 保护的 SR-TP 隧道（源网元为 NE5，宿网元为 NE1）上有紧急告警。

电路方向	告警状态	名称	源网元	宿网元	激活状态	保护类型
双向		E20-1.S-1./flexeveth1/SR-1<-->E... NE3	NE1		已激活	1:1保护带恢复
双向		E20-1.S-1./flexeveth4/SR-2<-->E... NE3	NE2		已激活	1:1保护带恢复
双向		E10-1.S-1./flexeveth2/SR-1<-->E... NE4	NE1		已激活	1:1保护带恢复
双向		E10-1.S-1./flexeveth1/SR-2<-->E... NE4	NE2		已激活	1:1保护带恢复
双向		E30-1.S-1./flexeveth3/SR-3<-->E... NE1	NE2		已激活	1:1保护带恢复
双向		U5-1.S-1./flexeveth3/SR-1<-->E... NE5	NE3		已激活	1:1保护带恢复
双向		U5-1.S-1./flexeveth2/SR-2<-->E... NE5	NE4		已激活	1:1保护带恢复
双向		U3-1.S-1./flexeveth2/SR-1<-->E... NE6	NE3		已激活	1:1保护带恢复
双向		U3-1.S-1./flexeveth1/SR-2<-->E... NE6	NE4		已激活	1:1保护带恢复
双向		U5-1.S-1./flexeveth3/SR-3<-->E... NE5	NE1		已激活	1:1保护带恢复

图8-26　SR-TP隧道信息查询

（2）记录 SR-TP 隧道的相关信息

① 查询该隧道的详细信息，工作路径为 NE5 → NE3 → NE1，保护路径为 NE5 → NE6 → NE4 → NE2 → NE1，如图 8-27 所示。

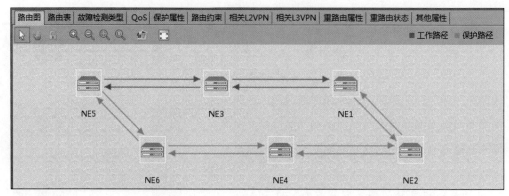

图8-27　SR-TP隧道保护信息

② 路由表如图 8-28 所示，从源节点 NE5 经中间节点 NE3 到宿节点 NE1 的正

向工作路径，其 SID 由外到内依次为 503、301。503 为 NE5 到 NE3 的邻接 SID，301 为 NE3 到 NE1 的邻接 SID。

路由图	路由表	故障检测类型	QoS	保护属性	路由约束	相关L2VPN	相关L3VPN	重路由属性	重路由状态	其他属性
网元		单盘		端口		属性				
正向-工作(U5-1.S-1./flexeveth3/SR-3<-->E30-1.S-1./flexeveth1/SR-4-1534918716)经过的网元数:3										
网元		单盘		端口		邻接标签		是否粘连节点		
NE5				flexeveth3/SR-3		503		-		
服务层-工作()经过的网元数:2										
NE3				flexeveth5		-				
NE3				flexeveth1		301		否		
服务层-工作()经过的网元数:2										
NE1				flexeveth1/SR-4		-				
正向-保护(U5-1.S-1./flexeveth2/SR-3<-->E30-1.S-1./flexeveth3/SR-4-1534918718)经过的网元数:5										

图8-28　路由表

（3）查询 SR-TP 隧道保护的状态

如图 8-29 所示，从节点 23.2.1.5（NE5）到 23.2.1.1（NE1）的带有 1:1 保护的隧道，主用路径为 normal（正常），备用路径为 sf（信号失效），倒换状态为 normal（不倒换）。从节点 23.2.1.5（NE5）到 23.2.1.4（NE4）的带有 1:1 保护的隧道，主用路径是 sf（信号失效），备用路径为 normal（正常），倒换状态为 switch（倒换）。

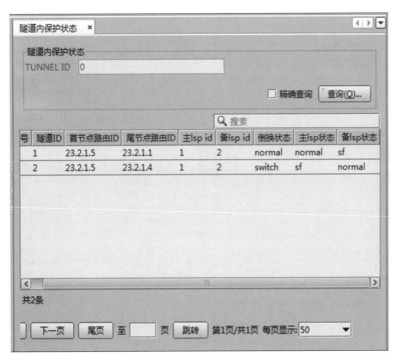

图8-29　在NE5上查询SR-TP隧道保护状态

（4）检查 SR-TP 隧道的配置

查询相应隧道的收发 Path ID 和标签栈信息，如图 8-30 和图 8-31 所示。

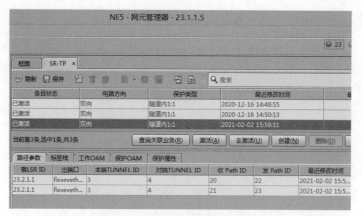

图8-30 在NE5上查询Path ID

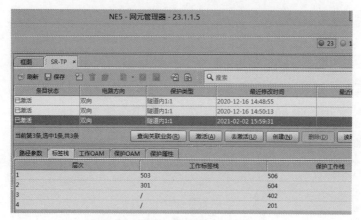

图8-31 在NE5上查询标签栈信息

（5）检查 SR-TP 隧道上所有节点异常告警

① 查询该 SR-TP 隧道上的当前告警，如图 8-32 所示。

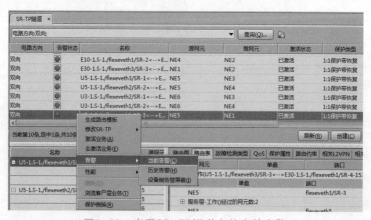

图8-32 查看SR-TP隧道上的当前告警

② 该隧道经过 NE3 节点，NE3 上报 RLOS 收无光告警，致使从源节点 NE5 到宿节点 NE1 的工作路径发生故障，如图 8-33 所示。

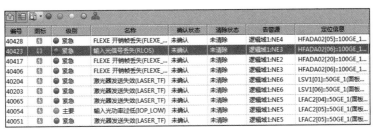

图8-33　NE3上报RLOS收无光告警

③ 清除 RLOS 告警后，检测 SR-TP 隧道的 IP 连通性是否正常。右键单击 SR-TP 隧道，选择 Ping，如图 8-34 所示。

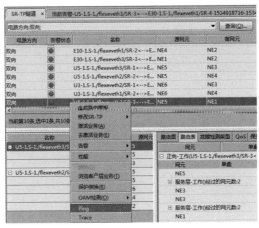

图8-34　SR-TP隧道Ping测试

④ SR-TP 隧道 Ping 测试结果如图 8-35 所示。

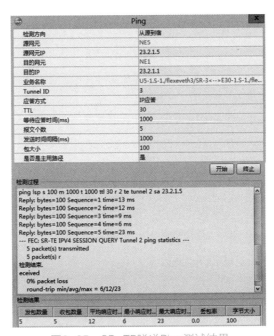

图8-35　SR-TP隧道Ping测试结果

任务习题

1. SR-TP 1:1 保护是怎样工作的，如何检测故障，如何进行保护倒换？

2. 部署有 SR-TP 1:1 保护的隧道上报 Switch 状态时，隧道的工作路径和保护路径各是什么状态？

8.4.3 实训单元——SR-TP 隧道故障处理

实训目的

能够定位并查询 SR-TP 隧道信息，检查 SR-TP 隧道状态、SR-TP 隧道配置，并验证 SR-TP 隧道的连通性。

实训内容

查询并记录 SR-TP 隧道信息，检查 SR-TP 隧道状态、SR-TP 隧道配置，验证 SR-TP 隧道连通性。

实训准备

1. 实训环境准备
   （1）6 个承载网设备，组成核心层、汇聚层、接入层；一台二层交换机；网管服务器主机、客户端主机。
   （2）软件：承载网设备网络管理软件。
2. 相关知识点要求
   （1）SR-TP 隧道工作原理及配置。
   （2）SR-TP 隧道故障处理流程及故障处理方法。

实训步骤

1. 定位发生故障的 SR-TP 隧道。
2. 记录 SR-TP 隧道的相关信息。
3. 查询 SR-TP 的状态。
4. 检查 SR-TP 隧道的配置。

5. 检查 SR-TP 隧道所有节点异常告警。

能准确定位 SR-TP 隧道，记录 SR-TP 隧道的信息，成功查询 SR-TP 的状态，正确处理 SR-TP 隧道所经节点的异常告警。

实训中的问题：_____

_____

_____

问题分析：_____

_____

_____

问题解决方案：_____

_____

_____

1. SR-TP 隧道是通过节点 SID 还是邻接 SID 来实现业务转发的？在哪里可以查看这些 SID ？

2. SR-TP 隧道中 Path SID 有什么作用？

任务 5 故障处理案例

【任务前言】

故障处理完成后，需要输出故障处理案例报告，故障处理案例报告应遵循怎样的格式，包含哪些具体内容？带着这样的问题，我们一起进入本任务的学习。

【任务描述】

本任务主要以故障处理案例报告为例，介绍故障处理案例报告的一般形式、报告所包含的重要内容，以及该类故障处理的知识归纳和经验总结。

【任务目标】

- 能详细描述故障发生时的现象。
- 能根据故障现象获取并筛选有关的重要信息。
- 能根据故障现象和相关信息梳理故障处理思路，进行故障原因初步分析。
- 能详细记录故障处理的过程，尤其是进行故障处理时进行的操作、这些操作伴随的现象，以及这样操作的原因。
- 能准确表述故障产生的根本原因，并给出经验方法或同类故障的规避方法。

 知识储备

8.5.1 故障处理案例报告示例

【故障现象描述】

"武义百团路"的承载网设备脱管，所在环路上的设备上报 SR-TP 保护倒换（SWR）或备用故障（BACKUP_FAULT）告警，故障发生时间为 2020 年 9 月 11 日 12 时 29 分。

【相关信息获取】

（1）故障网络拓扑如图 8-36 所示。

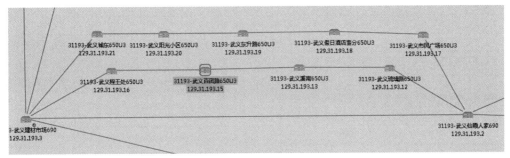

图8-36　故障网络拓扑

（2）在网络管理系统查看告警，查询"武义百团路"网元的邻居——"武义程王处"网元，发现"武义程王处"的03槽位（连接"武义百团路"网元的08槽位）线路侧有"输入信号丢失"（RLOS）告警、"输入光功率过低"（IOP_LOW）告警和"连接信号丢失"（LINK_LOS）告警，如图 8-37 所示。

1123...	🔆	● 紧急	输入信号丢失	31193-武义程王处650U3:XSV2[03]:XG...	2020-09-11 23:47:10	2020-09-11 23:50:59
1123...	🔆	● 紧急	输入信号丢失	31193-武义程王处650U3:XSV2[03]:XG...	2020-09-11 23:46:59	2020-09-11 23:47:01
1121...	🔆	● 紧急	输入信号丢失	31193-武义程王处650U3:XSV2[03]:XG...	2020-09-11 18:06:32	2020-09-11 23:43:59
1121...	🔆	● 紧急	输入信号丢失	31193-武义程王处650U3:XSV2[03]:XG...	2020-09-11 18:00:44	2020-09-11 18:03:08
1121...	🔆	● 紧急	输入信号丢失	31193-武义程王处650U3:XSV2[03]:XG...	2020-09-11 17:59:07	2020-09-11 17:59:59
1121...	🔆	● 紧急	输入信号丢失	31193-武义程王处650U3:XSV2[03]:XG...	2020-09-11 17:53:12	2020-09-11 17:53:59
1121...	🔆	● 紧急	连接信号丢失	31193-武义程王处650U3:XSV2[03]:XG...	2020-09-11 17:53:12	2020-09-11 23:50:59
1121...	🔆	● 主要	输入光功率过低	31193-武义程王处650U3:XSV2[03]:XG...	2020-09-11 17:53:06	2020-09-11 17:53:59

图8-37　"武义程王处"网元的告警

（3）远程登录到"武义程王处"网元，发现连接"武义百团路"网元的接口的物理状态为"down"。

【故障初步分析】

初步判断："武义百团路"网元的 08 槽位光模块发生故障，并且主控交叉盘硬件发生故障。

【故障处理实施】

（1）到达现场后观察设备，相应的业务接口机盘的 ACT 灯常亮，主控交叉盘 ACT 灯快闪。判断业务接口盘工作异常，指挥现场维护人员插拔业务接口盘，并对交叉主控盘进行主备切换。

（2）完成上述操作后，现场维护人员反馈，设备的指示灯状态与插拔前的一致：业务接口盘 ACT 常亮，主控交叉盘 ACT 灯快闪，因此，故障现象依旧。

（3）断电重启设备，设备重新上电之后，故障现象依旧。

（4）更换主用主控交叉盘，设备稳定运行后，业务接口盘 ACT 灯快闪，交叉主控盘 ACT 灯快闪，设备正常运行。

（5）设备运行正常后，网络管理人员反馈，发现"武义程王处"的03槽位的"输入信号丢失"（RLOS）告警依然存在，更换"武义百团路"网元的08槽位接口的光模块，"武义程王处"的"输入信号丢失"（RLOS）告警消失。

（6）网络管理系统强制下载"武义百团路"网元的基础配置、邻接标签配置和 SR-TP 配置后，环路上的其余设备的 SR-TP 保护倒换（SWR）或备用故障（BACKUP_FAULT）告警消失。

（7）在网络管理系统强制下载 L3VPN 后，"武义百团路"的基站业务恢复正常。

【故障原因定位】

此次故障原因有以下两个。

（1）"武义百团路"网元的主用主控交叉盘发生硬件故障，致使所有业务盘的 ACT 灯常亮，业务盘无法正常工作。

（2）"武义百团路"网元的 08 槽位的光模块发生故障，致使"武义程王处"网元的 03 槽位上报"输入信号丢失"（RLOS）告警，以及"武义百团路"网元的 08 槽位接口上报"输入信号丢失"（RLOS）告警。

【案例经验小结】

对于 5G 承载网工程，造成故障的原因可能不止一个。在排障时，维护人员要根据故障现象逐步排查，直至故障排除、业务恢复。

故障案例报告按照标准格式，按顺序应涵盖哪些内容？

8.5.2　实训单元——故障处理报告输出

能够按照标准格式，记录故障现象、故障信息、故障初步分析、故障处理实施，故障原因定位和案例经验小结。

描述故障现象，获取故障信息，进行故障初步判断，根据初步分析进行故障处理，总结故障产生原因，输出案例维护经验。

步骤 1：故障现象描述

步骤 2：故障信息获取

步骤 3：故障初步分析

步骤 4：故障处理实施

步骤 5：故障原因定位

步骤 6：案例经验小结

评定标准

按照标准格式，准确完成报告各项内容的输出，并整理归档。

实训小结

实训中的问题：_____

_____

_____

问题分析：_____

_____

_____

问题解决方案：_____

_____

_____

项目解析